農学基礎シリーズ

応用昆虫学の基礎

後藤哲雄・上遠野冨士夫
［編著］

農文協

まえがき

　本書は害虫をどのように管理するかを基本に，初学者である農学系大学の学部生をはじめ，農業大学校生，篤農家，農業技術の普及や試験研究に携わる技術者や研究者に，害虫の基礎がわかりやすく学べる教科書として企画しました。そのため，たとえば昆虫の形態については，各部位の説明をていねいにおこない，経験の少ない学生でも具体的にイメージし理解が深められるよう，カラー図版やカラー写真を多く入れて解説しました。農業現場でみかける昆虫，ダニやセンチュウ，甲殻類，腹足類の主要な種をカラー写真で紹介しているのも類書にない特徴です。また，専門用語には英文用語を併記するとともに，難読用語にはふり仮名をつけたり，理解しにくい用語には「注」として解説を加えました。

　害虫防除の基本は，被害を正しく認識して，被害を出している害虫を特定するための「診断」です。第6章では各種防除法を詳述していますが，まず診断の重要性やポイントについて解説しました。化学的防除では，薬剤の特性や剤型，使用方法，具体的な防除方法など現場の目線にたって記述するとともに，防除を効率的で効果的におこなうのに不可欠な発生予察についても詳述しています。また，個別の防除技術を適切に組み合わせて，害虫密度を経済的被害許容水準以下に抑制する「総合的有害生物管理（IPM）」については歴史や基本理念にまでさかのぼって解説しました。

　現在，農産物の輸出促進がはかられる一方，多様な国からさまざまな農産物が大量に輸入されています。輸出入にかかわる植物検疫についても詳述しており，輸出農産物の栽培上の注意点も理解できます。さらに，養蜂や受粉をはじめ，国際的に関心が高まっている昆虫機能の利用についても，第7章で詳しく解説しました。

　本書は，シラバスで大学の講義が90分15コマと明記されていることをふまえ，およそ10ページで1コマになるように構成しました。具体的には，昆虫の外部・内部形態（ダニ，線虫を含む）（1コマ），昆虫の分類的位置づけとそれらの概説（ダニ，線虫，その他の動物を含む）（1コマ），生理と殺虫剤の作用機構（2コマ），生態（2コマ），生殖と遺伝（1コマ），害虫防除と総合的有害生物管理（植物検疫を含む）（7コマ），そして昆虫機能の利用（1コマ）と，害虫管理に力点がおかれています。

　このように，本書では昆虫の基礎について，幅広い知識と技術を体系的かつ実用的に身につけられるように工夫されていますが，さらにコラムなどで最新の知見も盛り込んでおり，幅広く学べることも特徴です。

　最後に，本書の企画に賛同され，快く執筆いただいた執筆者各位とともに，写真や図版の提供やご協力をいただいた多くの方々に深く感謝申し上げます。また，本書の企画から出版まで大変お世話になった農文協の丸山良一氏に御礼申し上げます。

　　2019年4月

　　　　　　　　　　　　　　　　　　　　　　　　　　　　　　　　後藤　哲雄

昆虫学の基礎─
目次

まえがき…1

序章 昆虫と応用昆虫学　5
／後藤哲雄，上遠野冨士夫
1　昆虫の起源と特徴……5
2　応用昆虫学の対象と分野……6

第1章 昆虫の形態　8
1. 昆虫の形態／阿部芳久── 8
   1　昆虫の皮膚……8
   2　昆虫の外部形態……9
   3　昆虫の内部形態……11
2. ダニ目の形態／後藤哲雄── 12
   1　ダニ目の特徴……12
   2　体の各部の形態……13
   3　7つの亜目と形態のちがい……14
   4　ダニの生殖……14
3. 線虫の形態／後藤哲雄── 16
   1　体の特徴……16
   2　内部形態……17
   3　口器……17

第2章 昆虫の分類　18
1. 昆虫の分類／阿部芳久── 18
   1　六脚類（広義の昆虫綱）の目……18
   2　おもな目の特徴……20
2. ダニ目の分類／後藤哲雄── 25
   1　胸穴ダニ類と胸板ダニ類……25
   2　農作物を加害する
      おもなダニと特徴……25
   3　天敵のダニ……27
3. 線虫類の分類／後藤哲雄── 27
   1　農業にかかわる主要線虫……27
   2　おもな線虫の特徴……28
4. その他の有害動物／後藤哲雄── 30

第3章 昆虫の生理と殺虫剤の作用機構　32
／園田昌司
1. 昆虫の皮膚の構造── 32
2. 発育とホルモン── 32
   1　昆虫の発育……32
   2　昆虫の脱皮・変態とホルモン……33
   3　キチン合成……35
3. 昆虫の栄養生理── 35
   1　タンパク質，アミノ酸……35
   2　糖類（炭水化物）……35
   3　脂質……37
   4　ビタミン……38
4. 好気呼吸によるATPの生産── 39
   1　ATP，ADPとエネルギーの放出……39
   2　解糖系……39
   3　解糖系以外（脂肪，タンパク質）
      の代謝……39
   4　TCA回路……40
   5　電子伝達系……41
5. 昆虫の寄主選択── 42
   1　昆虫の食性……42
   2　寄主選択にかかわる要因……42
6. 昆虫の神経細胞による刺激伝達── 44
   1　昆虫の神経系……44
   2　神経系の構造……44
   3　軸索での刺激伝達……45
   4　シナプスでの刺激伝達……46
7. 殺虫剤の作用機構── 48
   1　神経や筋肉を標的にするグループ……48
   2　成育や発達を標的にするグループ……52
   3　呼吸を標的にするグループ……53
   4　中腸を標的とするグループ……54
   5　未特定または非特異的グループ……54
8. 昆虫の交信手段と性フェロモン── 55
   1　昆虫の交信手段……55
   2　性フェロモン……55

第4章 昆虫の生態 / 後藤哲雄　57

1. 昆虫の発生—— 57
    1 発育日数は温度に大きく左右される……57
    2 発育速度，発育零点とその求め方……57
    3 年間世代数の推定……58
    4 発育零点と有効積算温度定数の種によるちがい……58
2. 昆虫の生活環と季節適応—— 59
    1 世代と生活環……59
    2 植物による防御と発生消長……60
    3 寄主転換……61
    4 休眠……62
3. 昆虫の分散・移動—— 64
    1 分散……64
    【コラム】集中度をあらわす指数 m^*/m —65
    2 移動……66
4. 昆虫の個体群密度変動と密度調節—— 67
    1 個体群の成長……67
    2 密度効果とアリー効果……68
    3 相変異……68
    4 r 選択と K 選択……69
    5 食うものと食われるものの関係……70
    6 個体群の構造とメタ個体群……72
    7 内的自然増加率（r）の求め方……73
5. 昆虫の群集構造と種間関係—— 74
    1 食物網……74
    2 ニッチとギルド……76

第5章 昆虫の生殖法と遺伝様式　79
/ 笠井　敦

1. 昆虫の生殖法—— 79
    1 昆虫の生殖法の種類……79
    2 昆虫の性決定……80
    3 有性生殖……80
    4 単為生殖の種類とメカニズム……80
    【コラム1】ヤマトシロアリの生殖システム —81
2. 昆虫の遺伝—— 83
    1 伴性遺伝……84
    2 遺伝子組み換え昆虫……84
    【コラム2】遺伝子ドライブを利用したガンビアハマダラカ絶滅技術 —85
3. 薬剤抵抗性と抵抗性発達のメカニズム—— 85
    1 薬剤抵抗性……85
    2 薬剤抵抗性発達のメカニズムと遺伝様式……86
    3 薬剤濃度と抵抗性遺伝子の顕性度……87
    4 機能的顕性と機能的潜性……88
    5 高薬量／保護区戦略……88

第6章 害虫の防除と総合的管理　90

Ⅰ 害虫の被害と診断，防除—— 90
/ 上遠野冨士夫

1. 植物被害とその原因—— 90
2. 害虫による植物の被害—— 90
3. 病害虫診断—— 94
4. 防除方法—— 95

Ⅱ 化学的防除 / 園田昌司—— 100

1. 農薬とは—— 100
2. 農薬の登録—— 100
    【コラム1】登録農薬の表示 / 上遠野冨士夫— 100
3. 化学的防除の歴史と特徴—— 101
4. 農薬の分類—— 102
    【コラム2】農薬の使用形態 / 上遠野冨士夫— 105
5. 農薬の残留基準—— 107
6. ポジティブリスト制度—— 110
7. 生物検定—— 111
8. 薬剤抵抗性—— 112
9. 薬剤抵抗性管理—— 114

Ⅲ 生物的防除 / 岸本英成—— 116

1. 生物学的防除と生物的防除—— 116

2. 生物的防除のはじまりと特徴 —— 116
3. 天敵の分類 —— 117
4. 生物的防除の方法 —— 119
5. 放飼増強法 —— 119
   【コラム1】放飼増強法による害虫防除の例 — 122
6. 保全的生物的防除法 —— 123
   【コラム2】保全的生物的防除法による害虫防除の例— 126
7. 伝統的生物的防除法 —— 128

Ⅳ 物理的防除 / 上遠野冨士夫 —— 131
1. 物理的防除とは —— 131
2. 圧殺・捕殺 —— 131
3. 遮蔽 —— 131
4. 光を用いた害虫防除 —— 133
5. 温度（加熱，冷却）を用いた害虫防除 —— 136
6. 電流を用いた害虫防除 —— 136
7. 音波，振動を用いた害虫防除 —— 136
8. 気圧を用いた害虫防除 —— 137
9. 放射線を用いた害虫防除 —— 137

Ⅴ 生態的・耕種的防除 —— 138
  / 上遠野冨士夫
1. 生態的・耕種的防除とは —— 138
2. 作付け様式の改善 —— 138
3. エサや生息・繁殖場所の除去 —— 139
4. 対抗植物の利用 —— 140
5. 抵抗性品種の利用 —— 141
6. 適正な栽植密度と施肥 —— 143

Ⅵ 総合的害虫管理 / 宮井俊一 —— 144
1. IPMと総合的害虫管理 —— 144
2. IPMの歴史と基本的概念 —— 144
3. 個別防除技術とIPM体系 —— 148
4. IPMの普及と研究の課題 —— 152
5. IPMと生物多様性 —— 153

Ⅶ 法令にもとづく害虫防除 —— 155
A - 発生予察 / 宮井俊一 —— 155
1. 害虫の発生予察とは —— 155
2. 病害虫発生予察事業 —— 155
3. 発生予察における調査 —— 156
4. 調査データの解析にもとづく予測 —— 159
B - 植物検疫 / 横井幸生 —— 163
1. 植物検疫とは —— 163
2. 植物検疫の歴史 —— 163
3. 日本の植物検疫 —— 164
   【コラム1】輸入時の検査等で発見される害虫— 166
   【コラム2】不妊虫放飼による根絶 — 167
4. 国際社会とのかかわり —— 169

第7章
昆虫機能の利用 / 小野正人　170

1. 広がる昆虫機能の利用 —— 170
   1 古くから学術の進展にも大きく貢献……170
   2 ますます高まる昆虫機能活用への関心……170
2. 昆虫を利用した技術と物質生産 —— 171
   1 昆虫ミメティクス……171
   2 カイコを利用した物質生産……172
   3 スズメバチ幼虫の唾液成分を模倣したスポーツ飲料……173
   4 昆虫食……173
3. 送粉昆虫の利用 —— 174
   1 植物と送粉昆虫……174
   2 ミツバチの生活様式と採蜜活動……175
   3 ミツバチがささえる養蜂……176
   4 ハナバチ類の受粉利用……179
   5 ミツバチとマルハナバチの行動と生態……180
   6 送粉昆虫を作物の受粉に利用するときの留意点……186

参考文献…189　　和文索引…191　　欧文索引…197　　和名索引…201　　学名索引…204

序 昆虫と応用昆虫学

1 昆虫の起源と特徴

❶ 起源と種数

　昆虫は今から4億2,000万年前のシルル紀後期には地球上に出現していたとされているが，最古の化石は3億9,000万年前のデボン紀前期のトビムシ類のものである。

　昆虫の種数には諸説があるものの，現在約925,000種が記載されており，地球上の生物1,587,200種の約58％をしめている。昆虫に次ぐグループが，維管束植物248,400種，その他の節足動物123,000種なので，昆虫が地球上でいかに多様性に富んだグループであるかがわかる。しかし，この見積もりはかなり過小評価であるとされており，実際には250万種から1,000万種のあいだ，およそ500万種と推定されている。

❷ 節足動物としての特徴

　昆虫は節足動物なので，体は体節（segment）（注1）が連なってできており，表面は硬い外骨格で覆われている（体節制，segmentation）。体節にはそれぞれ1対の付属肢（appendage）（注2）があり，外部・内部形態が体節と連動している。たとえば，脳から伸びている神経は，各体節に神経節（ganglion）（注3）をつくっている。

　体は頭部，胸部，腹部に明瞭に区分される。頭部は複数の体節からできており，付属肢が触角や大顎，小顎などに変形している。

　胸部は3体節からなり，それぞれの体節に1対の脚を備えているほか，多くの種では中胸と後胸に各1対の翅をもつ。翅は昆虫の行動，とくに分散や敵からの逃避，交尾行動などに大きく貢献する，たいへんすぐれた特徴である。

　腹部は12体節からなり，本来そなわっている付属肢は尾角を除いて退化している。

❸ 変態

　昆虫の特徴の1つは変態することである。卵から数回の幼虫期を経て成虫に成長する種（不完全変態），幼虫期と成虫のあいだに蛹期をもつ種（完全変態），卵から孵化した後，体のサイズを大きくする脱皮だけをおこない形態変化をしない種（無変態）がある。

〈注1〉
節足動物では体節が輪状の環になっているので環節ということもある。体節は，類似した構造が頭から尾にかけてくり返し配列されていて，その構造の1つ1つをいう。

〈注2〉
動物の体から突き出している，脚などの付属物。後出するように，触角や顎も付属肢が変形したものである。

〈注3〉
昆虫の中枢神経系は，頭部には脳と食道下神経球が，そして胸部と腹部には各体節に1対ずつ神経のかたまりである神経球または神経節があり，神経球をつなぐ神経の束が神経索（connective）である。とくに胸部と腹部には，腹走神経索という太い2本の神経の束が腹側を並行して走っている。

2 応用昆虫学の対象と分野

❶害虫,益虫とただの虫

　昆虫は人間とのかかわりあいから,害虫（pests）,益虫（beneficial insects）,その他（ordinary insects）に区分される。害虫は,人間や農林作物,園芸作物,緑化植物などの有用植物,牛,豚,鶏などの家畜や愛玩動物に,直接的あるいは間接的に被害や損害を与える昆虫である。益虫は,人間に直接的あるいは間接的に利益をもたらす昆虫である。

　益虫はカイコやミツバチのように,その生産物を利用する昆虫（有用昆虫）と,害虫を捕食したり寄生して害虫の個体数を少なくする天敵昆虫など,人間に利益をあたえる昆虫（有益虫）に区別される。

　しかし,これらの昆虫は全体のほんの一部にすぎず,大多数の昆虫は人間の利益,不利益にかかわらないその他の虫（ただの虫）である。

❷昆虫学の区分

　昆虫は長い歴史の過程で種が分化し,地球のあらゆる環境に適応している動物であり,形態,生理,生態,繁殖,行動などにじつにさまざまな特徴をもっている。昆虫を研究対象にした学問領域を昆虫学（entomology）といい,基礎昆虫学（general entomology）と応用昆虫学（applied entomology）に区分される。

❸応用昆虫学の領域と分野

　図序-1は応用昆虫学であつかう研究領域と,応用昆虫学と関連する学問分野を示したものである。応用昆虫学は,人や人が利用する動植物を直接的あるいは間接的に加害する害虫や天敵昆虫,および害虫防除に役立てるための学問である。

　農耕地の作物害虫や天敵を対象にした農業昆虫学（agricultural entomology）,林地の害虫や天敵を対象にした森林昆虫学（forest entomology）,人や人の居住環境に発生する害虫や天敵を対象にした衛生昆虫学（medical entomology）,都市空間に発生し人や植物に直接あるいは間接に悪影響をあたえる昆虫を対象にした都市昆虫学（urban entomology）がある。また,食品に発生する害虫を対象にした食品昆虫学（stored-product insects）がある。

　なお,養蚕学（sericulture）と養蜂学（apiculture）は昆虫学の分科としてあつかわれ,カイコやミツバチが生産する産物を人間が利用しているので,学問領域としては酪農,養豚,養鶏と同じ畜産学の分野に配置されている。

❹基礎昆虫学の分野

　応用昆虫学は実用化のための研究であり,その多くは基礎昆虫学に支えられている。基礎昆虫学として,昆虫形態学（insect morphology）,昆虫解剖学（insect anatomy）,昆虫分類学（insect taxonomy）,昆虫地理学（insect geography）,昆虫生理学（insect physiology）,昆虫生

基礎昆虫学	general entomology
昆虫形態学	insect morphology
昆虫解剖学	insect anatomy
昆虫分類学	insect taxonomy
昆虫地理学	insect geography
昆虫生理学	insect physiology
昆虫生化学	insect biochemistry
昆虫遺伝学	insect genetics
昆虫生態学	insect ecology
昆虫行動学	insect ethology
昆虫病理学	insect pathology
昆虫系統学	insect phylogeny
昆虫進化生物学	insect evolutionary biology

応用昆虫学	applied entomology
農業昆虫学	agricultural entomology
森林昆虫学	forest entomology
衛生昆虫学	medical entomology
都市昆虫学	urban entomology
食品昆虫学	stored-product insects

昆虫以外の関連学問分野	
ダニ学	acarology
線虫学	nematology
農薬学	pesticide science

畜産学	animal husbandry
養蚕学	sericulture
養蜂学	apiculture

図序-1 応用昆虫学と関連する学問分野

化学(insect biochemistry), 昆虫遺伝学(insect genetics), 昆虫生態学(insect ecology), 昆虫行動学(insect ethology), 昆虫病理学(insect pathology), 昆虫系統学(insect phylogeny), 昆虫進化生物学(insect evolutionary biology)などがある。

そのほか, ある特定の場所に生息する昆虫を対象にして研究する学問領域として, 熱帯昆虫学(tropical entomology), 水生昆虫学(aquatic entomology)などがある。

❺その他の動物被害と応用昆虫学

植物寄生性ダニ類, 植物寄生性線虫類, ナメクジやマイマイなどの軟体動物は昆虫ではないが, 農作物に被害を引き起こすため, 応用昆虫学であつかわれることが多い。また, イノシシやサルなどの哺乳動物, ハトやキジなどの鳥類も農作物を加害して被害を引き起こす有害動物であるが, これらは応用昆虫学ではなく, 応用動物学(applied zoology)のなかであつかわれる。

本著では, 農林作物の害虫や天敵および害虫防除を中心に記述することにする。

第1章 昆虫の形態

1 昆虫の形態

1 昆虫の皮膚（integument）

表皮（クチクラ，cuticle）は，体と付属肢（appendage）〈注1〉の強固な外骨格（exoskeleton），その内側にみられる内突起（apodeme）〈注2〉，ならびに翅（wing）の表面を覆っている。乾燥の防止とともに，物理的な力からの保護は表皮の重要な機能であり，昆虫の陸上での繁栄に重要な役割をはたしていると考えられる。

表皮の一番外側は外表皮（epicuticle，上表皮ともいう）で，セメント層（cement layer）やロウ層（wax layer），外表皮外層（outer epicuticle），外表皮内層（inner epicuticle）からなる。その下に原表皮（procuticle）があり，外角皮（exocuticle）と内角皮（endocuticle）で構成されている。

表皮の下に真皮（epidermis）がある。真皮は一層の真皮細胞（epidermal cell）からなり，表皮の分泌もおこなう。そして，真皮と体腔の境界にある構造が基底膜（basement membrane）である。

また，表皮には皮膚腺（dermal gland）の管が開口し，毛母細胞（trichogen cell）からつくられた剛毛（seta, pl. setae）がみられることもある（図1-1）。

〈注1〉
体と関節で連結しているため可動で，運動や感覚機能などをもっている器官のこと。昆虫では頭部にある触角や口器のほか，脚も付属肢である。

〈注2〉
外骨格の内側に突き出た構造で筋肉の付着点になる。

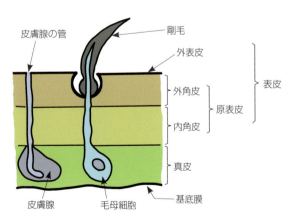

図1-1　昆虫の皮膚の模式図（原図：井手竜也氏）
便宜的に着色。以下の図も同様に着色

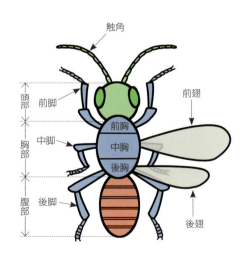

図1-2　昆虫の体の模式図（原図：井手竜也氏）
左側の翅は省略

2 昆虫の外部形態

❶ 基本的な構造

昆虫の体は頭部，胸部，腹部の3つから成り立っている（図1-2）。しかし，外見上，この3つに分かれて機能しているようにみえても，それが形態学での頭，胸，腹に対応していない昆虫もいるので注意が必要である。

たとえばハチ目（膜翅目）は，胸部から腹部にかけてくびれのない広腰亜目〈注3〉と，体に著しいくびれがある細腰亜目〈注4〉に大別される。細腰亜目のくびれは胸部と腹部のあいだではなく，胸部と腹部の第1節が融合し，腹部の第1節と第2節のあいだが強くくびれている（図1-3）。細腰亜目のハチは，このくびれによって第1節を除く腹部が自由に動くようになり，多様な産卵習性の進化や，産卵管の変化した針で相手を刺すことが可能になったと考えられている。

胸部と腹部第1節が融合した部分を中体節（mesosoma, pl. mesosomata），融合した腹部第1節を前伸腹節（propodeum），そして腹部第2節から後の部分を後体節（metasoma, pl. metasomata）とよぶ。

〈注3〉
ハバチの仲間で，ハバチ亜目ともよばれる。細腰亜目よりも原始的な状態を多くもっており，産卵管が針になっていないため刺さない。

〈注4〉
大部分のハチがこの亜目で，クリの害虫であるクリタマバチ（*Dryocosmus kuriphilus*），害虫の生物的防除に利用される寄生蜂，益虫のセイヨウミツバチ（*Apis mellifera*）も含まれる。

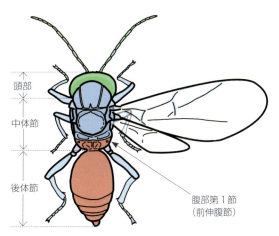

図1-3 クリタマバチの体の区分（原図：井手竜也氏）
左側の翅は省略。腹部第1節（前伸腹節）は中体節に含まれ，腹部第2節以降は後体節になる

❷ 頭部

●触角と複眼

頭部（図1-4）には触角（antenna, pl. antennae）や複眼（compound eye）があり，種によっては単眼（ocellus, pl. ocelli）がある。それらが受容した刺激が脳（brain）に送られ処理される。

触角は1対あり，その基部から順に第1節を柄節（scape），第2節を梗節（pedicel），そして第3節から先端の節までを鞭節（flagellum, pl. flagella）とよぶ。

おもに匂いを感受する感覚器は触角の表面にあるが，梗節の内部にあるジョンストン器官（Johnston's organ）は，風や重力，自身の触角運動にともなって鞭節に加わるひずみを感知する。この機能のおかげで，空気の動きから飛翔のスピードを知ることができる。また，ハチ目やハエ目（双翅目）の飛翔昆虫では，ジョンストン器官が聴覚をになっている。

複眼（図1-4）は多くの個眼（ommatidium, pl. ommatidia）が集合した，昆虫の主要な視覚器官である。昆虫は波長が長い赤色を感受できないが，波長が

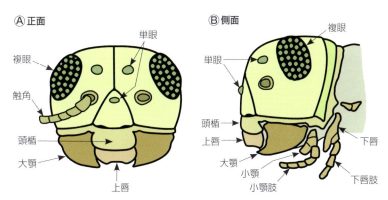

図1-4 昆虫の頭部と口器の模式図（原図：井手竜也氏）
左側の触角は省略

1 昆虫の形態

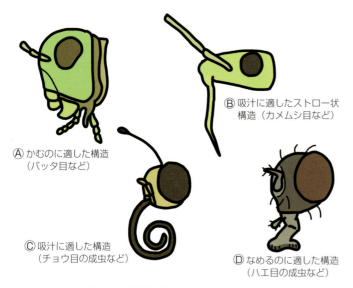

Ⓐ かむのに適した構造（バッタ目など）
Ⓑ 吸汁に適したストロー状構造（カメムシ目など）
Ⓒ 吸汁に適した構造（チョウ目の成虫など）
Ⓓ なめるのに適した構造（ハエ目の成虫など）

図1-5　昆虫の口器（左側面）（原図：井手竜也氏）

〈注5〉
ハエ目でもカのように，吸汁に適している例もある。

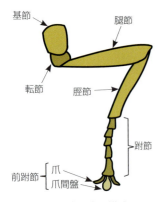

図1-6　昆虫の脚の模式図
（原図：井手竜也氏）

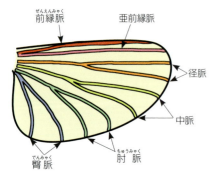

図1-7　昆虫の翅脈（原図：井手竜也氏）
カゲロウ目やトンボ目以外の昆虫の簡略化した模式図

短く人間にはみえない紫外線を感受できる。

● 口器

頭部に口器が開口しており，食物を摂取する。口器は基本的にはかむ構造（図1-4）になっていて，頭楯（clypeus, pl. clypei）の下に上唇（labrum, pl. labra）があり，上唇と下唇（labium, pl. labia）のあいだに大顎（大腮ともいう，mandible）と小顎（小腮ともいう，maxilla, pl. maxillae）がある。

口器の構造は機能と結びついて多様化している。

バッタ目（直翅目）（図1-5A）では口器は咀嚼に適しているかむ構造になっているが，カメムシ目（半翅目）（図1-5B）では植物から吸汁するのに適したストロー状である。チョウ目（鱗翅目）では成虫の口器（図1-5C）は，コバネガ科（Micropterigidae）などを除くと吸汁に適しているが，吸汁しないときにはコイルのように巻いている。ハエ目の成虫の口器（図1-5D）はなめるのに適した構造である（注5）。

❸ 胸部と脚，翅

胸部は前胸（prothorax, pl. prothoraces），中胸（mesothorax, pl. mesothoraces），後胸（metathorax, pl. metathoraces）に分かれ，それぞれに1対の脚がついている（図1-2）。計6本の脚をもっていることが昆虫の特徴である。脚は基部から順に基節（coxa, pl. coxae），転節（trochanter），腿節（femur, pl. femora），脛節（tibia, pl. tibiae），跗節（tarsus, pl. tarsi），そして先端の前跗節（pretarsus, pl. pretarsi）からなる（図1-6）。前跗節には爪（claw）や爪間盤などがある。

多くの昆虫の成虫は，中胸と後胸にそれぞれ1対ずつ計4枚の翅をもっている（図1-2）。翅には硬化した翅脈（vein）があり，膜状の翅をささえている（図1-7）。翅の形態もさまざまに変化しており，コウチュウ目（鞘翅目）では前翅（forewing）全体が硬化し，ハエ目では後翅（hindwing）が退化してこん棒状になっている。

❹ 腹部

多くの昆虫の成虫では，少なくとも最初の7節は互いによくにた環節構造をしている。しかし，それ以降の節には，交尾や産卵と関連した外部生殖器（genitalia）などがあり変形している。

3 昆虫の内部形態

❶消化系 (digestive system)

消化管は前腸 (foregut), 中腸 (midgut), 後腸 (hindgut) からなる (図1-8)。前腸は前方から咽頭 (pharynx, pl. pharynges), 食道 (oesophagus, pl. oesophagi), 嗉嚢 (crop), 前胃 (proventriculus, pl. proventriculi) に分けられる。固形物を食物として摂取する昆虫は, 嗉嚢に食物をためたのち, 前胃ですりつぶす。

中腸は胃 (ventriculus, pl. ventriculi) と盲嚢 (caecum, pl. caeca) からなり, 消化酵素によって食物を消化し, 吸収する。

後腸の入り口に, 排泄器官のマルピーギ管 (Malpighian tubule) がある。後腸のおもな機能は水分の吸収である。

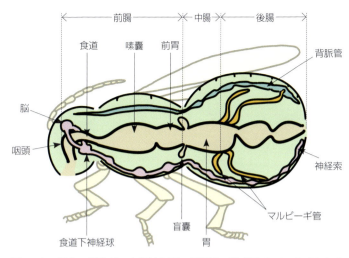

図1-8 昆虫の消化系, 中枢神経系, 循環系の模式図 (原図：井手竜也氏)

❷神経系 (nervous system)

中枢神経系 (central nervous system) は神経球 (神経節ともいう, ganglion, pl. ganglia) とそれらをつなぐ神経の束である神経索 (connective) からなる。

脳は口器や咽頭よりも背中側にあるが, そのあと中枢神経系は消化系と交差し, 食道下神経球 (suboesophageal ganglion, pl. suboesophageal ganglia) とそれ以降の神経球は消化系より腹側にある (図1-8)。加えて, 内臓神経系 (＝交感神経系, sympathetic nervous system) は消化系, 気管系, 生殖系と連結しているが, 機能は十分にわかっていない。中枢神経系と内臓神経系からは, 繊細な末梢神経系 (peripheral nervous system) が運動器官や感覚器官にのびている。

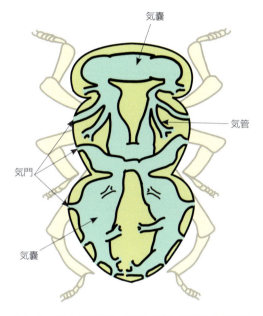

図1-9 昆虫の気管系 (気門, 気管, 気嚢) の模式図 (原図：井手竜也氏)

❸循環系 (circulatory system)

昆虫では血液とリンパ液が分かれていないので, その両方の役割をはたす血リンパ液 (h(a)emolymph) が体内を循環している。

昆虫の循環系は開放血管系 (open blood-vascular system) で, 血リンパ液が背面中央の背脈管 (dorsal vessel) から体腔内に放出され (図1-8), 体腔内は血リンパ液で満たされている。そのため組織や器官が血リンパ液に浸漬しており, 血リンパ液が循環するすきまを血体腔 (h(a)emocoel) という。

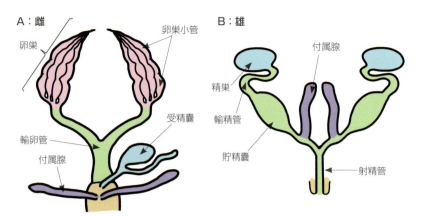

図1-10 昆虫の生殖系の模式図（原図：井手竜也氏）

❹ 気管系（tracheal system）

体内に酸素をとりいれ，体内から二酸化炭素を排出するガス交換は，気管系を使っておこなわれる（図1-9）。気門（spiracle）から気管（trachea, pl. tracheae）に空気がはいる。気管は分枝して毛細気管になっており，それをとおして体内の器官や組織に空気がゆきわたる。ハチ目やハエ目などの飛翔昆虫では，気管の一部が肥大して気嚢（air sac）になっている（図1-9）。これは換気を促進するが，飛翔のための浮揚性を高めている可能性もある。

❺ 生殖系（reproductive system）

雌は腹部に1対の卵巣（ovary）をもち，卵巣は卵巣小管（ovariole）からなる。成熟した卵が卵巣小管から排出されて輸卵管（oviduct）を下ると，受精嚢（spermatheca, pl. spermathecae）にためてあった精子（sperm）と受精する（図1-10A）。多くの昆虫は産卵の直前に受精するので，交尾して精子が体内に注入されてから受精までに時間がかかり，受精のタイミングは雌によって決められる。

セイヨウミツバチやアリの女王は羽化してすぐに雄と交尾して，その後，再交尾することなく死ぬまで受精卵を産みつづけると考えられている。セイヨウミツバチの女王は通常2～4年，アリ類の多くの種の女王は10年あるいはそれ以上生きることができるので，精子は女王の受精嚢のなかで健全な状態で何年も貯蔵されていることになる。なお，雌の付属腺（accessory gland）は，ゴキブリでは卵鞘の形成（2章-1-2-②項参照）に，ハチ目では毒液の生産に使われることが知られている。

雄は1対の精巣（testis, pl. testes）で精子を生産する。精子は輸精管（vas deferens）をとおり貯精嚢（seminal vesicle）を経て，中央の射精管（ejaculatory duct）にいたる。貯精嚢の下部には付属腺が開口している（図1-10B）。雄の付属腺は，精包（spermatophore）という精子を包み込むカプセルの形成に使われる。

2 ダニ目の形態

1 ダニ目の特徴

ダニ目（Acari）の体長は0.07～30 mmであるが，多くの種は0.1～0.8 mmである。昆虫など節足動物の特徴の1つである体節制（segmentation）(注6)は，ダニでは極端に失われ，卵形をした袋状の体に顎体部（gnathosoma）

〈注6〉
体の前後の軸に沿って，体節（輪状の環）が連なって体ができていること。

と脚を備えている動物である。なかには、うじむし状のダニ（フシダニ類）もいる（第2章参照）。ダニの体は図1-11に示したとおり、大きく顎体部と胴体部（idiosoma）に分けられる。触角や翅はなく、眼もないかあっても単眼のみである。

2 体の各部の形態
❶ 顎体部

ダニの顎体部（口器）は、胴体に頭のように突出している部分で、その本体はしばしば口吻（rostrum）である。頭部とまちがえられるが、頭部ではない。なぜなら、脳や眼は胴体部の先端にあるからである。顎体部は、鋏角（chelicera）と触肢（palpus）の2対の付属肢を備えているが、それらの構造は食性などへの適応に関係してさまざまである。

鋏角はエサをとるのに用いられ、捕食性のダニではペンチ型またはハサミ型をしており、植食性のダニは1対の樋を合わせたストロー状になった口針（stylet）を形成している（図1-12）。

鋏角は固定指（fixed digit）と可動指（movable digit）からできている。右きき用のハサミを例にすると、固定指は中指、薬指、小指をいれる固定刃に、可動指は親指をいれる可動刃に相当する。植食性のハダニでは、鋏角の固定指が合体して単一の担針体（stylophore）になり、可動指がむち状の口針になっている。

触肢は、本来は感覚器であるが、植食性のダニではその先端にある出糸突起から吐糸して造網するほか、摂食時に触肢の脛節にある爪を植物葉面に突き立てて顎体部を固定する働きもある。

❷ 胴部

胴部には6〜8節からなる通常4対（幼虫は3対）の脚がある（脚の先端にある端体（apotele）を含む。ただし、端体は変形して歩行器官（ambulacrum）になっているので、基本的には6節である）。胴体のほとんどは、軟らかい皮膚であるが、一部は顕著に厚い皮膚をもつ部分（肥厚板（shield, plate）(注7)）が散在する（図1-13）。

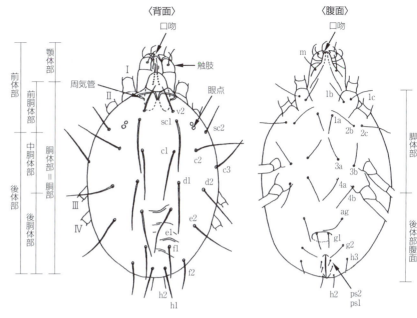

図1-11 *Eotetranychus*属（アケハダニ属）の一種の背面と腹面（江原・後藤、2009を改変）
I〜IV: 第I脚〜第IV脚、そのほかの文字は毛の記号

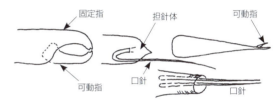

図1-12
ダニ類の鋏角の変異（Bakerら、1958を改変）
左：ペンチ型、中と右下：ストロー状、右上：ハサミ型

〈注7〉
図1-13に示されている「背板」「胸板」「生殖板」「腹肛板」など、あきらかに他の部分よりもクチクラが硬く、濃色の部分をいう。

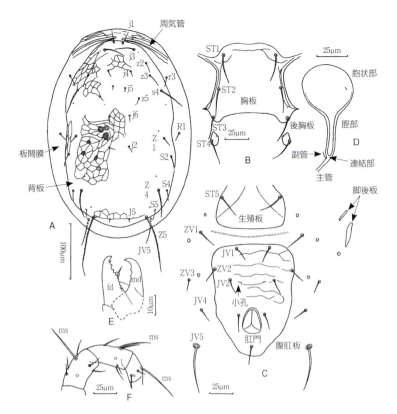

胴部の毛の配列と形態，肥厚板の形態は，脚の毛の形態や配列と同様に分類学上きわめて重要である（注8）。胴部の背面や腹面のクチクラ表面にある，各種の条線（皮膚条線，striae，図1-14）もまた重要な分類形質である。

3 ▍ 7つの亜目と形態のちがい

ダニ目は，呼吸のための気門（stigma）の位置と基節（注9）の可動性によって7つの亜目に分けられている（表1-1）。基節が可動する胸穴ダニ類（Parasitiformes）に属する4亜目と，可動しない胸板ダニ類（Acariformes）に属する3亜目（注10）である。

胸穴ダニ類には，胴体部の背面に4対の気門をもつアシナガダニ亜目（Opilioacarida），第Ⅲ～Ⅳ脚の横に1対の周気管（peritreme）（注11）をともなった気門が開口し，第Ⅳ脚の後方に1対のペリディウム（peridium）という開口をもつカタダニ亜目（Holothyrida）（注12），第Ⅳ脚の後方に気門板（stigmatic plate）（注13）をともなう1対の気門をもつマダニ亜目（Ixodida），第Ⅲ～Ⅳ脚の横に長短さまざまな周気管をともなう1対の気門をもつトゲダニ亜目（Gamasida）がある（図1-15）。

胸板ダニ類には，顎体部の鋏角の基部または鋏角のあいだに1対の気門が開口するケダニ亜目（Actinedida），気門も気管（trachea）もなく，皮膚呼吸をおこなうコナダニ亜目（Acaridida），そして一般に外皮が硬く，前体部に1対の偽気門器官（pseudostigmatic organ）をもつササラダニ亜目（Oribatida）がある。

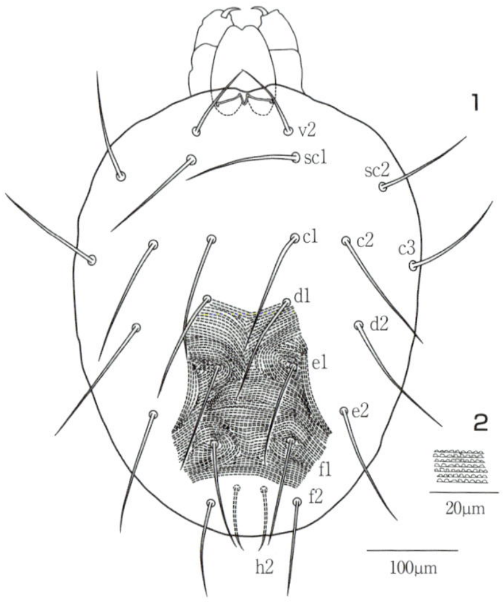

4 ▍ ダニの生殖

ダニ類の生殖には，おもに次の4つの様式が知られている。

図1-13　タカネカブリダニ（*Typhlodromips alpicola*）の各部の形態
（Ehara, 1982を改変）
A：背面，B：腹面の胸板と後胸板，C：生殖板と腹肛板，D：受精嚢，E：鋏角，
F：第Ⅳ脚の膝節，脛節，基跗節
fd: 固定指，md: 可動指，ms：巨大毛，その他の文字は毛の記号

図1-14　ニセクリノツメハダニの背面（1）と皮膚条線（2）
（原図：Arabuli & Gotoh, 2018）

表1-1　ダニ目の分類　(島野，2012を改変)

胸穴ダニ類 Parasitiformes/ 単毛類 Anactinotrichida	
アシナガダニ亜目 Opilioacarida	アシナガダニ科
カタダニ亜目 Holothyrida	カタダニ科
マダニ亜目 Ixodida	マダニ科，ヒメダニ科
トゲダニ亜目 Gamasida	カブリダニ科，ヤドリダニ科，トゲダニ科
胸板ダニ類 Acariformes/ 複毛類 Actinotrichida	
ケダニ亜目 Actinedida	ハダニ科，ヒメハダニ科，ホコリダニ科
コナダニ亜目 Acaridida	コナダニ科，ヒゼンダニ科
ササラダニ亜目 Oribatida	コイタダニ科，イレコダニ科

❶ **産雄単為生殖**（arrhenotoky）

半数体の未受精卵（n）から雄が出現し，両性生殖による倍数体の受精卵（2n）から雌が出現する。

❷ **産雌単為生殖**（thelytoky ＝ diploid thelytoky）

未交尾雌が雌の子孫を産出し，雄は出現しないか，出現してもきわめて少数である。この雌は 2n である。その理由は，①減数分裂後の単相核が融合して 2n になる（注14）（オートミクシス，automixis），または②非減数分裂的に産出される（アポミクシス，apomixis）ためである。

ハダニ科ビラハダニ亜科には雄のいない種も多く，そのほとんどは細胞内共生微生物（*Wolbachia*）（注15）の感染によって産雌単為生殖が誘導され（parthenogenesis induction），これは非減数分裂的におこるアポミクシスのタイプである。

❸ **半数体産雌単為生殖**（haploid-thelytoky）

ヒメハダニ科で知られており，雄がほとんどいない種類がいる（チャノヒメハダニ（*Brevipalpus obovatus*）では 15,000 個体中 12 個体が雄である）。これらの種類の染色体は n＝2 であるが，体内共生微生物（*Cardinium*）に感染することによって，遺伝的雄の機能的雌化（feminization）（注16）がおこるため，半数体の雌が出現する。

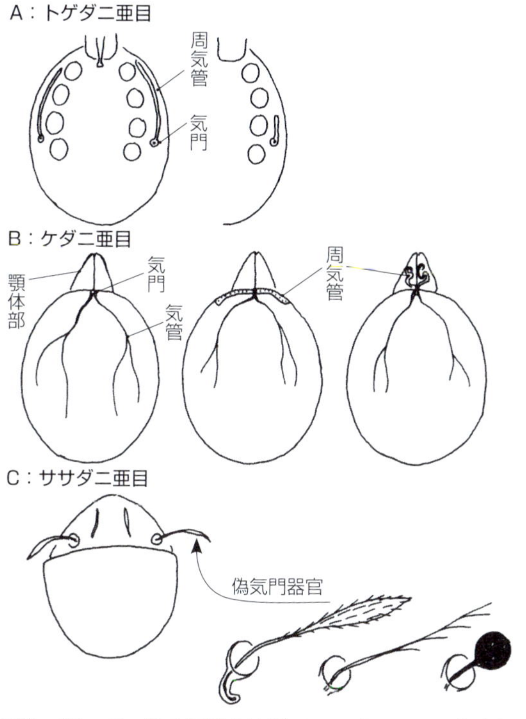

A：トゲダニ亜目（周気管，気門）

B：ケダニ亜目（顎体部，気門，気管，周気管）

C：ササダニ亜目（偽気門器官）

図1-15　ダニ類の気門の位置 (Baker ら，1958 を改変)

〈注8〉
脚には「ms」と示されている「巨大毛（macroseta）」がどの節に生えているか，あるいは脚の二重毛（duplex seta）の基部側に通常毛が何本生えているか，背毛の長さと数，胸板などの形とそこに生じる毛の位置や数，長さなどが分類形質として用いられている。

〈注9〉
ダニの脚は，基本的に6つの節に分かれていて，胴体につながっている節を基節という。

〈注10〉
現在は2亜目とする方向にあるが，コナダニ類には重要な害虫が含まれているので，本書では亜目としてあつかう。

〈注11〉
気門につながる管。

〈注12〉
アシナガダニ亜目，カタダニ亜目のダニは日本では発見されていない。

〈注13〉
気門が開口している肥厚板。

〈注14〉
したがって，ときどき n，3n，4n の個体も出現する。

〈注15〉
細胞内共生微生物は，ダニや節足動物に共生して宿主の生殖や性表現をコントロールする。これらの細菌として最もよく知られているのが *Wolbachia* である。この細菌は宿主に生殖異常をおこすことによって，自らの感染を拡大していく。

〈注16〉
染色体的には半数体の雄（n）であるが，共生細菌である *Cardinium* の作用によって生殖器が雄性生殖器ではなく雌性生殖器に分化し，雌としての機能をもつ。

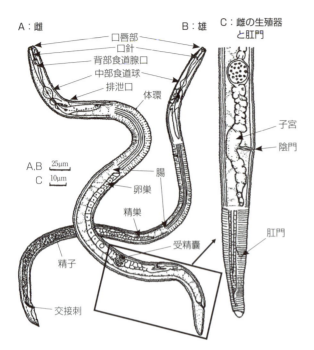

図1-16
キタネグサレセンチュウ（*Pratylenchus penetrans*）の内部形態（石橋，1981を改写）

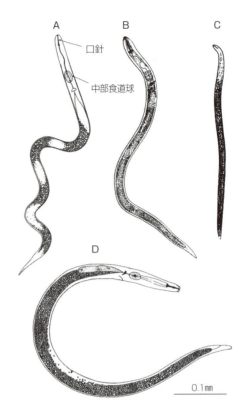

図1-17　植物寄生性線虫の2期幼虫
（三枝，1993を改写）
A：ネコブセンチュウ，B：シストセンチュウ，C：ネグサレセンチュウ，D：ミカンネモグリセンチュウ

❹ **偽産雄単為生殖**（pseudo-arrhenotoky, parahaplodiploidy）

　父性ゲノム消失（paternal genome loss）ともいい，カブリダニ科で知られている生殖法である。この科のダニは交尾しないと産卵せず，くり返し交尾をしないと産卵をつづけることができない。そのため，詳細な検討がおこなわれた結果，すべての卵が一度受精していることがわかった。

　雌は，受精した2nのまま発育していくが，雄は父親由来の染色体が産卵される前に異質染色質化（heterochromatinization）によって除去されてnになり，半数体の個体として発育する。

3 線虫の形態

1 体の特徴

　線虫類は線形動物門（Nematoda）に属し，体が前後に長円筒状で，体節（segment）の区分がまったくない雌雄異体の動物である。よくにているミミズは環形動物門貧毛綱（Oligochaeta）に属し，環節とよく目立つ環帯（生殖腺，girdle）をもっている雌雄同体の動物である。

　線虫は体長0.5～1.5mmで，雌雄異体であるが，雌の形状が雄と著しくちがうシストセンチュウ，フクロセンチュウ，ネグサレセンチュウなどが

いる。

2 内部形態

基本的な内部形態は図1-16に示した。センチュウ類は体の内容物が細長いゴム管につまっているようなものである。

なお，ワセンチュウ (注17) など横縞があるようにみえる種類もあるが，これは体節ではなくたんなる表皮のシワである。雌の陰門 (vulva) を押し広げるときに使われる，雄の交接刺 (spicules) は目立つため，雌雄判別に用いられる（交接刺は総排出口 (cloaca) のすぐうしろにある）。

3 口器

植物寄生性線虫の頭部に注目すると，口器の形状や食道の形態が自然分類群 (注18) とは対応しないが，植物寄生性線虫の口針は20μm以上の強大なものが多く，ハリセンチュウ類 (注19) では約50〜200μmもある。全種が線虫型をしている2期幼虫でも明瞭に口針を判別できる（図1-17）。

なお，形態の詳細は『線虫学実験』(注20) を参照されたい。

〈注17〉
表皮にいくつもの輪を連ねているようにみえるシワがあるのでこうよばれている。シバを加害する。

〈注18〉
人為分類と対をなす用語。生物進化の道筋を考えて分類するやり方。

〈注19〉
オオハリセンチュウなど果樹や植木を加害する重要な線虫が含まれる。

〈注20〉
「線虫のボディプラン」（荒城雅昭）の項。水久保隆之・二井一禎編，2014年，京都大学学術出版会。

第2章 昆虫の分類

1 昆虫の分類

1 六脚類（広義の昆虫綱）の目

❶内顎綱と狭義の昆虫綱

表2-1に六脚類（広義の昆虫綱（Hexapoda））の高次分類と目を示した。六脚類の特徴は，体が頭部，胸部，腹部に分かれ，胸部が3対の脚をもつことである。六脚類は，内顎綱（Entognatha）と狭義の昆虫綱（外顎綱

表2-1 六脚類（広義の昆虫綱）の分類体系と変態の様式，翅の有無

高次分類			目の名前	変態の様式	成虫の翅
内顎綱			トビムシ目（粘管目）	無変態	無翅
			カマアシムシ目（原尾目）		
			コムシ目（双尾目）		
昆虫綱（狭義）	単丘亜綱		イシノミ目（古顎目）		
			シミ目（総尾目）		
	双丘亜綱		カゲロウ目（蜉蝣目）	不完全変態	有翅
			トンボ目（蜻蛉目）		
			カワゲラ目（襀翅目）		
			ハサミムシ目（革翅目）		
			ジュズヒゲムシ目		
			バッタ目（直翅目）		
			シロアリモドキ目（紡脚目）		
			ナナフシ目		
			ガロアムシ目		無翅
			カカトアルキ目		
			カマキリ目		有翅
			ゴキブリ目		
			カジリムシ目（咀顎目）		
			アザミウマ目（総翅目）		
			カメムシ目（半翅目）		
			アミメカゲロウ目（脈翅目）	完全変態	有翅
			ヘビトンボ目（広翅目）		
			ラクダムシ目		
			コウチュウ目（鞘翅目）		
			ネジレバネ目（撚翅目）		
			ハエ目（双翅目）		
			シリアゲムシ目（長翅目）		
			ノミ目（隠翅目）		無翅
			トビケラ目（毛翅目）		有翅
			チョウ目（鱗翅目）		
			ハチ目（膜翅目）		

注）有翅とされている目でも例外的に無翅の種を含むことがある

（Ectognatha）とよぶこともある）の2つの綱からなる。

内顎綱は，頭蓋（head capsule）（注1）と下唇が癒着して口器を包み込んでおり（図2-1），摂食時以外は大顎も小顎も包み込まれてみえない。本綱はトビムシ目，カマアシムシ目，コムシ目の3つの目からなる。

狭義の昆虫綱は，第1章図1-4のように口器が頭蓋の外に出ている。本綱は，大顎が頭蓋と1カ所の関節丘（condyle）で連結している単丘亜綱（図2-2A）と，2カ所の関節丘で連結している双丘亜綱（図2-2B）に分類される（注2）。単丘亜綱にはイシノミ目だけが含まれ，それ以外は双丘亜綱に含まれる。

❷変態の様式

内顎綱は3つの目ともすべて無翅で無変態であるが，狭義の昆虫綱は目によって無変態，不完全変態，完全変態のいずれかに分かれる（第3章2-1項参照）。

無変態（ametaboly）の六脚類は，卵から孵化した幼虫が成虫によくにており，生殖器官の発達とサイズの増大を除くと，発育にともなう形態の変化がほとんどない。

不完全変態（hemimetaboly）をおこなう六脚類は，幼虫の齢がすすむと翅芽（wing bud）（注3）が外からみえるようになるため，外翅類とよばれることもある（注4）。幼虫は若虫（じゃくちゅう，わかむし），あるいはニンフ（nymph）とよばれ，蛹（pupa, pl. pupae）になることなく成虫に変態する。

完全変態（holometaboly）をおこなう六脚類は単系統群で，完全変態類（Holometabola）とよばれるが，翅芽が幼虫（larva, pl. larvae）の体内にあって外からみえないことが重要な特徴なので内翅類（Endopterygota）ともよばれる。幼虫は蛹になり，成虫が羽化する。昆虫の既知種の8割以上は，完全変態をおこなう。

不完全変態や完全変態をおこなう六脚類には，すべての構成種の翅が二次的に退化している無翅（apterous）の目もあれば（例：ノミ目），一部の種のみが退化している目もある。

❸目の分類体系の変更

分子系統学的解析ならびに最新の形態学的研究によって，近年，目レベルの分類体系の一部が変更された。これまでの応用昆虫学関連の書籍と本書とでは，以下の2つの目の範囲がちがう。

ゴキブリ目には，これまで独立したシロアリ目（等翅目）としてあつかわれていたシロアリを含めた。分子系統解析でも，シロアリが材食性のゴキブリから派生したことが支持されており，現在ではシロアリは社会性を獲得した材食性ゴキブリという見解が受けいれられている。

カジリムシ目（咀顎目）は，これまでのチャタテムシ目，シラミ目の2つを，分子および形態による系統解析の結果にもとづき，統合した目である。チャタテムシ目の多くの種で成虫は有翅（alate）であるが，シラミ

〈注1〉
第1章図1-4の頭楯とその上部を合わせた部位。

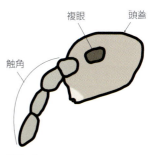

図2-1
トビムシの頭部（左側面）の模式図（原図：井手竜也氏）
頭蓋と下唇が癒着して口器を包み込んでいるので，大顎も小顎もみえない

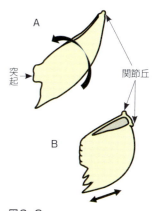

図2-2
単丘亜綱（A）と双丘亜綱（B）の大顎（片側のみ）
（原図：井手竜也氏）

〈注2〉
単丘亜綱では，1つの関節丘で頭蓋とつながっている1対の大顎が回転運動をおこない，大顎の突起が食物をすりつぶす。双丘亜綱では，大顎が前後の2つの関節丘で頭蓋とつながっているので，大顎は左右に動く。そのため，1対の大顎の先端で食物をかむことができる。

〈注3〉
幼虫時代の翅の原基。

〈注4〉
ただし外翅類は，祖先とその子孫すべてから構成される単系統群（monophyletic group）ではない。

図2-3 トノサマバッタ
（写真提供：井手竜也氏）

〈注5〉
同じ種の個体でも，生息密度のちがいによって，形態や行動などが大きく変化する現象。

〈注6〉
昆虫が卵を産むカプセルのようなもので，雌腹部の付属腺から分泌された液体からつくられる。ゴキブリの卵はこのなかで発育し幼虫が孵化する。卵鞘には乾燥から卵を守る働きがあると考えられている。

〈注7〉
本種は，和名が示すようにアメリカ大陸原産で，「乾燥した材」を食べる。わが国では，東北から沖縄まで広く分布し大きな被害を与えている。イエシロアリ（Coptotermes formosanus）やヤマトシロアリ（Reticulitermes speratus）のような日本在来のシロアリは乾燥に弱く，湿気のある材がおもな加害対象であるが，アメリカンカンザイシロアリでは建物全体の乾材と木製家具が加害対象となる。

目の成虫は無翅である。シラミ目の翅は，鳥類や哺乳類の外部寄生生活に特化した結果，消失したと考えられている。短い触角や脚，ならびに扁平な体も寄生生活への適応の結果と考えられる。

2 おもな目の特徴

以下，農林害虫を多く含む目の説明をおこなう。

❶ バッタ目（直翅目）

バッタ目は不完全変態をおこなう。幅広い後翅は扇子のように折りたたまれて，細長い前翅の下，腹部背面に収納される。後脚は発達して跳躍に適している。2枚の前翅，あるいは前翅と後腿節をすり合わせるなどして発音する。多くの種では雄が発音する。

トノサマバッタ（Locusta migratoria）（図2-3）には相変異（phase polyphenism）〈注5〉が知られている。トノサマバッタを低密度で飼育すると成虫の体色は緑で前胸背板（pronotum）が隆起し，後脚は長く，翅は短くなる。ところが，高密度で飼育すると体色は黒味をおび，前胸背板の隆起はなく，後脚は短く，翅は長くなる。前者を孤独相，後者を群生相とよんでいる。形態のちがいだけでなく，群生相のバッタは集団行動をとり移動性が高まる（第4章4-3項参照）。

❷ ゴキブリ目

● ゴキブリ目の特徴

ゴキブリ目は不完全変態をおこなう。前述したように，これまで別の目とされていたシロアリも含まれる。いわゆるゴキブリの仲間は一般に体が小判型で扁平である。熱帯や亜熱帯の林床に多くの種が生息し，雑食性（omnivorous）で材食性の種もいる。一部の種が屋内に住むようになり，衛生害虫や不快害虫とされている。雌成虫は卵鞘（ootheca, pl. oothecae）〈注6〉をつくり，そのなかに卵を産む。

● シロアリ類

シロアリの仲間は木材の害虫として知られる種が多い。前翅と後翅がおなじ形をしているので，かつては等翅目とよばれていた。1つの巣は生殖虫（雌の女王と雄の王）と，非生殖虫である兵蟻，職蟻の3つの階級（カースト，caste）で構成されており，それぞれの機能もちがう。ハチ目の働きバチや働きアリは雌のみであるが，シロアリの職蟻には雄も雌もいる。

シロアリには，発生の初期段階に階級が決まり変更ができない分類群と，職蟻が生殖虫になることもできる分類群があり，後者の職蟻は「真の職蟻ではない」という意味から「擬職蟻」とよばれる。その例として，図2-4にアメリカカンザイシロアリ（Incisitermes minor）を紹介した〈注7〉。

図2-4 アメリカカンザイシロアリ （写真提供：井手竜也氏）

図2-5
ミナミキイロアザミウマ
(写真提供：相澤美里氏)

図2-6　ミカンキイロアザミウマ
(写真提供：相澤美里氏)

図2-7　ヒメナガメ（写真提供：井手竜也氏）

本種の擬職蟻も生殖虫への分化能力をもつ。翅芽をもった「ニンフ」(注8)という段階を経て有翅虫になると，翅を落として王や女王になる。

❸アザミウマ目（総翅目）

アザミウマ目は不完全変態の昆虫であるが，成虫になる前に，発育が休止して蛹のようになる発育段階が，2回ないし3回ある。この発育段階の形態は幼虫ににており，摂食はしないが，刺激を与えると動く。

成虫の体型は細長く扁平で，吸汁をするための口器をもつが，カメムシ目のように吸汁管と唾液管に分かれていない。翅の周囲には長い縁毛（cilium, pl. cilia）(注9)がたくさんはえている。

野菜などの世界的な重要害虫として知られている，ミナミキイロアザミウマ（*Thrips palmi*）（図2-5）やミカンキイロアザミウマ（*Frankliniella occidentalis*）（図2-6）なども含まれている。両種はいずれも侵入害虫と考えられており，多くの化学殺虫剤に対して抵抗性を発達させ，作物の病原ウイルスを媒介する。

❹カメムシ目（半翅目）

●カメムシ目の特徴

カメムシ目には，不完全変態をおこなう目のなかで，最も多くの種が含まれている(注10)。カメムシ目では，口器が変形して吸汁に適した細長い口吻になっている。口吻内には吸汁管と唾液管がある。

カメムシ目は，いわゆるカメムシの仲間である異翅亜目（Heteroptera）とそれ以外の同翅亜目の2つの亜目に分類されることが多かった。しかし，分子と形態にもとづく系統解析の結果，かつての同翅亜目は，現在では3つないし4つの亜目としてあつかわれている(注11)。

カメムシ目の生息場所は植物上，地上，水上，水中，哺乳類や鳥類の体上と多様で，アメンボの仲間には海で生活する種もいる。食性も多様で，植物から吸汁する種のほかに，昆虫の体液を吸収する種，雑食性の種，哺乳類や鳥類から吸血する種もみられる。植食性（herbivorous）の種のなかには農作物から吸汁する害虫も多く知られており，加害様式には，吸汁による直接的な加害と，病気を媒介する間接的な加害の2つがある。

●異翅亜目（カメムシ）

異翅亜目は他の亜目とちがい，体が扁平で頭部の後の前胸背板が発達す

〈注8〉
1-1-❷項で述べたように，不完全変態をおこなう昆虫では，孵化してから羽化するまでをニンフとよぶが，シロアリでは慣習的にこの段階をニンフとよんでいる。

〈注9〉
翅の縁にはえている毛。

〈注10〉
ただし，カイガラムシの一部には蛹がみられる。

〈注11〉
鞘吻亜目（Coleorrhyncha）はオーストラリア，ニュージーランド，ニューカレドニア，パタゴニアに固有でアジアには分布しないが，セミ亜目（Cicadomorpha）はセミ，ヨコバイなど，ハゴロモ亜目（Fulgoromorpha）はウンカやハゴロモなど，腹吻亜目（Sternorrhyncha）はキジラミ，アブラムシ，コナジラミなどを含み，日本に分布する。

図2-8　トビイロウンカ
（写真提供：松村正哉氏）

図2-9　セジロウンカ
（写真提供：松村正哉氏）

図2-10　ヒメトビウンカ
（写真提供：松村正哉氏）

図2-11　ミカンキジラミ
（写真提供：井上広光氏）

る．一例として，図2-7にアブラナ科の害虫であるヒメナガメ（*Eurydema dominulus*）を紹介した．前翅は基部が革質化し，先端部が膜質のため半鞘翅（はんしょうし）とよばれる．後翅は前翅の下に折りたたまれている．

異翅亜目の成虫が水田の畦や休耕田のイネ科雑草から出穂後のイネに飛来して，口吻を籾に刺して吸汁すると，加害のあとが着色して斑点米（pecky rice）の原因になる．斑点米の混入率はコメの品質評価に大きく影響するので，これらのカメムシ類は斑点米カメムシと総称され警戒されている．また，柑橘やカキの果実を加害するカメムシ類は果樹カメムシと総称されている．

● ウンカ類

トビイロウンカ（*Nilaparvata lugens*）（図2-8），セジロウンカ（*Sogatella furcifera*）（図2-9），ヒメトビウンカ（*Laodelphax striatella*）（図2-10）の3種は，わが国を含むアジア地域ではイネの重要害虫である．毎年，梅雨のころ低気圧にのって中国大陸からわが国に長距離移動し，秋まで国内で増殖・移動分散をくり返してイネに被害を与える．

飛来源での化学殺虫剤の多用によって殺虫剤抵抗性（insecticide resistance）を発達させたウンカがわが国に飛来するため，それに対応した国内の防除対策が求められている．トビイロウンカとセジロウンカは九州以北では越冬できないが，ヒメトビウンカは休眠性があるので北海道でも越冬できる．

● ミカンキジラミ

ミカンキジラミ（*Diaphorina citri*）（図2-11）は，カンキツグリーニング病（citrus greening disease）〈注12〉を媒介する害虫である．わが国では鹿児島県以南に分布し，カンキツグリーニング病は奄美大島と喜界島を除く奄美群島以南で発生する．

20世紀末にはアメリカ大陸への本種の侵入・定着が確認され，カンキツグリーニング病による被害が広がりつつある．この病気はアジアだけでなく，アメリカ大陸やアフリカ大陸でも柑橘を枯死させている．

〈注12〉
病名は，罹病した柑橘の果実が緑色のままであることに由来する．感染した樹は果実や枝の生育が不良になり，枝や樹全体が枯死する．

図2-12　モモアカアブラムシ
（写真提供：安部順一朗氏）

図2-13　ワタアブラムシ
（写真提供：安部順一朗氏）

● モモアカアブラムシ，ワタアブラムシ

モモアカアブラムシ（*Myzus persicae*）（図2-12）やワタアブラムシ（*Aphis gossypii*）（図2-13）などは，植物に病気を引き起こすウイルスを媒介し，農作物に大きな被害を与える．

害虫アブラムシ類のなかでこの2種は，さまざまな化学殺虫剤に対して

抵抗性を発達させており，これについても詳しく研究されている。しかし，殺虫剤抵抗性の発達に加え，春から秋にかけて産雌単為生殖（thelytoky）（第1章2-4項参照）による高い増殖能力があるので，防除は容易ではない。

● タバココナジラミ

タバココナジラミ（*Bemisia tabaci*）（図2-14）は，形態以外の生物学的諸特性（寄主植物の範囲やウイルス媒介能など）がちがう20以上のバイオタイプ（biotype）(注13)があり，ミトコンドリア上の*COI*遺伝子の塩基配列の一部を調べることによって識別される。

もともと日本に分布していなかったバイオタイプBとQがわが国に侵入・定着し，とくにトマトに病原性ウイルスを伝播して，大きな被害を与えている(注14)。今世紀にはいってから侵入が確認されたバイオタイプQは，より多くの化学殺虫剤に対して高い抵抗性を発達させているため，難防除害虫といえる。

図2-14　タバココナジラミ
（写真提供：安部順一朗氏）

〈注13〉
おもに寄主植物との相互作用にもとづいて区別される，同一種内の系統（strain）のこと。

〈注14〉
トマト黄化葉巻ウイルス（TYLCV：*Tomato yellow leaf curl virus*）を媒介し，トマト黄化葉巻病を発生させる。

〈注15〉
鞘翅（しょうし，さやばね）ともいい，革質化し，硬くなった前翅のことで，コウチュウ目の特徴である。

❺ コウチュウ目（鞘翅目）

コウチュウ目は完全変態をおこなう。前翅が革質化して翅鞘（elytron, pl. elytra）(注15)になり，飛翔に使われる後翅は，普段は前翅（翅鞘）の下に折りたたまれている。全動物中で種数が最も多い目といわれ，地上，地中，水中，洞窟などさまざまな環境に生息している。

マメコガネ（*Popillia japonica*）（図2-15）は多食性（polyphagous）の害虫で，成虫はダイズなど豆類やブドウなど果樹の葉を食害し，幼虫は芝草の害虫としても知られている。図2-15のように，多くのコウチュウ目の成虫は，背面からみると頭部のうしろに前胸背板があり，そのうしろで前翅（翅鞘）が中胸，後胸，腹部を覆っている。本種は日本在来種であるが，約100年前にアメリカ合衆国への侵入・定着が確認され，さまざまな農作物を加害していてジャパニーズビートルとよばれている。

キボシカミキリ（*Psacothea hilaris*）（図2-16）は，クワやイチジクの害虫として知られている。本種を含めカミキリムシ類による被害は，ほとんどが幼虫による食害である。しかし，マツ枯れを引き起こすマツノザイセンチュウ（*Bursaphelenchus xylophilus*）を媒介するマツノマダラカミキリ（*Monochamus alternatus*）のように，林木の重要な加害者を伝播する種もいる。

図2-15　マメコガネ
（写真提供：井手竜也氏）

図2-16　キボシカミキリ
（写真提供：井手竜也氏）

❻ ハエ目（双翅目）

ハエ目は完全変態をおこなう。多くの種で複眼が発達している。口器は口吻で，舐めたり刺すのに適応して変形している。前翅は膜状でよく発達しているが，後翅は退化して平均棍（haltere）とよばれるこん棒状の構造になる。前翅をささえる中胸は飛翔のための筋肉を収容しているのでよく発達するが，前胸と後胸は縮小している。ハエ目はハエ亜目（ハエやアブの仲間）とカ亜目（カやガガンボの仲間）からなる。

野菜や観賞植物の世界的な重要害虫であるトマトハモグリバエ

図2-17　トマトハモグリバエ
（写真提供：井手竜也氏）

図 2-18　オオタバコガ
（写真提供：吉松慎一氏）

〈注 16〉
広腰亜目は胸部から腹部にかけてくびれのないハチ，細腰亜目は腹部が著しくくびれているハチ（第 1 章 1-2-❶項参照）。

図 2-19　ルリチュウレンジ
（写真提供：井手竜也氏）

図 2-20　クリタマバチの成虫
（写真提供：井手竜也氏）

図 2-21
クリタマバチのゴール
（写真提供：井手竜也氏）

（*Liriomyza sativae*）（図 2-17）は，アメリカ大陸原産で，1999 年に日本ではじめて侵入が確認され，東北から沖縄県にかけて分布している。和名に「トマト」とつけられているが，ナス科だけでなく，マメ科，ウリ科，キク科，アブラナ科などの作物の葉に，幼虫がもぐって加害する。

❼チョウ目（鱗翅目）

チョウ目は完全変態をおこない，成虫の体は鱗粉（scale）で覆われている。多くはストロー状の口吻をもっていて，使わないときにはコイルのように巻いている。しかし，コバネガ科は咀嚼する大顎をもっている。

成虫の食物は，花の蜜，樹液，腐った果実，糞などである。しかし，ほとんどの幼虫の食物は植物で，オオタバコガ（*Helicoverpa armigera*）（図 2-18）のように農作物を加害する種もいる。そのほか，幼虫の食害には，乾燥した穀物を食べるノシメマダラメイガ（*Plodia interpunctella*），キノコを食べるヒロズコガ科（Tineidae）の仲間，衣類（羊毛や羽毛などの動物質を含む）を食べるイガ（*Tinea translucens*）などの例がある。

幼虫がセミに寄生したり，アリの幼虫を食べるなど，肉食性（carnivorous）の種も知られている。

❽ハチ目（膜翅目）

●ハチ目の特徴

ハチ目は完全変態をおこない，翅は膜状で前翅は後翅よりも大きい。後翅の前側の縁（前縁）にならんでいる，翅鉤（hamulus, pl. hamuli）とよばれているフックのように先が曲がっている剛毛を，前翅のうしろ側の縁（後縁）にひっかけることによって，2 枚の翅を 1 枚の翅のように一緒に動かして飛翔する。

未受精卵（1 倍体）が雄になり，受精卵（2 倍体）が雌になる。第 1 章 1-3-❺項で述べているように，昆虫のほとんどは産卵の直前に受精する。交尾して精子を受精嚢にためているハチの雌成虫は，産卵するときに未受精なら卵は息子になり受精させれば娘になるというように，雄と雌を産み分けることができる。

●広腰亜目と細腰亜目

ハチ目は広腰亜目と細腰亜目（注 16）からなる。細腰亜目にはミツバチやスズメバチ，アリのように社会性を進化させた分類群も含まれる。

幼虫がツツジの仲間の葉を食害するルリチュウレンジ（*Arge similis*）（図 2-19）は，広腰亜目のハチで，胸部から腹部にかけて寸胴で，くびれがない。

これに対して，クリの重要害虫であるクリタマバチ（*Dryocosmus kuriphilus*）（図 2-20）は細腰亜目のハチで，腹部第 1 節と第 2 節のあいだにはっきりしたくびれがある。本種は幼虫がクリの芽にゴール（gall，虫こぶ，図 2-21）をつくり，クリの枝の伸長や開花・結実を阻害する。クリタマバチは中国原産と考えられており，日本やアメリカ合衆国，ヨーロッパ（イタリアなど）に侵入してクリの重要害虫になっている。

2 ダニ目の分類

1 胸穴ダニ類と胸板ダニ類

❶ダニ目の毛の特徴

　ダニ目（Acari）は，節足動物門（Phylum Arthropoda），鋏角亜門（Subphylum Chelicerata），真鋏角類（ランクなし Euchelicerata），クモガタ綱（Class Arachnida）に属する。

　ダニ目の毛には，光学的・化学的特性がちがうⅠ型とⅡ型がある。Ⅰ型の毛は，アクチノピリン（actinopiline）というタンパク質を含んだキチン質の髄をもっていて，光学的に複屈折し，ヨードで染まる。Ⅱ型の毛のキチン質はアクチノピリンを含まず，単屈折で，ヨードには染まらない。

❷胸穴ダニ類と胸板ダニ類のちがい

　Ⅱ型の毛のみをもつ群を胸穴（きょうけつ）ダニ類（Parasitiformes，または単毛類（Anactinotrichida）），Ⅰ型とⅡ型の毛をもつ群を胸板（きょうばん）ダニ類（Acariformes，または複毛類（Actinotrichida））とし（第1章表1-1参照），これら2群には分類階級を与えない(注17)。

　胸穴ダニ類の脚の基節は自由に動き，脚を除くと付け根の部分に空洞があるようにみえる。それに対して，胸板ダニ類の脚の基節は胸板と癒合してエピメラ（epimera）という板状になっていて，動かない。なお，胸穴ダニ類のアシナガダニ亜目とカタダニ亜目のダニは日本では知られていない。

　Krantz & Walter（2009）は，コナダニ類がササラダニ類から派生したと考えられるので，コナダニ類をササラダニ亜目に含めて「コナダニ団」としているが，本書では害虫種を多く含むコナダニ類を独立した亜目としてあつかう。

〈注17〉
ダニ学者の多くは，ダニ類をダニ亜綱としてあつかう傾向にあるが，一般の動物分類学者はこの分類方法を認めていないので，江原（1975）にならって，本書ではこれら2群に分類階級を与えずに用いることにする。

2 農作物を加害するおもなダニと特徴

　農作物に関係するダニは，重要害虫になっているケダニ亜目のハダニ科，ヒメハダニ科，フシダニ上科(注18)，ホコリダニ科，ミドリハシリダニ科のほぼ全種に加えて，コナダニ亜目のコナダニ科の一部，ササラダニ亜目のサカモリコイタダニ（*Oribatula sakamorii*）とオニダニ（*Camisia segnis*）である。一方，これらの害虫の天敵には，ケダニ亜目のナガヒシダニ科とトゲダニ亜目のカブリダニ科の多くの種が含まれている。

〈注18〉
上科は生物分類の単位の1つで，目と科のあいだに設けられている。

❶ハダニ科

　ハダニ科（Tetranychidae）の雌成虫の胴体は長円形で0.6～0.8㎜，雄成虫は逆三角形で0.4～0.5㎜である。ナミハダニ亜科とビラハダニ亜科があり，後者では細胞内共生微生物(注19)の感染によって産雌単為生殖（第1章2-4項参照）をおこない，雄がいない種が多い。

　ナミハダニ（*Tetranychus urticae*）やカンザワハダニ（*T. kanzawai*），ミカンハダニ（*Panonychus citri*），マンゴーツメハダニ（*Oligonychus*

〈注19〉
ダニと共生関係にある体内微生物のことで，そのなかには宿主のダニに生殖異常をおこす微生物がおり，最もよく知られているのが *Wolbachia* である。

図2-22 農作物を加害するハダニの例
A：ミカンハダニの雌成虫，B：マンゴーツメハダニの雌成虫と雄成虫，
C：ナミハダニの雌成虫，D：カンザワハダニの雌成虫

coffeae）など世界的に重要な害虫種が多くいる（図2-22）。

❷ヒメハダニ科

ヒメハダニ科（Tenuipalpidae）の体長は0.2～0.4mm，体が扁平で赤色の種が多く，寄主範囲が狭い。チャノヒメハダニ（*Brevipalpus obovatus*）は例外的に広食性の種である（図2-23）。いくつかの種では細胞内共生微生物 *Cardinium*（注20）への感染によって，半数体の雄が雌化する半数体産雌単為生殖をおこない（「遺伝的雄の機能的雌化」という），雄がいない。

図2-23 チャノヒメハダニ
（雌成虫）

〈注20〉
Wolbachia とは異なる系統の共生微生物であるが，生殖異常をおこすことが知られている。

〈注21〉
幼虫期と若虫期に分ける研究者もいる。

〈注22〉
活動を休止するステージで，その後脱皮して次の成長段階（この場合は成虫）になる。雌の静止期幼虫を雄成虫がかついで移動する行動がしばしばみられる。

❸フシダニ上科

日本のフシダニ上科（Eriophyoidea）はナガクダフシダニ科（Nalepellidae），フシダニ科（Eriophyidae），ハリナガフシダニ科（Diptilomiopidae）の3科からなる。葉に虫こぶをつくるフシダニ，サビ症状をおこすサビダニ，葉の表面に盛りあがるこぶと裏側に毛氈（もうせん）をつくるハモグリダニとよばれる体長約0.2mmのうじむし形のダニなどがいる。幼虫期がなく，卵から2つの若虫期を経て成虫になる（注21）のが特徴である。脚は前方に2対もっている（図2-24）。

チューリップサビダニ（*Aceria tulipae*）は，世界的に広く分布している重要害虫である。

❹その他の科

ホコリダニ科（Tarsonemidae）：体長が0.2mmで，幼虫と静止期幼虫（注22）を経て成虫になる。チャノホコリダニ（*Polyphagotarsonemus latus*）は世界的に分布している重要害虫である（図2-25）。

ミドリハシリダニ科（Penthaleidae）：体長が0.5～0.7mmの黒色のダニで，脚は暗赤紫色で胴体後部の背面に小さい肛門（赤い眼点状の構造物）がある（図2-26）。若虫期が3期ある。ムギダニ（*Penthaleus major*）とハクサイダニ（*P. erythrocephalus*）の2種が晩秋から春に活動する。

図2-24
リュウキュウミカンサビダニ（成虫）
（写真提供：上遠野冨士夫氏）

図2-25 チャノホコリダニの雌成虫（左）と雌の静止期幼虫をはこぶ雄成虫（右）

図2-26 ムギダニ（雌成虫）

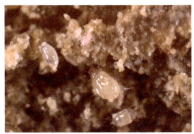
図2-27 ケナガコナダニ（雌成虫）

図2-28 ニセラーゴカブリダニ（雌成虫）（天敵ダニ）

コナダニ科（Acaridae）：乳白色で0.3～0.8㎜，行動が緩慢である。ケナガコナダニ（*Tyrophagus putrescentiae*）（図2-27）やロビンネダニ（*Rhizoglyphus robini*）などが各種作物で重要害虫になっている。

3 天敵のダニ

害虫ダニの天敵であるカブリダニ科（Phytoseiidae）は体長が0.3～0.5㎜で，日本では94種が知られている。雄の鋏角の可動指は先端部に特殊な突起（担精指）をもっていて，精包（spermatophore）（注23）を顎体部にある生殖口から雌の導精孔に挿入する（第1章図1-13参照，図2-28）。精包はその後受精嚢に送られる。担精指の形態，肥厚板，胴背毛（注24），脚の毛が分類上重要である。

おもにハダニの卵を捕食するナガヒシダニ科（Stigmaeidae）は体長が0.2～0.4㎜で，顎体部が前方に突き出ている。多くの種が濃赤色で，大小の肥厚板をもち，その形状と毛の数や長さが分類上重要である（図2-29）。

〈注23〉
精子をいれて雌に渡して受精をおこなうのに使われる鞘状のもの。ダニ自身の分泌物でつくる。

〈注24〉
背板と板間膜上にある毛。

図2-29 ケボソナガヒシダニ（雌成虫）（天敵ダニ）

3 線虫類の分類

1 農業にかかわる主要線虫

線虫類の体長は0.2～10㎜で，一般的には0.5～1.5㎜である。植物寄生性線虫は約2,500種で，線虫全体の約1割に相当するが，農業上重要な種は約100種とされている。農業にかかわる主要線虫は，ラブディテス目

表2-1 おもな線虫の分類（Meldal et al., 2007などを改変）

目	亜目	上科	おもな種類
ラブディテス目 Rhabditida	ティレンクス亜目 Tylenchina	ティレンクス上科 Tylenchoidea	シストセンチュウ類 ネグサレセンチュウ類 ネコブセンチュウ類
		アフェレンクス上科 Aphelenchoidea	イネシンガレセンチュウ マツノザイセンチュウ
ドリライムス目 Dorylaimida	ドリライムス亜目 Dorylaimina	ドリライムス上科 Dorylaimoidea	ナガハリセンチュウ類 オオハリセンチュウ類
シヘンチュウ目 Mermithida	シヘンチュウ亜目 Mermithina	シヘンチュウ上科 Mermithidea	シヘンチュウ類
トゥリプロンヒウム目 Triplonchida	ジフテロフォリナ亜目 Diphtherophorina	ジフテロフォリナ上科 Diphtherophoroidea	ユミハリセンチュウ類

〈注25〉
線虫類はL₂（2期幼虫）〜L₄（4期幼虫）と3回脱皮して成虫になる。

図2-30
ダイズシストセンチュウ（根に寄生しているシスト）
（写真提供：田澤純子氏）

〈注26〉
ナス科，とくにジャガイモの重要害虫で，世界各国に広まっているが，日本ではこれまで確認されていなかった。

左から雄成虫，雌成虫，幼虫

草丈が低くなるなど生育が不ぞろいになる
図2-31　キタネグサレセンチュウとキクの被害
（写真提供：大野　徹氏）

(Rhabditida)，ドリライムス目（Dorylaimida），トゥリプロンヒウム目（Triplonchida）の3目に属している（表2-1）。

線虫の和名は，線虫による被害の特徴や外部形態に由来している。線虫は卵から，卵内で1回脱皮して2期幼虫（L₂ 〈注25〉）として卵外にでて，その後，3回脱皮して成虫になる。発育は温度の影響を強く受けるが，卵から成虫の発育期間は約10日である。

2 おもな線虫の特徴

❶ シストセンチュウ類

シストセンチュウ類（*Heterodera* spp., *Globodera* spp.）のシストとは，雌成虫が成熟したのち，胎内の卵を包み込んで固い袋状に変化し（＝卵嚢），球型や洋なし型，レモン型に肥大したもので，300〜500卵が含まれている（図2-30）。白色から褐色に変色したシストは，乾燥や低温に高い耐性をもち，8〜11年も生存できる。

ダイズシストセンチュウ（*Heterodera glycines*）の孵化促進物質で，ダイズの根から分泌されるグリシノエクレピンA（glycinoeclepin A）は 10^{-12}g/mℓ，ジャガイモシストセンチュウ（*Globodera rostochiensis*）の孵化促進物質であるソラノエクレピンA（solanoeclepin A）は 10^{-9}g/mℓ の濃度で作用し，孵化を促進する。

孵化したL₂幼虫は根端分裂組織から侵入後，紡錘状の多核体細胞をつくり，そこから養分を摂取する。雌成虫は，前方部を根内に挿入し，それ以外は根の外にでている，半内部寄生で定着性である。雄成虫は線虫形で，根内から脱出して雌成虫と交尾する。

2015年8月19日に北海道網走市で，ジャガイモシロシストセンチュウ（*Globodera pallida*）〈注26〉の発生が日本ではじめて確認されている。

❷ ネグサレセンチュウ類

ネグサレセンチュウ類（*Pratylenchus* spp.）は，おもにL₄幼虫で越冬するが，春には全ステージが根に侵入して，根の組織を壊死させて腐らせる。根内を移動するが地上にでることはない（図2-31）。

近年，レンコンに黒皮症を引き起こすレンコンネモグリセンチュウ（*Hirschmanniella diversa*）が各地で問題になっている。

❸ ネコブセンチュウ類

ネコブセンチュウ類（*Meloidogyne* spp.）は，L₂幼虫が根に侵入し，細胞間をとおって内鞘に到達する（図2-32）。そこで食道腺からの分泌物で細胞壁を崩壊し，巨大細胞（コブになる）をつくって植物から栄養を摂取

する。しかし，L_3とL_4幼虫には口針がなく摂食しない。

雌成虫は肥大して球形や洋ナシ型になり，ゼラチン状の卵囊を産む。白色の卵囊はすぐに孵化するが，褐色の卵囊は耐性をもっていて越冬する。雌成虫が根外にでることはなく，移動性もない。過寄生になると雌から雄へ性転換する。

雄成虫は線虫形で，雌成虫の産卵より約1週間早く出現して，土中にでる。

❹ マツノザイセンチュウ

マツノザイセンチュウ（*Bursaphelenchus xylophilus*）はマツノマダラカミキリ（*Monochamus alternatus*）に便乗して分布を拡大し，マツに激害型枯損をおこす（図2-33）。5月ごろに，後食（注27）するカミキリから分散型4期幼虫（L_{IV}）（注28）が離脱して，食害痕から樹内に侵入する。侵入後，脱皮して成虫になると増殖型（L_2～L_4）の生活環にはいる。増殖型は樹脂道を通って樹全体に広がり，樹脂分泌を低下させるため，カミキリが産卵可能になる。

8月下旬ごろ，枯損したマツ樹内にL_{III}幼虫があらわれ，11月ごろからカミキリの蛹室に集合し，翌春にカミキリの蛹化とともにL_{IV}幼虫に脱皮し，カミキリの羽化直後の虫体に移って健全なマツにはこばれる。

カミキリの卵や幼虫は樹脂の多い健全樹では生存できないので，樹脂分泌を止めるマツノザイセンチュウと共生関係にある。

❺ その他の線虫

ナガハリセンチュウ類（*Lingidorus* spp.）とオオハリセンチュウ類（*Xiphinema* spp.）：ともに約200μmの長い中空の口針をもち，根に外部寄生する。球状（約30μm）のネポウイルス（Nepovirus, nematoda transmitted polyhedral virus）を媒介し，タバコやクワなどに輪紋症状などをおこす（図2-34）。

ユミハリセンチュウ類（*Trichodorus* spp., *Paratrichodorus* spp.）：約50μmの中空ではない口針をもち，桿状のトブラウイルス（Tobravirus,

体長約0.4mm

根がこぶ状になる
図2-32
ネコブセンチュウの2期幼虫（上）とナスの被害根（下）（写真提供：下元満喜氏）

〈注27〉
カミキリやクワガタなどは羽化後にエサを食べてはじめて性的に成熟，交尾ができるようになる。この摂食のことを後食という。

〈注28〉
マツノザイセンチュウには，増殖型と分散型の2つの幼虫がいる。増殖型は，樹内でL_2幼虫～L_4幼虫を経て脱皮したのち，成虫になる。分散型には第3期幼虫（L_{III}）と第4期幼虫（L_{IV}）があり，枯損した樹内でL_{III}を経てL_{IV}になってからカミキリの気門などにもぐりこんで，健全な樹にはこばれて侵入・感染する。

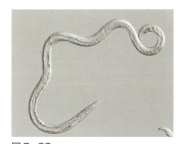
図2-33
マツノザイセンチュウ（写真提供：千葉県農林総合研究センター）

図2-34
クワナガハリセンチュウ（*Longidorus martini*）（写真提供：八木田秀幸氏）

図2-35
ユミハリセンチュウ（Trichodoridaeの一種）（写真提供：千葉県農林総合研究センター）

図2-36
トビイロウンカの胎内から脱出したウンカシヘンチュウ
（写真提供：宇根　豊氏）

図2-37　アメリカザリガニ
（写真提供：平井一男氏）

〈注29〉
貝殻の上端から下端の一番長いところまでの高さ。巻き貝殻では殻の長さになる。

〈注30〉
陸上に生息する巻き貝の総称。カタツムリ、キセルガイなども含まれる。

〈注31〉
おもに熱帯・亜熱帯地方に分布している。成虫はドブネズミやクマネズミなどの肺動脈内に寄生する線虫。幼虫が寄生した中間宿主を人が食べることで感染し、脳脊髄膜炎などを引き起こす。日本でも感染例（死亡1例）がある。

75nmと185nmの2種類、Tobacco rattle virus group）を媒介する（図2-35）。タバコ、トマト、バレイショなどの茎にえそ症状をおこす。

シヘンチュウ類（*Agamermis* sp.、*Amphimermis* sp.、*Hexamermis* sp.、*Mermis* sp. など）：絶対寄生性の線虫で、寄主昆虫などから脱出するときに寄主の表皮を破壊して死亡させる生物的防除資材である（図2-36）。脱出した亜成虫は土中にもぐり、成熟して交尾する。体長は数cmから10cm、大きいものでは50cmになるものもいる。

4 その他の有害動物

アメリカザリガニ（*Procambarus clarkia*）：エビ目（Decapoda）、アメリカザリガニ科（Cambaridae）の外来種である（図2-37）。1927年に食用蛙のエサとしてアメリカから輸入されたが、大雨で出水したときに逃亡し、各地に広がった。雌雄異体で、地中で越冬し、水田などで穴居生活し漏水の原因になるほか、イネを水面近くで切断するなど、農業上も重要である。

オカモノアラガイ（*Succinea lauta*）：マイマイ目（Stylommatophora）、オカモノアラガイ科（Succineidae）で、長楕円形をしており、夏に白い卵塊を産む。殻高（注29）20～25mmの陸生貝（注30）である（図2-38）。おもに夜に活動し、2～3年の寿命をもつ。広東住血線虫（注31）の中間宿主である。

ウスカワマイマイ（*Acusta despecta sieboldiana*）：マイマイ目、オナジマイマイ科（Bradybaenidae）で、殻高20mmの褐色半透明な薄い殻をもつ貝である（図2-39）。年1世代で、各種農作物を加害する。オナジマイマイ科のオナジマイマイ（*Bradybaena similaris*、殻高13mm）や、アフリカマイマイ科（Achatinidae）のアフリカマイマイ（*Achatina fulica*、殻高200mm）も同様に多くの作物を加害する（図2-40）。なお、アフリカマイマイは広東住血線虫の中間宿主である。

チャコウラナメクジ（*Lehmannia valentiana*）：マイマイ目、コウラナメクジ科（Limacidae）で、体長約50mm、前方の背面に退化した長円形の殻を1枚もち、そこに2本の平行な灰黒色の筋がはいっている（図2-41）。日本には、1950年代にアメリカから侵入したと考えられている。

図2-38　オカモノアラガイの稚貝
（写真提供：冨山清升氏）

図2-39　ウスカワマイマイの成貝
（写真提供：田中雅也氏）

図2-40　アフリカマイマイの成貝

図2-41　チャコウラナメクジ
（写真提供：永井一哉氏）

　　　　　成貝　　　　　　　　　　　卵塊（写真提供：和田節氏）
図2-42　スクミリンゴガイ

　スクミリンゴガイ（*Pomacea canaliculata*）：ゲンシチュウゼツ目（Architaenioglossa），リンゴガイ科（Ampullaridae）で，殻高が50〜80 mmになる雌雄異体の貝で，ジャンボタニシともよばれる（図2-42）。イネの茎や水路の側面などに，長円形の卵塊（200〜300卵）として産卵する。卵塊は鮮やかなピンク色をしていて目立つが，水没すると死亡する。

　1971年にアルゼンチンから食用として台湾に輸入され，その後1981年に食用として台湾から日本に導入された外来種である。イネやレンコンなどの農作物を食害し，被害は深刻である。広東住血線虫の中間宿主であるほか，1984年に植物防疫法上の農作物有害動物に指定されている。

第3章 昆虫の生理と殺虫剤の作用機構

1 昆虫の皮膚の構造

昆虫の皮膚（integument）は表皮（クチクラ，cuticle），真皮（epidermis），基底膜（basement membrane）からなる（図3-1，第1章1-1項参照）。表皮は外側から外表皮（上表皮，epicuticle）と原表皮（procuticle）からなる（図3-1）。原表皮は外角皮（外クチクラ，exocuticle），内角皮（内クチクラ，endocuticle）で構成されている（図3-1）。

真皮は一層の真皮細胞（epidermal cell）からなり，表皮を分泌する。基底膜（basement membrane）は真皮と体腔の境にあり，表皮と同様に真皮細胞から分泌される。

経皮的活性をもつ薬剤（接触剤）(注1)が害虫に効力を発揮するためには，害虫の皮膚を透過して体内に浸透し，作用点に到達しなければならない。薬剤が皮膚を透過するかどうか，透過がどのようにおこなわれるかなどは，後述するように（6章Ⅱ項参照），薬剤に対する抵抗性の原因になる。

〈注1〉経皮的とは皮膚を透過することで，皮膚や気門から害虫の体内に吸収されて効果を発揮する薬剤は，接触剤とよばれている。

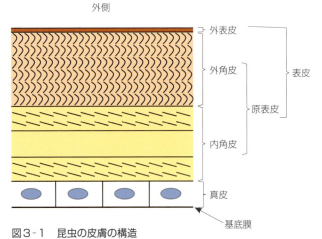

図3-1　昆虫の皮膚の構造

2 発育とホルモン

1 昆虫の発育

昆虫は，幼虫（若虫）から成虫への発育過程での，形態や生活様式の変化によって，無変態（ametaboly），不完全変態（hemimetaboly），完全変態（holometaboly）の3つのタイプに分けられる（図3-2）。

無変態の昆虫はカマアシムシ目，コムシ目，トビムシ目，シミ目，イシノミ目（第2章表2-1参照）で，卵から孵化して成虫になるまで脱皮をくり返すが，外部生殖器以外ははっきりした形態変化をしない。生息場所や食物もかわらない。

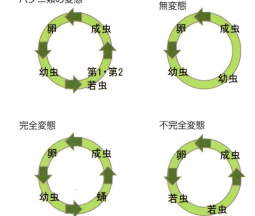

図3-2　昆虫の3タイプの変態とハダニ類の変態
矢印は形態変化をあらわす

完全変態の昆虫は，卵，幼虫，蛹，成虫という発育段階を経過し，幼虫と成虫では形態があきらかにちがうだけでなく，食物や生息場所もちがう。

不完全変態の昆虫は，蛹の段階がなく，若虫から翅をもった成虫へ移行する。

昆虫ではないが，ハダニ類は卵，幼虫，第１若虫，第２若虫(注2)，成虫という発育段階を経過する。ハダニ類の脚は幼虫期が３対，第１若虫以降は４対になる。

〈注2〉
昆虫は種によって幼虫期，若虫期の脱皮回数がちがうがハダニ類は幼若虫期に３回だけ脱皮する。

2 昆虫の脱皮・変態とホルモン

昆虫の脳にある神経分泌細胞は，前胸腺刺激ホルモン（prothoracicotropic hormone：PTTH）やアラトトロピン（allatotoropin）とよばれるホルモンを分泌する（図3-3）。

❶ PTTH の作用とエクジソン

PTTH は側心体（corpus cardiacum）やアラタ体（corpus allatum）に蓄積され，必要に応じて前胸腺（prothoracic gland）に作用し，脱皮や変態を引き起こすホルモンであるエクジソン（ecdysone）の分泌を促す（図3-3, 3-4）。

エクジソンという名前は，幼虫（若虫）の脱皮，蛹化，羽化（成虫化）するときの脱皮（ecdysis）に由来する。体液中に分泌されたエクジソンは，

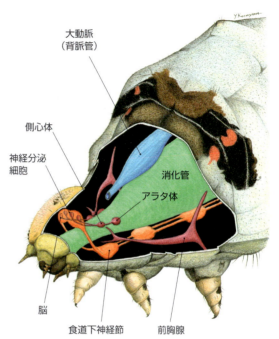

図3-3　昆虫の神経系（その１：ホルモン分泌）
（原図：越山洋三氏）

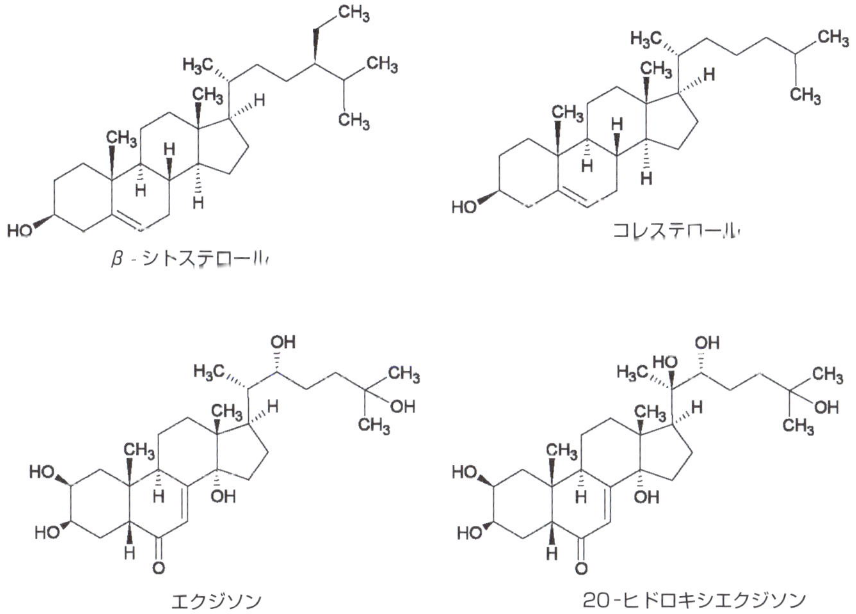

図3-4　ステロイド核をもつ化合物
エクジソンと20-ヒドロキシエクジソンは昆虫の脱皮，変態にかかわるホルモンである

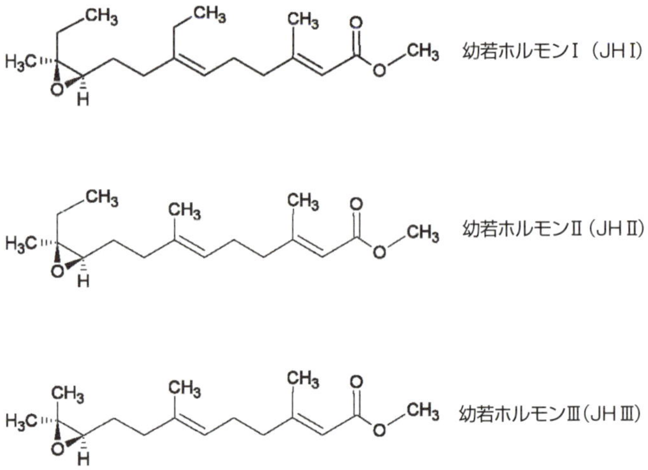

脂肪体（fat body）で酸化され，20-ヒドロキシエクジソン（20-hydroxyecdysone）となり，より強い活性を示す（図3-4）。

なお，エクジソンや20-ヒドロキシエクジソンを含む脱皮ホルモン活性をもつステロイド化合物は，エクジステロイド（ecdysteroid）と総称されている。エクジステロイドは，昆虫をはじめ無脊椎動物から60種以上みつかっている。

❷アラトトロピンの作用とエクジステロイド

アラトトロピンはアラタ体に作用し，幼虫の形質を維持し，変態を抑制する働きをもつ幼若ホルモン（juvenile hormone：JH）の分泌を促す（図3-5）。

エクジステロイドが作用するときに，JHが存在していると幼虫脱皮がおこるが，JHがほとんど存在していないと幼虫は蛹へ変態する。さらに，JHがまったくなく，エクジステロイドのみが作用すると，蛹は成虫へ変態する（図3-6）。JHはさまざまな昆虫から10種ほどが同定されている。

図3-5 幼若ホルモン（JH）
昆虫種によってもっているJHの種類は異なる

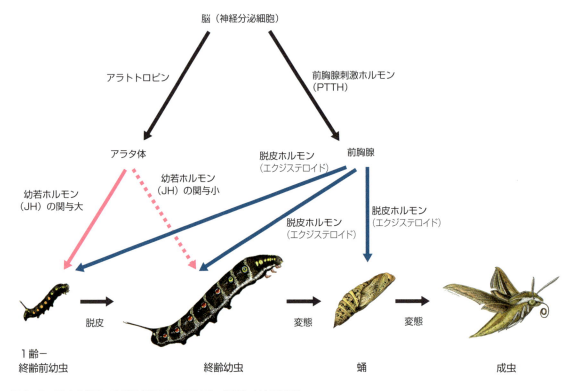

図3-6 昆虫の脱皮，変態と制御するホルモン（原図：越山洋三氏）

3 キチン合成

　昆虫は脱皮や変態のときに古い表皮（外角皮と内角皮）を分解し，新しい表皮の合成に再利用する。ただし，外表皮は分解されず脱ぎ捨てられる。

　表皮の主成分であるキチン（chitin）(注3)は，外表皮には含まれていないが，表皮全体の乾燥重量の25～60％をしめる。キチンはウリジン二リン酸（UDP）-N-アセチル-D-グルコサミンとよばれる物質の重合体（ポリマー）(注4)である（図3-7）。

　古い表皮の分解は，キチン分解酵素（キチナーゼ，chitinase）によっておこなわれる（図3-7）。

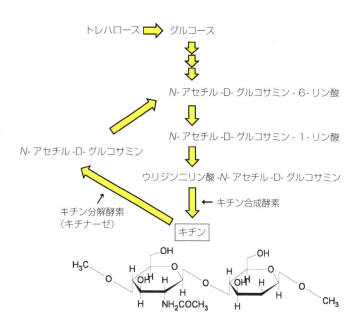

図3-7　キチンの合成経路

3 昆虫の栄養生理

　昆虫の栄養要求性は哺乳類と基本的には同じであるが，ステロール要求性などちがう点もある。また，昆虫間でも若干のちがいがある。

1 タンパク質，アミノ酸

　多数のアミノ酸が，ペプチド結合でつながった化合物をタンパク質（ポリペプチド）という。タンパク質は結合するアミノ酸の種類や数，配列によってその性質（機能）が決まる。タンパク質を構成する20種のアミノ酸を基本アミノ酸という（図3-8）。

　昆虫の必須アミノ酸は，アルギニン，ヒスチジン，イソロイシン，ロイシン，リシン，メチオニン，フェニルアラニン，トレオニン，トリプトファン，バリンの10種で哺乳類と一致している。昆虫はこれら10種類のアミノ酸を体内で合成することができないので，寄主から供給されなければ成育できずに死んでしまう。

　ただし，アブラムシ類の必須アミノ酸は，ほかの昆虫とは大きくちがう。たとえば，モモアカアブラムシ（*Myzus persicae*）の必須アミノ酸はヒスチジン，イソロイシン，メチオニンの3種類のみである。そのほかのアミノ酸は，アブラムシ自身ではなく，体内の一次共生微生物（ブフネラ，*Buchnera*）によって合成，供給されていると考えられている。

2 糖類（炭水化物）

　多くの昆虫は，成育するために糖類を必要としている。昆虫は糖類を単糖類，二糖類（少糖類），多糖類の状態で摂取する（図3-9）。単糖類では，グルコース（ブドウ糖），フルクトース（果糖）の栄養価が高い。単糖類

〈注3〉
節足動物などの表皮に含まれている，きわめて安定した化合物で，内角皮に多く，外角皮には少ない。

〈注4〉
複数のモノマー（単量体）が結合してできる化合物のことで，高分子の化合物である。

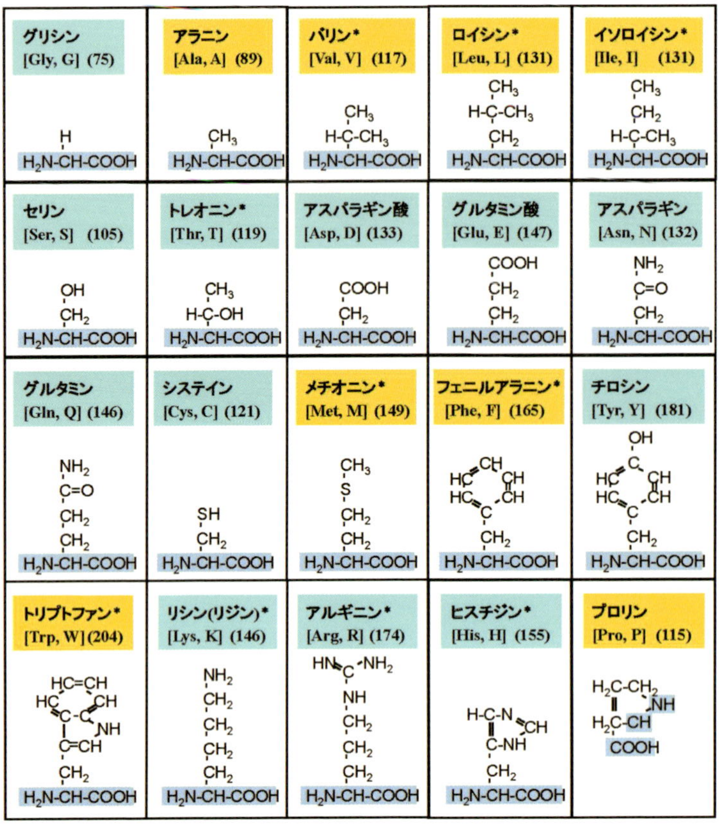

図3-8 アミノ酸の種類

① 単糖類：加水分解でこれ以上簡単な分子にならない糖
　　　ここでは六単糖（ヘキソース）$C_6H_{12}O_6$ のみを示す

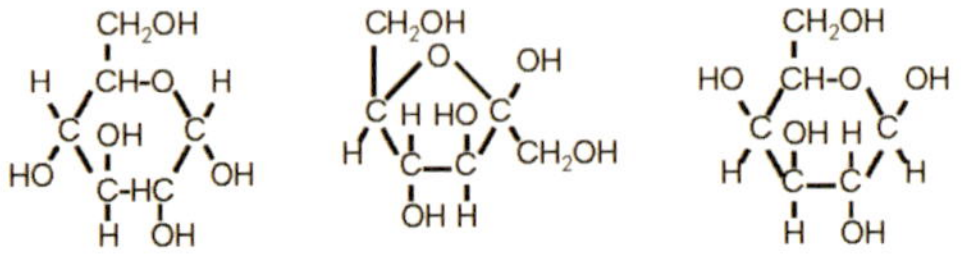

グルコース（ブドウ糖）　　フルクトース（果糖）　　ガラクトース

② 二糖類：単糖類が2分子結合した糖（$C_{12}H_{22}O_{11}$）

スクロース（ショ糖）　　　　マルトース（麦芽糖）　　　トレハロース
[グルコース＋グルコース]　[グルコース＋グルコース]　[グルコース＋グルコース]

③ 多糖類：多数の単糖類が分子結合した糖

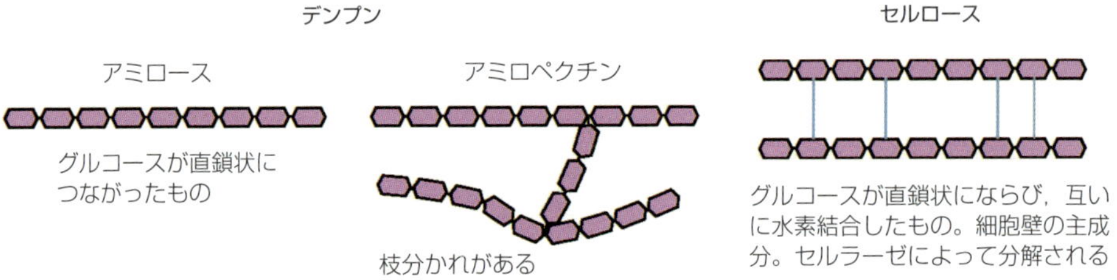

デンプン　　　　　　　　　　　　　　　　　　　　セルロース

アミロース　　　　　　アミロペクチン

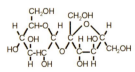
グルコースが直鎖状に
つながったもの

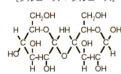
枝分かれがある

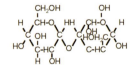
グルコースが直鎖状にならび，互いに水素結合したもの。細胞壁の主成分。セルラーゼによって分解される

図3-9　さまざまな糖類（炭水化物）

が2分子結合した少糖類の，スクロース（ショ糖），マルトース（麦芽糖），トレハロースなども栄養価が高い。多糖類では，デンプンは貯穀昆虫にとって栄養価が高いが，植食性の昆虫には栄養価値がほとんどない。

木材などに多く含まれる多糖類のセルロースは，地球上に最も多く存在する糖類であるが，利用できる昆虫は少ない。シロアリやカミキリムシなどの一部の昆虫がセルロースを利用できるのは，体内の共生微生物によってセルロースの分解にかかわる酵素（セルラーゼ，cellulase）が合成，供給されるためと考えられてきた。しかし現在は，これらの昆虫自身からもセルラーゼがみつかっており，この考えは必ずしも正しいとはいえない。

脂肪：エネルギーの貯蔵物質

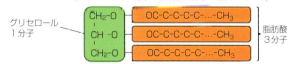

ロウ：葉や果実の表皮の保護，巣材（ミツバチ）

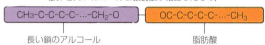

ステロイド：コレステロール，性ホルモン，副腎皮質ホルモンなどステロイド核をもつ化合物の総称

カロテノイド：ビタミンAの前駆体（2分子に分かれてビタミンAになる）など

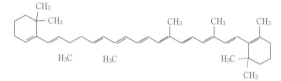

脂肪
構成成分の脂肪酸のちがいが脂肪の種類のちがいになる。脂肪を加水分解すると，1分子のグリセロールと3分子の脂肪酸になる

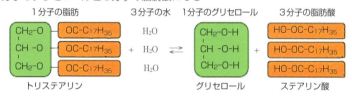

図3-10 脂質の種類

3 脂質

❶昆虫の脂質

脂質は，脂肪（油脂，トリアシルグリセロール，トリグリセリド），ロウ，ステロイド，カロテノイドなどに分けられる。

脂肪は，1分子のグリセロール（グリセリン）に3分子の脂肪酸が結合したもので（図3-10），エネルギーの貯蔵物質である。ミツバチの巣の材料であるロウは，長い鎖のアルコールと脂肪酸が結合したものである（図3-10）。

❷脂肪酸とその摂取

脂肪酸は，カルボキシル基(-COOH)をもった炭素(C)の鎖(C_nH_mCOO)としてあらわされ（図3-10），飽和脂肪酸と不飽和脂肪酸に分けられる。なお，炭素数が多いものを高級脂肪酸，少ないものを低級脂肪酸という。

飽和脂肪酸は，炭素鎖が全て水素（H）と結合して安定した飽和状態にあるものをいう。不飽和脂肪酸は，炭素どうしで二重結合，三重結合した部分があるものをいう（図3-11）。

飽和脂肪酸は，昆虫体内で糖類やアミノ酸からも合成されるので，栄養

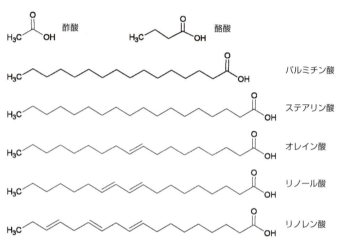

おもな脂肪酸	例	
低級脂肪酸（液体）	酢酸	CH_3COOH
	酪酸	C_3H_7COOH
高級飽和脂肪酸（固体）	パルミチン酸	$C_{15}H_{31}COOH$
	ステアリン酸	$C_{17}H_{35}COOH$
高級不飽和脂肪酸（液体）	オレイン酸	$C_{17}H_{33}COOH$
	リノール酸	$C_{17}H_{31}COOH$
	リノレン酸	$C_{17}H_{29}COOH$

図3-11　おもな脂肪酸と例

〈注5〉
ステロイドに分類される有機化合物の一種で，エクジステロイドの材料だけでなく，体の構成成分として利用されている重要な化合物である。

〈注6〉
細胞質は核以外の細胞の構成部分のことで，そこからさらにミトコンドリア，小胞体などの細胞内小器官を除いた液状成分を細胞基質という。

〈注7〉
電子伝達体で，さまざまな脱水素酵素の補酵素として機能する。NAD（NAD^+）は酸化型で$NADH_2$（NADH）は還元型である。

〈注8〉
この代謝経路をβ酸化という。

物質として摂取する必要はない。しかし，不飽和脂肪酸のリノール酸とリノレン酸は，たとえばカイコガ（*Bombyx mori*）では発育，増殖に不可欠の栄養であるが，体内で合成されないので，摂取しなければならない。

一方，アズキゾウムシ（*Callosobruchus chinensis*），ゴキブリ類，コオロギ類，ニカメイガ（*Chilo suppressalis*），ニクバエ類などの昆虫は，脂肪酸をまったく含まない飼料で成育できることが知られている。

❸ステロイド（コレステロール）の摂取

昆虫は，コレステロール（cholesterol）〈注5〉（図3-4参照）を，細胞膜やエクジステロイドの材料として用いている。しかし，昆虫は哺乳動物とちがい，コレステロールを構成しているステロイド核（ステロイドの骨格構造）（図3-10）をつくることができない。そのため，植物食（植食性）の昆虫は植物に含まれるβ-シトステロール（β-sitosterol）（図3-4参照）などを摂取して，コレステロールに変換している。なお，動物食（肉食性）の昆虫は，コレステロールをエサから摂取している。

❹カロテノイドの摂取と代謝

昆虫は，ほかの動物とおなじように，食物から摂取した脂質の一種であるカロテノイドから，β-カロテン（ビタミンAの前駆体），ビタミンAなどをつくる（図3-10）。バッタ類は成育だけでなく，体色発現のためにβ-カロテンを必要とする。

4 ビタミン

昆虫はビタミンB群として，チアミン（ビタミンB1），リボフラビン（ビタミンB2），ピリドキシン（ビタミンB6），ニコチン酸，パントテン酸，葉酸，ビオチンを必要とする。

アスコルビン酸（ビタミンC）の要求性は昆虫によってちがい，必要とするかどうかは，昆虫自体がアスコルビン酸を合成できるかどうかによると考えられている。

4 好気呼吸によるATPの生産

1 ATP，ADPとエネルギーの放出

昆虫は，タンパク質，脂質，糖類などの有機物を，好気呼吸による酸素を使って代謝することでATP（アデノシン三リン酸）をつくる。ATPは生物の生命活動に必要なエネルギー源で，分解してADP（アデノシン二リン酸）とリン酸になるときに大きなエネルギーを放出する（図3-12）。このエネルギーはさまざまな生命活動に使われる。

好気呼吸のおもな過程は，以下の解糖系，TCA回路（クエン酸回路），電子伝達系で，これらを経てATPがつくられる（図3-13～15）。

2 解糖系

解糖系の反応は細胞質基質（注6）でおこなわれ，次式のように，1分子のグルコースが2分子のピルビン酸にかわる（図3-13）。

$C_6H_{12}O_6$（グルコース）→ 2 $C_3H_4O_3$（ピルビン酸）+ 4 [H]（水素）

このとき，2分子のATPがつくられる。

また，脱水素酵素（デヒドロゲナーゼ）の働きで，大きなエネルギーをもった4個の水素[H]がつくられる。水素（[H]）は補酵素NAD（ニコチンアミドアデニンジヌクレオチド）（注7）と結合した状態（$NADH_2$）で電子伝達系にはこばれる。

解糖系でできたピルビン酸はミトコンドリアにはこばれ，アセチルCoA（アセチル補酵素Aの略称）になる（図3-13）。

3 解糖系以外（脂肪，タンパク質）の代謝

解糖系以外でも，脂肪の分解でできた脂肪酸とグリセロールのうち，脂肪酸はミトコンドリアでアセチルCoAになり（注8），TCA回路には

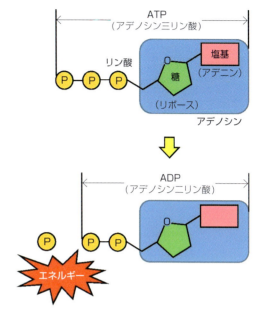

ATPは，アデノシンと3つのリン酸が結合した構造をしている。ATPが分解してADPと1分子のリン酸になるときに放出されるエネルギーが生命活動に使われる

図3-12 ATPの分解とエネルギー放出

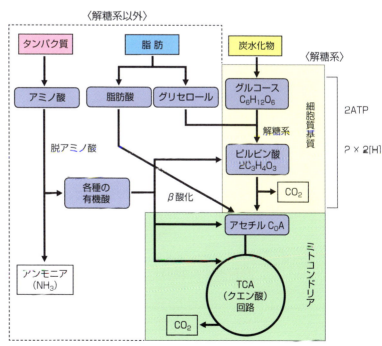

図3-13 呼吸基質

いる（図3-13）。グリセロールも，糖類が少ない場合などに，解糖系の反応を経て TCA 回路で利用される（図3-13）。アミノ酸も代謝され，各種の有機酸になり，それがピルビン酸になったり，ミトコンドリアでアセチル CoA になったり，さらに TCA 回路上の各物質またはその前駆体になる（図3-13）。

4 TCA 回路

アセチル CoA はオキサロ酢酸（$C_4H_4O_5$）と結合し，クエン酸（$C_6H_8O_7$）になって TCA 回路にはいる（図3-14）。クエン酸は TCA 回路を1周すると再びオキサロ酢酸にもどる（図3-14）。このあいだに1分子の ATP がつくられる。1分子のグルコースから2分子のピルビン酸がつくられるので，TCA 回路を1周すると，グルコース1分子当たり2分子の ATP がつくられることになる。

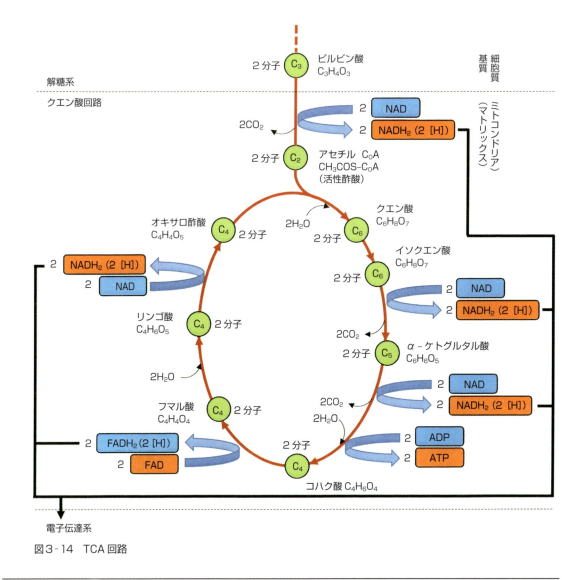

図3-14　TCA 回路

また，TCA回路では，次の式のように，2分子のピルビン酸から20個の[H]がつくられる。

　　$2 C_3H_4O_3$（ピルビン酸）$+ 6 H_2O \rightarrow 6 CO_2 + 20 [H]$

[H]は，補酵素NADやFAD（フラビンアデニンジヌクレオチド）(注9)と結合した状態（$NADH_2$や$FADH_2$）で電子伝達系にはこばれる。

〈注9〉
ミトコンドリア内の酸化還元反応の補酵素で，FADは酸化型で，$FADH_2$は水素原子2つと結合した還元型である。

5 ▎電子伝達系

解糖系とTCA回路で生じた$NADH_2$と$FADH_2$はそれぞれ，ミトコンドリア内膜にある電子伝達系の酵素複合体Ⅰと酵素複合体Ⅱにはこばれ，e^-（電子）とH^+（プロトン，水素イオン）を放出する（図3-15）。

e^-のもつ高いエネルギーによって，H^+ポンプが駆動し，H^+はマトリクスから膜間領域（膜間部分）へ輸送される。$NADH_2$は3つのH^+ポンプ（酵素複合体Ⅰ，Ⅲ，Ⅳ）を，$FADH_2$は2つのH^+ポンプ（酵素複合体ⅢとⅣ）を駆動する。

その結果，マトリクスと膜間領域のあいだでH^+の濃度差ができる。この濃度差を解消するときのエネルギーによってATP合成酵素（酵素複合体Ⅴ）を駆動し，34分子のATPがつくられる。この反応を酸化的リン酸化という(注10)（図3-15）。

〈注10〉
電子伝達系でのe^-のやりとりによって生じたマトリクスと膜間領域のH^+の濃度差を利用したATP合成のように，2つの反応が組み合わさっておこることを共役という。

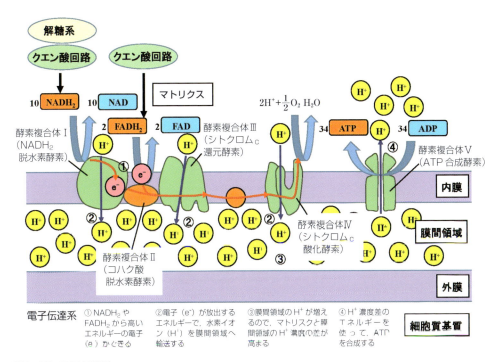

図3-15　電子伝達系

5 昆虫の寄主選択

1 昆虫の食性

❶ 昆虫の4つの食性

昆虫の食性は，植食性，肉食性，腐食性，雑食性に分けられる（表3-1）。肉食性昆虫は，捕食と寄生によって生きた動物を食べる。腐食性昆虫は動物の死がい，糞，落葉，落枝，腐植（土壌中の有機物）などを食べる。植食性は生きた植物を食べる昆虫で，植物が作物の場合は害虫になる。雑食性昆虫は1種で2つ以上の食性を示す。

❷ 単食性，狭食性，広食性の区別

植食性と肉食性の昆虫は，利用するエサの範囲によって，単食性（monophagous），狭食性（oligophagous），広食性（polyphagous）に分けられる。植食性のトビイロウンカ（*Nilaparvata lugens*）やサンカメイガ（*Scirpophaga incertulas*）などの害虫は，イネしか食べないので単食性である。養蚕で飼育されるカイコガも，クワの葉だけを食べる単食性である（注11）。

〈注11〉
カイコガがクワ以外の葉を食べないのは，きらいな成分（摂食阻害物質）が含まれているためと理解されている。

アブラナ類だけを食べるコナガ（*Plutella xylostella*）やカンキツ類のみを食べるアゲハチョウ類などは，狭食性といえる。アザミウマ類やヨトウガ類のように，複数の科にまたがる植物を食べるのは広食性といえる。

2 寄主選択にかかわる要因

昆虫はさまざまな物理的，化学的刺激を利用して，エサや産卵場所になる寄主の選択（寄主選択）をおこなう。

❶ 物理的刺激

物理的刺激には，植物の色や形などの視覚刺激，鳴き声などの音や樹幹を食害する穿孔性昆虫の振動音など聴覚刺激，植物の表面構造などの触覚刺激がある。ウンカ類，ヨコバイ類，コナジラミ類，アザミウマ類，ハモ

表3-1 昆虫の食性

食性	食餌様式	例
植食性	葉を食べる	ヨトウガ，モンシロチョウ，ハバチ類，ハムシ類など
	果実や種子を食べる	ナシヒメシンクイ，クリシギゾウムシ，コクゾウムシ，ミバエ類など
	花を食べる	ウラナミシジミ，ミカンツボミタマバエなど
	根を食べる	コガネムシ類，コメツキムシ類など
	茎や木部を食べる	ニカメイガ，ブドウスカシバ，カミキリ類など
	吸汁性	ウンカ・ヨコバイ類，カメムシ類，アブラムシ類，カイガラムシ類など
	菌類を食べる	キノコバエ類，ショウジョウバエ類など
肉食性	捕食する	カマキリ類，サシガメ類，トンボ類，テントウムシ類など
	動物に寄生し捕食する	ヤドリバエ類，コバチ類，ヒメバチ類，コマユバチ類など
	動物に寄生し吸血・吸汁する	カ類，ノミ類，シラミ類
腐食性	糞を食べる	食糞性コガネムシ類，コメツキムシ類など
	動物の死骸を食べる	シデムシ類，オサムシ類など
	土壌中の有機物を食べる	トビムシ類，コガネムシ類など
雑食性		ゴキブリ類，アリ類など

グリバエ類などの農業害虫は，黄色の視覚刺激に誘引されるので，黄色水盤や黄色粘着トラップ（注12）などを利用した物理的防除がおこなわれている（アザミウマ類には青色も有効）（図3-16）。

ヤドリバエ科（Tachinidae）の寄生バエの雌には，コオロギの雄が奏でる音色を聴覚刺激として感知することでその位置を正確に探知し，卵を産みつけるものがいる。

図3-16　粘着トラップ（写真提供：清水健氏）

❷ 化学的刺激①－カイロモン，シノモン

寄主選択にかかわる化学的刺激は，カイロモン（kairomone）やシノモン（synomone）などで，これらは異なる生物個体間で作用し，その行動に影響を与える生化学的信号物質（アレロケミカル，allelochemical）である（表3-2）。

カイロモンは，信号物質を受ける側に利益がもたらされるアレロケミカルである。害虫や天敵など寄生者が寄主を探すとき，寄主がだしている信号物質を利用する場合，その信号物質は寄生者にとってカイロモンになる。

シノモンは，化学物質をだす側と受ける側の，両者に利益をもたらすアレロケミカルである。例として，花を咲かせる植物と訪花昆虫のあいだに作用する，「花の香り」がある。花の香りは，訪花昆虫をさそって花粉を運ばせることで植物に利益をもたらし，昆虫には植物から蜜や花粉をえることで利益がもたらされる。

〈注12〉
黄色水盤は，黄色い洗面器やバケツに水などを張ってそこに害虫を誘引捕獲する。黄色粘着トラップは，黄色の粘着シートに害虫を誘引，捕獲する。

❸ 化学的刺激②－アロモン

植物は昆虫に加害されると化学物質をだして，天敵を誘引する。このような植物を介した寄主と寄生者や被捕食者と捕食者の関係は3者系とよばれ，マメ科植物－ハダニ－捕食性ダニのあいだで最初に発見された。

ハダニに加害された植物がだす匂いと健全な植物がだす匂いを流し，捕食性ダニに選択させたところ，多くが前者を選んだのである。この植物か

表3-2　昆虫類の生化学的信号物質

1．フェロモン		生物の体内で生産され，体外に放出されて同種の他の個体に作用する物質
	性フェロモン	定位行動や配偶（繁殖）行動を通じて雌雄の交信に関与している
	警報フェロモン	社会性昆虫やアブラムシ類，カメムシ類など集合生活する昆虫が，外敵の侵入を自分の集団に知らせ，分散・忌避行動などを引き起こすために利用している
	道しるべフェロモン	アリなどの社会性昆虫などが，巣から食べ物のある場所への道筋を，自分の集団に知らせるために利用している
	集合フェロモン	ゴキブリ類やキクイムシ類など集合生活をする昆虫類が，集団を形成するのに利用している
	密度調整フェロモン	アズキゾウムシなどで知られ，過剰な産卵を抑制する働きなどがある
2．アレロケミカル		生物の異種個体間に作用する化学的信号物質で，他感（作用）物質ともいう
	アロモン	その物質の放出者が有利になる生理反応・行動を，受容者に引き起こす。例：カメムシ類などの放つ防衛物質（悪臭）
	カイロモン	その物質の受容者が有利になる生理反応・行動を引き起こす。例：植食者や寄生者によって利用される寄主が放出する活性物質
	シノモン	その物質の放出者・受容者双方に有利な生理反応・行動を引き起こす。例：花粉媒介者をよぶ花の香り（花粉媒介者が蜜や花粉などの報酬をえられる場合）

らだされる匂いのように，だす側に利益をもたらすアレロケミカルを，アロモン（allomone）という。こうしたアレロケミカルによる３者の関係は，現在では一般的な現象としてとらえられており，害虫防除への応用が期待されている。

❹化学的刺激③－フェロモン

アレロケミカルに対し，同種の個体間に作用する生化学的信号物質をフェロモン（pheromone）といい，性フェロモン，警報フェロモン，道しるべフェロモン，集合フェロモン，密度調整フェロモンなどがある（表3-2）。

成虫を寄主とする寄生蜂や寄生バエには，寄主からだされるフェロモンを手がかりに寄主の発見をおこなっているものもいる。この場合，寄主のフェロモンは寄生者にとってのカイロモンになる。

6 昆虫の神経細胞による刺激伝達

1 昆虫の神経系

昆虫の神経系は，発生学的に，中枢神経系，内臓神経系（交感神経系），末梢神経系に大別でき，互いに連結している。

中枢神経系は神経系の主要部で，頭部の脳，食道下神経節，胸部神経節，腹部神経節からなる（図3-3，図3-17）。内臓神経系は，内分泌器官や内臓に分布していて，それらの機能を調節する。末梢神経系は，外部からの刺激への反射や，神経系の情報の伝達経路としての役割をになっている。

2 神経系の構造

神経系で，情報伝達をになっている中心的な細胞をニューロン（神経細胞）とよぶ。実際のニューロンは複雑な構造をしているが，単純化すると核を含む細胞体，軸索，樹状突起からなる（図3-18）。

軸索は薄い膜状細胞の神経鞘に包まれて，細胞体から根のように枝分かれして伸びている樹状突起とともに神経繊維をつくる。ニューロンは，多くのニューロンからの信号を樹状突起や細胞体の表面で受けとり，それを統合した後，軸索をとおして次のニューロンに伝えるネットワークをつくっている。

哺乳動物の神経は，軸索と神経鞘のあいだにある絶縁体の髄鞘で覆われている髄神経である。髄鞘と髄鞘のあいだのくびれにあたるランヴィエ絞輪（node of Ranvier）には，後述のナトリウムチャネルがあつまっている。しかし，昆虫

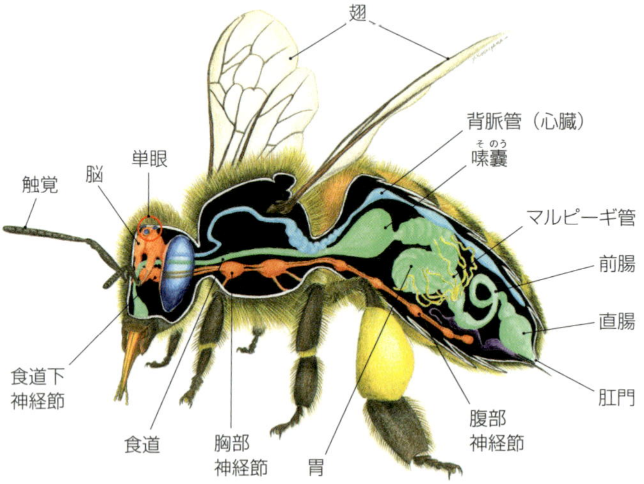

図3-17 昆虫の体内器官と神経系（その2：刺激伝達）
（原図：越山洋三氏）

の神経は髄鞘のない無髄神経である（図3-18, 19）。

3 軸索での刺激伝達
❶静止状態

ニューロンの機能の基本は電気活動である。静止状態の軸索では，細胞膜の外側（細胞外）にはナトリウムイオンが，内側（細胞内）にはカリウムイオンが多い。これは，ナトリウムポンプ（注13）がATPのエネルギーを用いた能動輸送によって，ナトリウムイオンを細胞膜の外側にだし，カリウムイオンを内側に取り込むためである。ナトリウムイオンやカリウムイオンだけでなく，その他のイオンの分布も細胞膜の内外でちがうため，軸索の外側は正，内側は負に帯電し，60〜70mV程度の電位差を維持している（図3-20）。この電位差を静止電位という。

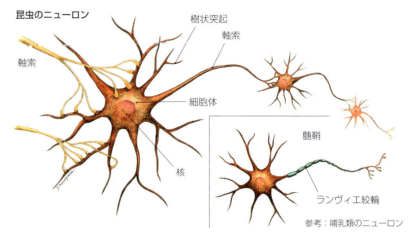

図3-18　ニューロン（神経細胞）の構造（原図：越山洋三氏）

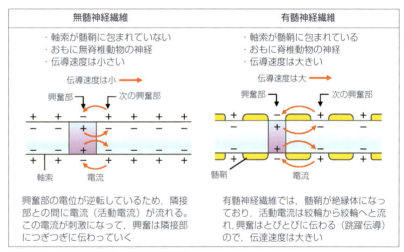

図3-19　無髄神経繊維と有髄神経繊維

❷刺激伝達

神経細胞が閾値（注14）をこえる刺激を受けると細胞膜のナトリウムチャネル（注13参照）が開き，細胞外のナトリウムイオンが細胞内に流入する。そのため，細胞内電位が上昇して，細胞内外の電位が逆転し，外側が負，内側が正（＋30〜40mV）に帯電する（図3-20）。この電位の逆転が興奮であり，電位の変化を活動電位（インパルス）という。電位が正にシフトすることを脱分極，負にシフトすることを過分極という。

活動電位の大きさは刺激の大きさに関係なく一定で約100 mV，持続時間は1/1000秒程度である。興奮部は電位が逆転しているので，隣接部（静止部）とのあいだに電流（活動電流）が流れる（図3-19, 20）。この電流が刺激になって，興奮は隣接部へつぎつぎに伝わっていく。

有髄神経をもつ哺乳動物の活動電流は，髄鞘と髄鞘のあいだを跳躍するように伝わる（跳躍伝導）ため，伝達速度が速い（図3-19）。一方，髄鞘のない無髄神経をもつ昆虫では，跳躍伝導がおきないので伝達速度は遅

〈注13〉
細胞の中と外ではナトリウムイオンやカリウムイオンなどのイオンの濃度に差があり，昆虫などはその濃度差を信号伝達やエネルギー源にして生命活動をおこなっている。その濃度差を維持するのが生体膜にある膜タンパク質で，これをイオンポンプといい，エネルギーを用いて濃度勾配に逆らって物質を輸送する（能動輸送）。それに対して，イオンチャネルは濃度勾配にしたがって物質の輸送をおこなう（受動輸送）膜タンパク質をいう。

〈注14〉
神経細胞が，平常状態から活動状態に転換するために必要な刺激の最小値のこと。

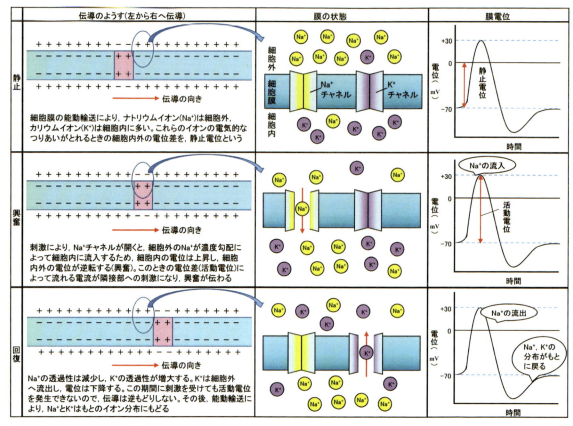

図3-20 ニューロンの興奮

い（図3-19）。そのかわり，軸索の直径を極端に太くして（伝達速度は太いほど速い），伝達速度を速めている。

❸刺激伝達後

　刺激伝達後は，ナトリウムチャネルは閉じてナトリウムイオンの流入は停止する（図3-20）。また，カリウムチャネルが開き，カリウムイオンは細胞外に流失し，電位は下降する（図3-20）。その後，ナトリウムポンプによる能動輸送によりもとの静止電位にもどる。

4 シナプスでの刺激伝達
❶シナプスとは

　軸索の末端に到達した活動電位は，その情報を次のニューロンに受けわたす。次のニューロンは，樹状突起や細胞体によって前のニューロンの軸索末端から情報を受けとる。前のニューロンの軸索末端と次のニューロンの樹状突起や細胞体は，細胞質でつながっていないので，活動電位はこの間隙（20〜40 nm）をわたることができない。そのため，ニューロン間の情報の受けわたしには化学物質が用いられている。この間隙をシナプス間隙といい，化学物質の受けわたしをする場所をシナプスという（図3-21）。

❷ 神経伝達物質

シナプスの化学物質を放出する側（軸索末端）には、いくつかのシナプス小胞があり、それぞれのニューロンごとにあらかじめ決まった特定の化学物質がおさめられている。この化学物質のことを神経伝達物質という（図3-21）。

興奮性シナプス(注15)では興奮性神経伝達物質であるアセチルコリン（acetylcholine：ACh）などが、抑制性シナプス(注15)では抑制性神経伝達物質であるγ-アミノ酪酸（γ-aminobutyric acid：GABA）などが、神経伝達物質として働いている。グルタミン酸は、脊椎動物では興奮性神経伝達物質として知られているが、無脊椎動物では抑制性神経伝達物質としても作用している。

脊椎動物では生体アミン(注16)であるアドレナリン、ノルアドレナリンなどが低分子の神経伝達物質として、おもに神経修飾物質(注17)や神経ホルモンとして作用している。しかし、無脊椎動物ではこれらのかわりに、オクトパミンとチラミンが生体アミンとして働いている。

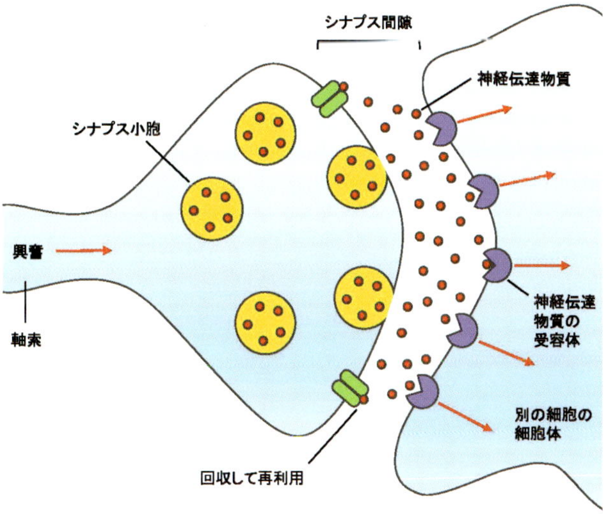

- 軸索末端（神経終末）と樹状突起や細胞体との接合部をシナプスという
- シナプス小胞から神経伝達物質が分泌され、化学的な伝達がおこなわれる。樹状突起や細胞体は受容体で神経伝達物質を受けとり、興奮や抑制の反応をおこす
- 細胞体にはシナプス小胞がないので、伝達は軸索末端から細胞体側へと一方的におこなわれる
- 放出された神経伝達物質は分解・回収され、過剰な反応をおさえるとともに、物質の再利用もおこなっている

図3-21　シナプス

❸ 活動電位（刺激）の伝達

軸索末端に活動電位（興奮）が到達し、シナプス小胞内の神経伝達物質に伝達されると、シナプス小胞はニューロンのシナプス前膜（軸索末端膜）に融合して、シナプス間隙に神経伝達物質を放出する。放出された神経伝達物質はシナプス間隙に拡散して、シナプス後膜に到達し、そこに埋め込まれている神経伝達物質受容体に結合する（図3-21）。

興奮性シナプスでは、神経伝達物質のアセチルコリンがアセチルコリン受容体に、抑制性シナプスでは、神経伝達物質のγ-アミノ酪酸（GABA）がGABA受容体に結合する。アセチルコリン受容体もGABA受容体もイオンチャネルとして機能しており、神経伝達物質の結合によって開き、それぞれナトリウムイオン、塩化物イオンを流入させるので、シナプス後膜に電位変化が生じる。この電位変化をシナプス後電位といい、活動電位とはちがって、刺激の大きさ（神経伝達物質の量）によって変化する。

❹ 神経伝達物質の分解と再利用

受容体に結合した神経伝達物質はすみやかに分解される。たとえば、アセチルコリン受容体に結合したアセチルコリンはアセチルコリンエステラーゼ（acetylcholine esterase：AChE）によってアセチルコリンと酢酸に

〈注15〉
シナプスには情報を受けとる側のニューロンを興奮させる興奮性シナプスと、逆に興奮をおさえる抑制性シナプスがあり、脳での情報処理はそのバランスのうえに成り立っている。

〈注16〉
生体に含まれるアミノ基（−NH$_2$）をもつ化合物（アミン化合物）の総称。神経伝達物質や、ホルモンとして機能するなど、生体活動で重要な役割をはたしている。

〈注17〉
ニューロンから放出される神経伝達物質で、脳全体に投射され、長く作用するなどの特徴をもつ。

分解され除去される。なお，分解されずに残った神経伝達物質はシナプス小胞に再び取り込まれて，再利用される。

7 殺虫剤の作用機構

　殺虫剤や殺ダニ剤は化合物の構造，作用機構，作用点への侵入経路（経皮，経口，経気門）などのちがいによって分類される。最近では，1984年にクロップライフ・インターナショナル（Crop Life International, CLI）のもとに設立された，Insecticide Resistance Action Committee（IRAC，殺虫剤抵抗性対策委員会）が提唱する作用機構による分類が世界的に用いられるようになってきた（表3-3）。ここでは，おもに IRAC による分類にもとづき，殺虫剤の作用機構を解説する。

　なお，IRAC による分類は適宜改訂されており，最新の情報は IRAC（http://www.irac-online.org/）や農薬工業会（http://www.jcpa.or.jp/）のホームページで公開されているので，確認していただきたい。

1 神経や筋肉を標的にするグループ

　グループ1：アセチルコリンエステラーゼ（AChE）阻害剤

　このグループは，サブグループ1A のカーバメート系とサブグループ1B の有機リン系に分けられている。いずれもシナプスでのアセチルコリンエステラーゼによるアセチルコリンの分解を阻害する。その結果，分解されずに残った大量のアセチルコリンがアセチルコリン受容体に作用し，過剰興奮を引き起こす。

　多くの有機リン系はもともとリン酸に硫黄がついたチオノ体（P＝S）で，殺虫活性は低いが，害虫体内で酸化酵素（チトクローム P450）によりオキソ体（P＝O）に活性化され，高い殺虫活性を示すようになる。

　グループ2：γ-アミノ酪酸（GABA）作動性塩化物イオン（塩素イオン）チャネルブロッカー

　このグループは，サブグループ2A の環状ジエン有機塩素系とサブグループ2B のフェニルピラゾール系（フィプロール系）に分けられている。

　γ-アミノ酪酸は，イオンチャネルである GABA 受容体に結合してチャネルを開き，細胞内に塩素イオンを流入させる。その結果，細胞内の膜電位は低下し，興奮を抑制する働きをする。グループ2の殺虫剤は，GABA 受容体の GABA 結合部位とはちがう部位に結合して，チャネルが開かないように作用する。そのため，この化合物にさらされた害虫は，神経の興奮の抑制が効かなくなってしまう。

　グループ3：ナトリウムチャネルモジュレーター

　このグループは，「シロバナムシヨケギク（除虫菊；*Chrysanthemum cinerariaefolium*）に含まれる殺虫成分とその関連化合物」と定義されるサブグループ3A のピレスロイド系，ピレトリン系と，サブグループ3B

表3-3 IRACの作用機構分類 (v9.1, 2019年3月確認)

主要グループと1次作用部位	サブグループあるいは代表的有効成分
1 アセチルコリンエステラーゼ(AChE)阻害剤	1A カーバメート系
	1B 有機リン系
2 GABA作動性塩化物イオン(塩素イオン)チャネルブロッカー	2A 環状ジエン有機塩素系
	2B フェニルピラゾール系(フィプロール系)
3 ナトリウムチャネルモジュレーター	3A ピレスロイド系,ピレトリン系
	3B DDT,メトキシクロル
4 ニコチン性アセチルコリン受容体(nAChR)競合的モジュレーター	4A ネオニコチノイド系
	4B ニコチン
	4C スルホキシミン系
	4D ブテノライド系
	4E メソイオン系
5 ニコチン性アセチルコリン受容体(nAChR)アロステリックモジュレーター	スピノシン系
6 グルタミン酸作動性塩化物イオン(塩素イオン)チャネル(GluCl)アロステリックモジュレーター	アベルメクチン系,ミルベマイシン系
7 幼若ホルモン類似剤	7A 幼若ホルモン類縁体
	7B フェノキシカルブ
	7C ピリプロキシフェン
8 その他の非特異的(マルチサイト)阻害剤	8A ハロゲン化アルキル
	8B クロルピクリン
	8C フルオライド系
	8D ホウ酸塩
	8E 吐酒石
	8F メチルイソチオシアネートジェネレーター
9 弦音器官TRPVチャネルモジュレーター	9B ピリジン・アゾメチン誘導体
	9D ピロペン系
10 ダニ類成長阻害剤	10A クロフェンテジン,ジフロビダジン,ヘキシチアゾクス
	10B エトキサゾール
11 微生物由来昆虫中腸内膜破壊剤	11A Bacillus thuringiensisと生産殺虫タンパク質
	11B Bacillus sphaericus
12 ミトコンドリアATP合成酵素阻害剤	12A ジアフェンチウロン
	12B 有機スズ系殺ダニ剤
	12C プロパルギット
	12D テトラジホン
13 プロトン勾配をかく乱する酸化的リン酸化脱共役剤	ピロール,ジニトロフェノール,スルフルラミド
14 ニコチン性アセチルコリン受容体(nAChR)チャネルブロッカー	ネライストキシン類縁体
15 キチン生合成阻害剤,タイプ0	ベンゾイル尿素系
16 キチン生合成阻害剤,タイプ1	ブプロフェジン
17 脱皮阻害剤 ハエ目昆虫	シロマジン
18 脱皮ホルモン(エクダイソン)受容体アゴニスト	ジアシル-ヒドラジン系
19 オクトパミン受容体アゴニスト	アミトラズ
20 ミトコンドリア電子伝達系複合体III阻害剤	20A ヒドラメチルノン
	20B アセキノシル
	20C フルアクリピリム
	20D ビフェナゼート
21 ミトコンドリア電子伝達系複合体I阻害剤(METI)	21A METI剤
	21B ロテノン
22 電位依存性ナトリウムチャネルブロッカー	22A オキサジアジン
	22B セミカルバゾン
23 アセチルCoAカルボキシラーゼ阻害剤	テトロン酸およびテトラミン酸誘導体
24 ミトコンドリア電子伝達系複合体IV阻害剤	24A ホスフィン系
	24B シアニド
25 ミトコンドリア電子伝達系複合体II阻害剤	25A β-ケトニトリル誘導体
	25B カルボキシニリド系
28 リアノジン受容体モジュレーター	ジアミド系
29 弦音器官モジュレーター 標的部位未特定	フロニカミド
30 GABA作動性塩化物イオン(塩素イオン)チャネルアロステリックモジュレーター	メタジアミド系,イソオキサゾリン誘導体
31 バキュロウイルス	顆粒病ウイルス,核多角体病ウイルス
32 ニコチン性アセチルコリン受容体(nAChR)アロステリックモジュレーター サイトII	GS-オメガ/カッパHXTX-Hv1aペプチド(クモ毒由来)
UN 作用機構が不明あるいは不明確な剤	アザジラクチン
	ベンゾキシメート
	ブロモプロピレート
	キノメチオナート
	ジコホル
	石灰硫黄合剤
	ピリダリル
	硫黄

標的生理機能
- 神経および筋肉
- 成育および発達
- 呼吸
- 中腸
- 未特定または非特異的

の化合物（DDT，メトキシクロル）に分けられている。

このグループはニューロンの軸索のナトリウムチャネルに作用し，チャネルを開いた状態にして，細胞外のナトリウムイオンを細胞内に持続的に通過させ，過剰興奮を引き起こす。

グループ4：ニコチン性アセチルコリン受容体（nAChR）競合的モジュレーター

このグループは現在，サブグループ4Aのネオニコチノイド系，サブグループ4Bのニコチン，サブグループ4Cのスルホキシミン系，サブグループ4Dのブテノライド系，サブグループ4Eのメソイオン系に分けられている。このグループの化合物は，アセチルコリンと同じように，イオンチャネルであるニコチン性アセチルコリン受容体に作用して，チャネルを開いた状態にしてナトリウムイオンを通過させ，過剰興奮を引き起こす。

グループ5：ニコチン性アセチルコリン受容体（nAChR）アロステリックモジュレーター

このグループは，スピノシン系とよばれ，おもにアセチルコリンとはちがう場所に作用してニコチン性アセチルコリン受容体を活性化し，過剰興奮をもたらす。このグループの化合物スピノサドは，放線菌の一種 *Saccharopolyspora spinosa* がつくりだすスピノシンAとスピノシンDの2つの活性成分の混合物で，それぞれ約85%，15%含まれている。

グループ6：グルタミン酸作動性塩化物イオン（塩素イオン）チャネル（GluCl）アロステリックモジュレーター

昆虫を含む無脊椎動物には，抑制性神経伝達物質として作用するグルタミン酸によって開く，塩素イオンチャネルがある。

グループ6のアベルメクチン系やミルベマイシン系の化合物は，塩素イオンチャネルに対してグルタミン酸とはちがう場所に作用し，チャネルを開いた状態にして神経伝達を遮断する。また，GABA受容体チャネルを開いた状態にして興奮を抑制する働きもある。

大村智博士によって放線菌の一種 *Streptomyces avermitilis* より単離されたアベルメクチンは，のちに寄生虫による感染症の治療にすぐれた効果を発揮するイベルメクチンの開発につながった。同博士はその功績が認められ，2015年にノーベル生理学・医学賞を授与された。

グループ9：弦音器官TRPVチャネルモジュレーター

このグループのピメトロジンやピリフルキナゾンなどのピリジン・アゾメチン誘導体（サブグループ9B）は，聴覚，重力，平衡感覚，加速感覚，固有受容感覚，運動感覚に重要な，弦音ストレッチ受容器官のなかのチャネルの開閉を撹乱する。この薬剤にさらされた害虫は，摂食活動などが阻害される。同様の作用をもつピロペン系はサブグループ9Dに分類されている。

グループ 14：ニコチン性アセチルコリン受容体（nAChR）チャネルブロッカー

このグループのネライストキシン類縁体は，海釣りのエサに利用される環形動物イソメの一種 *Lumbrineris heteropoda* の毒成分，ネライストキシンを原型にしてつくられた一連の化合物である。このグループは，アセチルコリンとニコチン性アセチルコリン受容体に結合する部位を奪いあうことでアセチルコリンの作用を阻害し，神経伝達を遮断する。

グループ 19：オクトパミン受容体アゴニスト

本章6-4-❷項で述べたように，オクトパミンは無脊椎動物に特有の生体アミンである。このグループの化合物アミトラズは，オクトパミン受容体に作用し，タンパク質リン酸化酵素（タンパク質キナーゼ）(注18)の活性化にかかわっている。サイクリック AMP の過剰生産を引き起こし，機能タンパク質のリン酸化と脱リン酸化のバランスを乱す。

〈注18〉
タンパク質分子にリン酸基を付加する酵素で，それによってタンパク質の活性や機能が制御される。

グループ 22：電位依存性ナトリウムチャネルブロッカー

このグループはオキサジアジン（サブグループ 22A）とセミカルバゾン（サブグループ 22B）に分けられている。いずれもナトリウムチャネルに作用し神経伝達を阻害するが，ナトリウムチャネルモジュレーター（グループ3）とは作用機構がちがう。

このグループは，害虫のナトリウムチャネルを閉じることで，ナトリウムイオンが軸索の細胞内にはいらないようにして，電気刺激の伝達を阻害する。

グループ 28：リアノジン受容体モジュレーター

このグループは，筋肉のカルシウムイオン放出チャネルであるリアノジン受容体に作用する。筋肉細胞内のカルシウムイオンは，細胞内小器官である小胞体に蓄えられている。しかし，リアノジン受容体が開くと，カルシウムイオンが小胞体から細胞質へ放出され，筋肉が収縮する。このグループは，リアノジン受容体を開いて細胞内のカルシウムイオン濃度のバランスを撹乱し，筋肉を持続的に収縮させ，摂食行動を阻害する。

グループ 29：弦音器官モジュレーター　標的部位未特定

このグループのフロニカミドは，弦音ストレッチ受容器官の機能を撹乱し，害虫の摂食活動などを阻害する。しかし，グループ9の作用するチャネルには作用せず，標的部位は現時点では未特定である。

グループ 30：GABA 作動性塩化物イオン（塩素イオン）チャネルアロステリックモジュレーター

このグループは，γ-アミノ酪酸（GABA）作動性塩化物イオンチャネルブロッカー（グループ2）と同様の作用を示し，チャネルが開かないようにして，けいれんや過剰興奮を引き起こす。しかしながら，結合部位は

グループ2の化合物とはちがう。

グループ32：ニコチン性アセチルコリン受容体（nAChR）アロステリックモジュレーター サイトⅡ

GS-オメガ/カッパHXTX-Hv1aペプチドはジョウゴグモ科の1種 *Hadronyche modesta* 由来の毒素である。長らく，作用機構が不明であったが，最近ニコチン性アセチルコリン受容体に作用することが示された。

2 成育や発達を標的にするグループ

幼虫の脱皮や変態は昆虫に特有の生理現象であり，そのプロセスを阻害する化合物は，哺乳動物にはきわめて低毒であり，選択性の高い害虫防除剤になる。こうした化合物は，総称して昆虫成長制御剤（insect growth regulator：IGR）とよばれている。

グループ7：幼若ホルモン（JH）類似剤

このグループの化合物は，サブグループ7AのJH類縁体，サブグループ7Bのフェノキシカルブ，サブグループ7Cのピリプロキシフェンに分けられている。変態前の害虫の幼虫に処理することで，JHが作用しないときにJH様の作用をもたらし，変態を撹乱する。

グループ10：ダニ類成長阻害剤

このグループの化合物は，クロフェンテジン，ジフロビダジン，ヘキシチアゾクス（サブグループ10A）とエトキサゾール（サブグループ10B）に分けられる。いずれの化合物も，ダニ類のキチン合成を阻害すると考えられており，卵，幼虫，若虫の発育をさまたげる。

グループ15：キチン生合成阻害剤ータイプ0

哺乳類はキチンをもたないので，キチン合成を阻害するような化合物も昆虫成長制御剤として選択性の高い薬剤になる。このグループのベンゾイル尿素系は幼虫のキチン合成を阻害する。また，成虫への殺虫効果はないが，暴露された成虫の産んだ卵の孵化が抑制される。

グループ16：キチン生合成阻害剤ータイプ1

このグループのブプロフェジンは，幼虫のキチン合成を阻害するとされているが，脱皮ホルモン（エクジソン）の代謝を阻害するという報告もある。成虫への殺虫効果はないが，摂食させると産卵数が減る。また，グループ15と同じように，卵からの孵化を抑制するが，効果のある害虫の種類はちがう。

グループ17：脱皮阻害剤 ハエ目昆虫

このグループの代表的有効成分であるシロマジンは，ハエ類の幼虫の脱皮阻害と前蛹および蛹の変態を阻害するが,作用機構の詳細は不明である。

グループ 18：脱皮ホルモン（エクジソン）受容体アゴニスト

クロマフェノジド，ハロフェノジド，メトキシフェノジド，テブフェノジドなど（ジアシル-ヒドラジン系）は，脱皮ホルモンであるエクジソンと類似の作用があり，害虫の早熟脱皮を引き起こす。

グループ 23：アセチル CoA カルボキシラーゼ阻害剤

脂肪酸の生合成の原料はアセチル CoA（アセチルコエー）であり，重要な中間体はマロニル CoA（マロニルコエー）である。マロニル CoA はアセチル CoA からアセチル CoA カルボキシラーゼ (注19) によって合成される。このグループのテトロン酸とテトラミン酸誘導体は，脂肪酸生合成に重要なアセチル CoA カルボキシラーゼの働きを阻害する。

〈注19〉
アセチル CoA からマロニル CoA の生成などを触媒する酵素。

3 呼吸を標的にするグループ

グループ 12：ミトコンドリア ATP 合成酵素阻害剤

このグループのジアフェンチウロン（サブグループ 12A），有機スズ系殺ダニ剤（サブグループ 12B），プロパルギット（サブグループ 12C），テトラジホン（サブグループ 12D）などの化合物は，ミトコンドリアのATP を合成する酵素の働きを阻害する。

グループ 13：プロトン勾配を撹乱する酸化的リン酸化脱共役剤

本章 4-4 項で述べたように，電子伝達と酸化的リン酸化の反応が共役してATP の合成がおこなわれている。ところが，ミトコンドリア内膜のH$^+$（プロトン，水素イオン）透過性を高める化合物を投与すると，H$^+$が膜を通して漏れ，電気化学的な H$^+$勾配がなくなる。その結果，電子伝達がおこなわれても，ATP が合成されなくなる (注20)。

このグループの化合物は，酸化的リン酸化の脱共役剤（アンカップラー）として働き，ATP の合成を阻害する。

〈注20〉
これを脱共役という。

グループ 20：ミトコンドリア電子伝達系複合体 III 阻害剤

このグループのヒドラメチルノン（サブグループ 20A），アセキノシル（サブグループ 20B），フルアクリピリム（サブグループ 20C），ビフェナゼート（サブグループ 20D）は，ミトコンドリア電子伝達系複合体 III における電子伝達に作用し，細胞のエネルギー利用を阻害する。

グループ 21：ミトコンドリア電子伝達系複合体 I 阻害剤（METI）

このグループの METI 剤（サブグループ 21A）や，マメ科の低木デリス（*Derris elliptica*）の根に含まれるロテノン（サブグループ 21B）は，ミトコンドリア電子伝達系複合体 I の電子伝達に作用し，細胞のエネルギー利用を阻害する。

グループ 24：ミトコンドリア電子伝達系複合体 IV 阻害剤

ポストハーベスト農産物のくん蒸剤として用いられているホスフィン系

（リン化水素，サブグループ24A）や，シアニド（シアン化水素，サブグループ24B）は，ミトコンドリア複合体Ⅳの電子伝達に作用し，細胞のエネルギー利用を阻害する。

グループ25：ミトコンドリア電子伝達系複合体Ⅱ阻害剤
　このグループは，シエノピラフェンやシフルメトフェンを含むβ-ケトニトリル誘導体（サブグループ25A）と，ピフルブミドを含むカルボキサニリド系（サブグループ25B）に分けられ，いずれもミトコンドリア電子伝達系複合体Ⅱの電子伝達に作用し，細胞のエネルギー利用を阻害する。

4 中腸を標的とするグループ
グループ11：微生物由来昆虫中腸内膜破壊剤
　昆虫病原細菌の一種 *Bacillus thuringiensis* がつくりだす殺虫作用タンパク質は，一般にBT剤（*Bacillus thuringiensis* と生産殺虫タンパク質，グループ11A）とよばれる。この殺虫作用タンパク質は昆虫の中腸のアルカリ性消化液によって活性化され，中腸組織を破壊する。当初はチョウ目だけに殺虫作用を示すと考えられていたが，現在ではコウチュウ目やハエ目に殺虫活性を示すものも知られている。*Bacillus sphaericus*（サブグループ11B）もBT剤と同様の殺虫活性を示す。

5 未特定または非特異的グループ
グループ8：その他の非特異的（マルチサイト）阻害剤
　このグループには，土壌くん蒸剤のクロルピクリン（サブグループ8B）などが含まれる。

グループ31：バキュロウイルス
　顆粒病ウイルス（Granulovirus）や核多角体病ウイルス（Nucleopolyhedrovirus）は一般にバキュロウイルス（Baculovirus）とよばれる。バキュロウイルスのビリオン(注21)を包む包埋体（タンパク質の結晶）が昆虫の中腸のアルカリ性溶液で溶解して，ウイルスが感染する。バキュロウイルスは幼虫のほぼ全身で増殖して，幼虫の体を溶かす。破れた皮膚から溶出した液の付着した葉などを他の幼虫個体が食べることで感染が広まる。

〈注21〉
細胞外でのウイルスの状態。完全な粒子構造をもち，感染性のあるウイルス粒子のことをいう。

グループUN：作用機構が不明あるいは不明確な剤
　このグループには，ピリダリル，インドセンダン（*Azadirachta india*）から得られる，強力な昆虫摂食阻害物質であるアザジラクチンなどが含まれる。

グループ26およびグループ27：欠番
　該当する化合物がないため，現在は欠番になっている。

8 昆虫の交信手段と性フェロモン

1 昆虫の交信手段

昆虫は同種の個体との交信を，物理的な方法と化学的な方法でおこなう。

バッタ目，カメムシ目，コウチュウ目，ハエ目などは雄が求愛のために音をだして鳴く。たとえば，バッタ目のコオロギ類やスズムシ類などは翅と翅を擦り合わせ，バッタ類やキクイムシ類（コウチュウ目）は翅と体の一部を擦り合わせ，セミ類（カメムシ目）は腹部の膜を振動させ，カ類やハエ類（ハエ目）は翅を振動させて鳴く。

ウンカやヨコバイ類（カメムシ目）などは，寄主植物の茎のうえで腹部を振動させ，その振動を他の部位に伝えることで雌雄の交信をおこなう。

一般に夜行性のホタル類（コウチュウ目）の成虫は，光を雌雄間の交信手段にしており，雄の発光パターンは種ごとにちがうため，雌は正しく同種の雄を見分けることができる。一方，昼行性のホタル類は性フェロモンを使ったり，性フェロモンと発光パターンを併用して交信している。

色彩も交信手段として重要である。モンシロチョウの雄は，人間には区別できない紫外線を強く反射する鱗粉をもった雌を色彩で認識する。

2 性フェロモン

❶ 性フェロモンとは

フェロモン（表3-2参照）のなかでも性フェロモンは，雌雄が相手を認識して交尾をするための交信手段として働いている。フェロモンの化学的な研究は，1959年にドイツのアドルフ・ブテナント（Adolf Butenandt）博士らが，カイコガの性フェロモンの単離に成功したのが契機になって発展してきた。ブテナント博士らは，日本からカイコガの繭120万個を輸入し，羽化した約半数の雌を用いて性フェロモンの単離に成功した。それ以降，性フェロモンは，チョウ目を中心に800種以上の昆虫で明らかにされている。

性フェロモンはごく微量で，しかも，それぞれの種に特異的に作用する。多くの昆虫の性フェロモンは，複数の成分が混合されたものである。近縁の昆虫では同じ成分を性フェロモンにしていることもあるが，その場合は成分の混合比がちがい，それによって種の特異性がたもたれている。

❷ 性フェロモンの防除への利用

性フェロモンは微量で同種の雄を誘引する生理活性物質であり，ほかの生物への毒性はないだけでなく，揮発性なので環境への残留もほとんど問題にならない。そのため，性フェロモン自体には殺虫作用はないが，古くから害虫防除への利用が試みられてきた。現在は人工的に合成された性フェロモンが，発生予察，大量誘殺，交信撹乱などに利用されている。

● 発生予察

発生予察とは，害虫の発生時期や発生量を前もって予測することである。合成性フェロモンを誘引源にして，飛来する成虫を粘着板や殺虫剤をしか

図3-22 交信撹乱剤の効果（イメージ）とリンゴの枝への設置（左の写真）
（原図：越山洋三氏，写真提供：舟山健氏）

けたトラップ（フェロモントラップ）で捕獲して飛来個体数を調査し，害虫の発生時期や発生量を予測する方法が広く普及している。

フェロモントラップは種に対する特異性が高く，ほぼ特定の害虫しか飛来しないので，だれにでも簡単に飛来個体数を調査できる。とくに，走光性（注22）がなく，誘蛾灯に捕獲されない害虫に有効である。

● 大量誘殺

大量誘殺はフェロモントラップを多数配置し，雄成虫を大量に誘殺して雌の交尾率を下げ，害虫の発生を少なくする防除方法である。しかし，雌は誘殺されないし，生き残った雄は多回交尾できるので，次世代の生息密度を低下させるのが困難な場合も多い。

それでも，沖縄県の久米島では大量誘殺に不妊虫放飼法（第6章Ⅳ-9項参照）を併用して，2013年にアリモドキゾウムシ（Cylas formicarius）を根絶させた。これは，広域的にコウチュウ類の根絶に成功した世界初の事例である。

● 交信撹乱

交信撹乱は，合成性フェロモンを圃場に大量に放出して，雄成虫による雌成虫の探索・発見を困難にし，雌成虫の交尾率を低下させる害虫防除法である（図3-22）。長さ20 cmほどのポリエチレンチューブに，100 mgほどの合成性フェロモンを封入したディスペンサー（注23）を，小枝などにくくりつける方法が主流である（図3-22）。

現在では，さまざまな害虫の合成性フェロモンが交信撹乱剤として市販されている。しかし，交尾率の低下が次世代の害虫密度に影響するメカニズムは十分に解明されていない。十分な防除効果をえるためには，空気中のフェロモン濃度を高く，むらなく維持することが重要である。交信撹乱剤の効果は，害虫の発生量，地形，気象条件などの影響を受けやすく，それらを十分に考慮した利用が必要である。

〈注22〉
走性は，生物が刺激に反応しておこなう方向性をもった運動のことで，光に反応しておこなう走性を走光性という。そして，光に近づく反応を正の走光性，遠ざかる反応を負の走光性という。

〈注23〉
合成性フェロモンを封入し，圃場で均一に長時間放出できるようにしたもの。

第4章 昆虫の生態

1 昆虫の発生

1 発育日数は温度に大きく左右される

　昆虫などの節足動物は，外界の温度に強い影響を受けて体温が変化する変温動物（poikilotherm）で，哺乳類や鳥類のように外界の温度の影響を受けることなく体温を一定に保つ機能をもつ，恒温動物（homeotherm）(注1)とは大きくちがう。このため，昆虫の発育日数は生息環境の温度によって大きく左右され，この関係は次式であらわされる。

$$D \times (T - t_0) = K$$

　ここで，D はある温度（T, ℃）での発育日数，t_0 はこの温度以下では発育がほとんどすすまない発育零点（lower thermal threshold），K はある発育ステージから別の発育ステージまで発育するために必要な総温量を示し，有効積算温度定数（thermal constant）とよばれ，単位は日度である。

〈注1〉
例外として，ハダカデバネズミ（*Heterocephalus glaber*）は哺乳類であるが，体温を調節する機能をもっていない。

2 発育速度，発育零点とその求め方

　発育零点と有効積算温度定数は，昆虫の種（個体群）によって一定であり，これらの値を明らかにすることによって，その昆虫の発生時期や発生回数を推定することができる。

　上述した $D \times (T - t_0) = K$ 式を，発育日数 D を y 軸，温度 T を x 軸にしたグラフにすると双曲線になるので，発育零点を直感的に理解するのがむずかしくなる。そこで，一次関数の式にするために，$D \times (T - t_0) = K$ 式の両辺を $(D \times K)$ で割って式を変形すると $1/D = -t_0/K + T/K$ となる。ここで，発育日数の逆数 $1/D = V$（発育速度 developmental rate），$t_0/K = a$，$1/K = b$ とすれば，次式になる。

$$V = -a + bT$$

　これは発育速度 V を y 軸にとり，温度 T を x 軸にとってグラフに示すと直線式になる。この直線式は積算温度法則（temperature summation law）とよばれるものであり，実験によって得られた実測値にこの直線式をあてはめることにより y 切片（$-a$）と傾き（b）が推定できる。bの逆数により有効積算温度定数（K）が，またa/bにより発育零点（t_0）が求められる。

3 年間世代数の推定

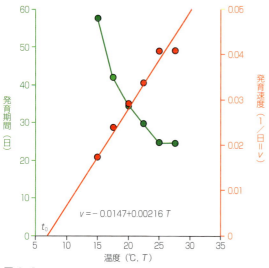

図4-1 マエアカスカシノメイガの卵から卵までの発育期間，発育速度と温度の関係 (Gotoh et al., 2011aより作図)

図4-1には，モクセイ科植物を加害するマエアカスカシノメイガ（Palpita nigropunctalis）の，卵から次世代の卵が産卵されるまでの発育日数と温度の関係を示した．本種の発育と温度の関係は，$V = -0.0147 + 0.00216T$ の回帰式になり，発育零点は6.8℃，有効積算温度定数は462.9日度と推定される．

本種が休眠にはいらないのであれば，発育零点をこえた野外の温度を積算して，その合計を有効積算温度定数で除すれば，その地域での年間発生世代数を推定できる．しかし，温帯に生息する多くの昆虫は，低温などの不適な環境での生存率を向上させるために休眠するので，これらの昆虫では光温図表を用いて年間世代数を推定する必要がある（後出2-4-❺項参照）．

4 発育零点と有効積算温度定数の種によるちがい

発育零点と有効積算温度定数は，種ごとに特有の値になる傾向がある．桐谷（2012）は，おもな害虫とハダニ類505種について，これらの値が報告されている852編の文献を調べて分布傾向を分析したところ，大きく4つのグループに分けることができたという(注2)．つまり，発育零点も有効積算温度定数も低い傾向を示すグループから，両者が高い値を示すグループの順に以下のようになる（図4-2）．

〈注2〉
チョウ目とカメムシ目の昆虫（図4-2中の濃青色と緑色）は，値の分布が互いに重なり合っているので，分離できない．

① アブラムシ上科（Aphidoidea）：発育零点は0～10℃のあいだで，ほとんどが3～7℃．

② ダニ目（Acari），アザミウマ目（Thysanoptera），ハチ目（Hymenoptera），ハエ目（Diptera）：発育零点はアブラムシ上科より高く，③の昆虫より低い．

③ センチュウ類（Nematoda），ヨコバイ亜目（Homoptera）（アブラムシ上科を除く），カメムシ亜目（Heteroptera），チョウ目（Lepidoptera）（貯穀害虫を除く），コウチュウ目（Coleoptera）（貯穀

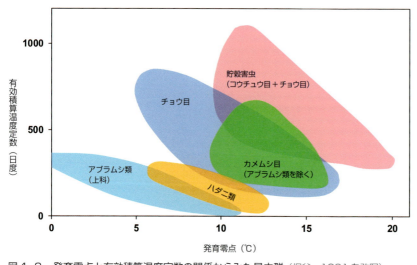

図4-2 発育零点と有効積算温度定数の関係からみた昆虫群 (桐谷, 1991を改写)
ハダニ類：ダニ目，アザミウマ目，ハチ目，ハエ目を含む
カメムシ目：センチュウ類，ヨコバイ亜目（アブラムシ上科を除く），カメムシ亜目，チョウ目（貯穀害虫を除く），コウチュウ目（貯穀害虫を除く）を含む

害虫を除く)：発育零点は7〜15℃。

④チョウ目とコウチュウ目の貯穀害虫：発育零点は10〜20℃。

なお，同じ種で北に生息している個体の発育零点が，南に生息している個体群より低いという傾向は確認されていない。

これらの結果を地球温暖化の視点から考察すると，K も t_0 も高い貯穀害虫は，温暖化の影響をほとんど受けないと予想される。また，発育零点が樹木の芽吹き温度とほぼ同じ温度（たとえば，5℃）であるアブラムシでは，越冬卵の孵化時期が一次寄主の樹木の芽吹き時期と同調できている。

一方，一化性で単食性の昆虫で，芽やつぼみなど植物の限定された部分を食物にしていて，短命な昆虫では，わずかな温度変化でも植物に対する同調が狂ってしまい，産卵場所や孵化幼虫の食料を確保できない状況が生まれる可能性がある。発育零点が7〜15℃という図中で中間に位置するグループが温暖化の影響を最も受けやすいと考えられる (注3)。

〈注3〉
詳細は桐谷圭治「農業環境技術研究所報告」第31号（2012年, p.1-74 参照。

〈注4〉
発芽，展葉，開花，結実，落葉など，植物の活動周期のこと。

〈注5〉
1世代は卵から死までをいい，前年に産卵され，あるステージで越冬して翌年に成虫になる世代を越冬世代，その年の最初の世代を第一世代という。

2 昆虫の生活環と季節適応

1 世代と生活環

昆虫類の生活環は，温度や光周期，エサになる植物のフェノロジー (注4) などさまざまな環境要因と密接に関係している。完全変態類に属する昆虫は，一般に卵，複数の幼虫ステージ，蛹，成虫と経過する。これを生活史といい，これらの各ステージがどの季節にあらわれ，どのステージで不適な環境を過ごすかによって，生活環のタイプが決まる。温帯や寒帯に生息する多くの昆虫は，植物の展葉後に活動をはじめ，完全に落葉する前に休眠にはいって生活環を閉じる。

図4-3は，マエアカスカシノメイガの生活環である。蛹で越冬休眠し，3月中旬から羽化しはじめ，越冬世代 (注5) はモクセイ科植物の越年した葉に産卵する。そして，モクセイ科植物の新芽が展葉する4月下旬から幼虫が孵化しはじめ，5月下旬〜6月上旬に第一世代の成虫があらわれる。

早く羽化した個体はもう一世代を経過するが，多くの個体は長日・

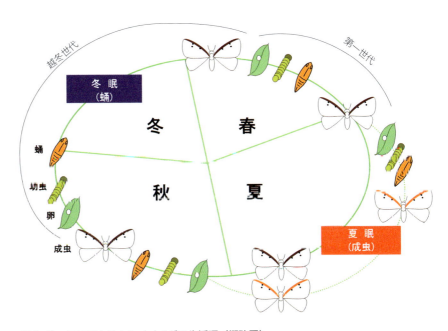

図4-3　マエアカスカシノメイガの生活環（概略図）
第一世代で早く羽化した個体は，晩春〜初夏にもう一世代を経過する。その成虫は前翅前縁部の帯の色が淡い

〈注6〉
夏の長日・高温・乾燥をさけるため，休眠にはいること。

低温に反応して，成虫で夏眠（注6）する。なお，晩春～初夏にもう1世代を経過した成虫は，本種の特徴である前翅の前縁部の帯が淡色化するため，越冬世代や第一世代の成虫とは容易に区別できる（図4-3）。

夏眠した成虫は9月以降に産卵を開始し，冬までにもう1世代を経過する。この成虫はすぐ産卵し，その卵は蛹期まで発育するが，蛹期を終えるための十分な積算温量がないため，老熟幼虫のときに樹皮下に移動し，蛹になって越冬休眠する。

2 植物による防御と発生消長

植食性昆虫は，寄主植物の防御物質や寄生部位の季節的変化などによって，発生消長が変化する。このことをモクセイ科の植物に寄生するマエアカスカシノメイガを例に紹介する。

❶ 防御物質の蓄積による化学的防御と物理的防御

植物は，植食性昆虫の食害を回避するため，タンニンやアルカロイドなどの二次代謝産物を蓄積する化学的防御や，葉の硬化などによる物理的防御をおこなう。

〈注7〉
1N（ニュートン）＝1 kg·m/s² ≒ 0.102kgf。kgfはキログラム重。

モクセイ科植物も例外ではなく，イボタノキ（*Ligustrum obtusifolium*）はオレウロペイン（oleuropein）とそれを活性化する酵素，ベータグルコシダーゼ（β-glucosidase）を蓄積している。昆虫が摂食すると酵素の働きでオレウロペインのグルコースがはずれて，グルタールアルデヒド様構造（glutaraldehyde-like structure）になり，これによってタンパク質の変性とリジンの減少がおこり，多くの昆虫は利用できなくなる。

さらに，モクセイ科植物では葉の硬さが経時的に変化することも知られており，キンモクセイ（*Osmanthus fragrans* var. *aurantiacus*）の4月の葉の硬さは0.1N（注7）程度であるが，急速に硬くなり，6月には0.5Nになる。そのため，マエアカスカシノメイガの幼虫は摂食できなくなる（図4-4）。

葉の硬化によって摂食できなくなり発育が阻害されるのは，ヨーロッパアワノメイガ（*Ostrinia nubilalis*）やカスミカメムシ科の一

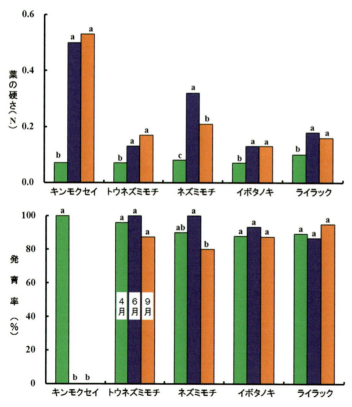

図4-4　モクセイ科植物の葉の硬さとマエアカスカシノメイガの幼虫から成虫までの発育率の季節的変化（Gotoh et al., 2011）
同一植物内の同一英文字間に有意差はない（$P > 0.05$）

種マクロロファス・カリギノーサス（*Macrolophus caliginosus*）などでも知られていて，寄主植物の葉の硬度が0.2Nをこえると発育が抑制されたり産卵数が減る。

❷寄生部位の季節的変化による防御

年に1回しか新葉を展開しないキンモクセイでは，マエアカスカシノメイガの幼虫は秋に花を利用している。しかし，キンモクセイはしばしば1週間ずつ2回に分けて開花するため，花がない時期にはエサがなくなる。そのためほとんどの幼虫は蛹まで発育できないが，どうして成虫がキンモクセイの花芽のそばに産卵するのかはわかっていない（図4-5）。

また，マエアカスカシノメイガの幼虫は，トウネズミモチ（*Ligustrum lucidum*）とネズミモチ（*L. japonicum*）の葉を，春と秋に利用しているが，秋には果実も利用する。なお，果実に依存する割合は，トウネズミモチよりネズミモチのほうが高い。これは，ネズミモチの果実がトウネズミモチよりも大きく可食部が多いうえ，種子の硬化が12月下旬と遅く，可食できる期間が長いためである。

ライラック（*Syringa vulgaris*）は，展葉したばかりの葉が粘着物質を分泌するため，マエアカスカシノメイガ成虫の産卵が阻害され，発芽・展葉期である春には利用できない。ただし，人為的にライラックの葉に幼虫を放飼すると問題なく発育できる（図4-4参照）。

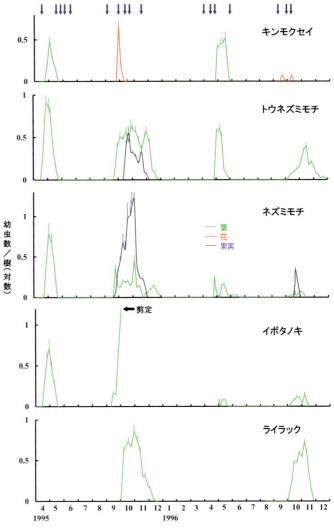

図4-5　モクセイ科植物でのマエアカスカシノメイガの幼虫の発生消長
(Gotoh et al., 2011)
青矢印：成虫の飛翔を観察した日を示す

3 寄主転換

寄主植物をかえることを**寄主転換**（host alternation）というが，寄主転換をおこなうアブラムシの生活環はさらに複雑である（図4-6）。アブラムシは越冬卵を産むときだけ両性生殖をおこない，それ以外の時期は**胎生雌虫**（viviparous female）（注8）として単為生殖をしている。

マメクロアブラムシ（*Aphis fabae*）の越冬卵は，一次寄主であるマユミ（*Euonymus hamiltonianus*）などのニシキギ科の樹木で越冬し，春に孵化する。この個体を**幹母**（fundatrix）とよび，幹母が産仔した幼虫を

〈注8〉
卵が体内で孵化し，雌と同じ形をした仔虫を産む雌成虫のこと。

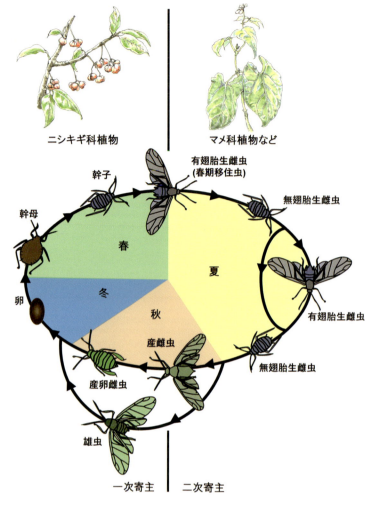

図4-6 マメクロアブラムシの生活環
（Dixon, 1985を改写　植物挿絵：加本美穂子氏）

幹子（fundatrigenia）という。幹子は胎生雌虫として単為生殖をおこない，マユミ樹上で数世代増殖する。

その後，有翅胎生雌虫（alatus vivipara or migrant）があらわれて，二次寄主であるマメ科やアカザ科植物に寄主転換する。そこで無翅胎生雌虫（apterous vivipara）として増殖するが，植物の栄養条件の悪化や生息密度が高まるなどの刺激によって，有翅胎生雌虫があらわれ，良好に生育している二次寄主植物に分散し，そこで再び無翅胎生雌虫が産まれて増殖をくり返す。

秋になると，無翅胎生雌虫が有翅の産雌虫（gynopara）を産む。この産雌虫が，一次寄主であるマユミに移動して無翅の産卵雌虫（ovipara）を産む。無翅胎生雌虫は有翅の雄虫（male）も産み，その雄虫が一次寄主に移動して産卵雌虫と交尾する。産卵雌虫は，越冬卵を一次寄主の冬芽の近くに産卵する。産雌虫と雄虫の産仔には，日長と温度が関与しているといわれている。

4 休眠
❶休眠の定義

昆虫は1年のうちで，生存に不適な時期にその場にとどまって時間的に避難（エスケープ）する戦略として，休眠（diapause）をおこなう。なお，飛翔力の強い昆虫は，その場を離れて空間的に避難するために長距離移動をおこなう。

休眠とは，内分泌機構によって制御される発育抑制プログラムであり，不適な環境条件を克服するための適応戦略である。したがって，低温などの直接的な作用によって，その刺激があるあいだだけ，一時的に発育が停止している休止（quiescence）とは明らかにちがう。

昆虫は，どの発育ステージでも休眠できるが，実際に休眠する発育ステージは種によって決まっている。たとえば卵で休眠する昆虫でも，胚の発育の早い段階で発育が停止して休眠にはいる種や，卵内で幼虫の形ができ

てから発育が停止して休眠にはいる種など，種ごとに休眠にはいるステージが決まっている。

❷休眠の要因

休眠はその要因によって，2つに大別される。1つは，ある特定の発育ステージで必ず休眠にはいる定時的（内因性）休眠（obligatory diapause）である。通常，一化性の昆虫は，各世代で決まった発育ステージで必ず休眠が誘導される。もう1つは，ある発育ステージで，特定の環境条件に反応して休眠にはいる随意的（外因性）休眠（facultative diapause）である。

いずれの要因による休眠でも，休眠は光周期，温度，植物の栄養条件などが相互に作用して誘起されるが，なかでも光周期が基本的な要因であり，不適な環境になるずっと前から，その到来を予知して生理的変化が誘導されている。このことも，環境条件の直接的影響によっておこる休止とは，メカニズムが基本的にちがう。そのため，地球が公転しているかぎり不変である。光周期を利用して休眠が誘起されるように進化してきたと考えられている。

休眠はいくつかの段階（フェーズ）に分けることができ，休眠誘起→休眠維持（休眠間発達）→休眠消去→休眠消去後の発育停止→そして休眠消去後の発育再開，という過程を経る。

❸休眠の意義と休眠消去

休眠の意義の第一は，生存に不適な季節を生きのびるための時間的避難（エスケープ）である。第二は，エサとの同調である。昆虫が活動をはじめたときに，ちょうどエサが得られるように，季節や植物の生育周期と昆虫の生活環に同期性をもたせることである。

第三は，生活環の調整である。休眠があることによって，生活環が毎年一定の型をとることができている。つまり，発育の不ぞろい（個体差）を休眠があることによって解消しているのである。発育が不ぞろいなまま休眠にはいっても，発育に適したシーズンになると休眠消去（diapause termination）がいっせいにおこるので，毎年同じ生活環（定型）になる。したがって，不適な環境が終了した後にすみやかに発育や産卵を再開できることも重要である。

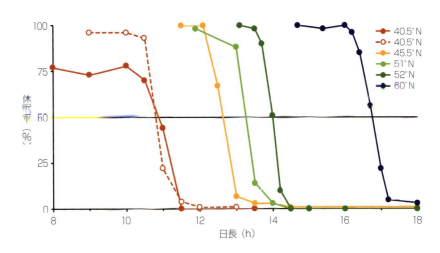

図4-7　ナミハダニの光周反応曲線と緯度の関係
(vaz Nunes et al. (1996) をもとに作図）
18.5℃の条件でさまざまな光周期で卵から飼育したときの休眠率をプロットした。緯度が上がるにつれて，臨界日長が長くなっていくことがわかる

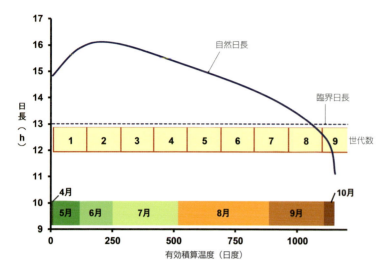

図4-8　ナミハダニ北海道個体群の2016年の発生回数と光温図表
(Bayu et al., 2017より作図)
実線は自然日長，点線はナミハダニ札幌個体群の18℃での臨界日長。気温と自然日長（薄明薄暮を含む）はそれぞれ気象庁（2016年）と国立天文台のデータを使用

なお，休眠消去は，ある一定期間の低温を経験した後に加温すると孵化や産卵がおこる反応である。したがって，多くの場合，休眠消去には休眠個体が発育零点以下の低温を経験することが必要である。

❹臨界日長と地理的傾斜

個体群の50％が休眠する日長を臨界日長（critical daylength, critical photoperiod）という（図4-7）。臨界日長は種によってちがう。また，同じ種でも地域によって日長の季節的変化が大きくちがうので，地理的な傾斜を示すことが多い。

つまり，北にいくほど，不適な環境の到来を予知する指標である日長（日の出から日の入りまで）が短時間に急激に変化する。たとえば，8月1日と10月1日の日長は，北緯40°では14時間18分と11時間44分（差は2時間34分）であるが，北緯30°では13時間36分と11時間48分（差は1時間48分）となり，緯度が高いほど日長の変化が急激におこる。

このように，日長の変化という不適な環境の到来を予知する指標に適応した結果，臨界日長の地理的傾斜ができたと考えられる（図4-7）。

❺休眠を考慮した年間世代数の推定

昆虫における年間世代数の推定は，先述した積算温度法則によっておこなうが，多くの昆虫は休眠期間をもつため，この法則が成り立たない。そこで，有効積算温度と休眠誘起の光周反応より得た臨界日長を自然日長に当てはめて作成した光温図表を用いて，世代数を推定する。

図4-8には，重要な農業害虫であるナミハダニ（*Tetranychus urticae*）の北海道個体群の光温図表を示した。本種の発育零点は12.01℃，有効積算温度定数は136.88日度，臨界日長は13.0時間である。また本種の光周期感受ステージが第1若虫期であることを考慮すると，発育零点以上の積算温度が1,320日度である北海道では年9世代を経過できることがわかる。

3 昆虫の分散・移動

1 分散

昆虫の分散（dispersal）は，アブラムシの寄主転換で述べたように寄主植物の劣化によって別の植物に分散したり，モンシロチョウ（*Pieris rapae crucivora*）のように交尾相手を求めて圃場のまわりをヒラヒラと

飛翔する行動などをいう。

1本の幼樹でのハダニ類の分散行動を，2種のハダニで比較した例がある。クリ（*Castanea crenata*）などの落葉性ブナ科植物に寄生するクリノツメハダニ（*Oligonychus castaneae*）は，放飼された1枚の葉に20日ほどとどまって増殖するが，その後，個体数が増えて葉の状態が悪くなるといっせいに他の葉に分散していく（図4-9）。このときの葉を単位にした分布の相対集中度 $\overset{*}{m}/m$（コラム参照）をみると，最初の20日間は高い値を示しているが，分散にともなって急激に低下している。1枚の葉での個体数の増加と，それによる分散のようすが明らかである（図4-9）。

一方，ミカン（*Citrus unshu*）に寄生するミカンハダニ（*Panonychus citri*）は，放飼された幼樹の1枚の葉にとどまることなく，すぐ近くの葉に分散・移動し，それをくり返して放飼直後から幼樹全体に分散する（図4-9）。事実，1枚の葉の相対集中度は放飼直後こそ高いが，すぐに低下して，再び高くなることはなかった。

このちがいは，クリノツメハダニは1枚の葉を1つの独立した生息場所として行動しているのに対し，ミカンハダニは幼樹1本を1つの生息場所としているためで，昆虫の種によって分散のしかたもちがってくる。

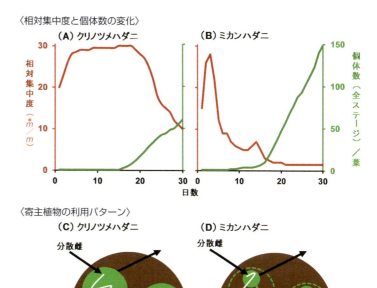

図4-9
クリノツメハダニ，ミカンハダニの相対集中度（赤線）と個体数の変化（緑線）（A，B），および寄主植物利用パターンの模式図（C，D）
（Wanibuchi and Saito, 1983を改写）

集中度をあらわす指数 $\overset{*}{m}/m$　　　　コラム

「集中度」をあらわす指数 $\overset{*}{m}/m$ では $\overset{*}{m}$ が「平均こみあい度」，m が「平均密度」をあらわす。

平均こみあい度とは，「ある区画のなかにいるある個体について，同じ区画に共存している他個体の平均数」で，$\overset{*}{m} = \sum x(x-1) / \sum x$ で示される。たとえば，ある圃場を4つの区画にわけて，各区画に1，3，5，11個体（x）がいたとすると，平均こみあい度は $(1×0+3×2+5×4+11×10)/(1+3+5+11) = 6.8$ になる。つまり，各区画に共存している他個体の数は，平均で6.8個体いることになる。

さらに，この場合の全区画の平均密度は $(1+3+5+11)/4$ であるから，5個体である。したがって，$\overset{*}{m}/m$ は $6.8/5 = 1.36$ になる。

もし，この4区画に5，5，5，5個体のように一様に分布していたとすると，$\overset{*}{m} = (20+20+20+20)/20 = 4$，$\overset{*}{m}/m = 4/5 = 0.8$ になる。

$\overset{*}{m}/m$ は，集中度が高ければ，1より大きな値を示し，一様な分布であれば1より小さい値を示す。$\overset{*}{m}/m$ が1になるのは，ランダム分布しているときである（詳しくは Lloyd, 1967 を参照）。

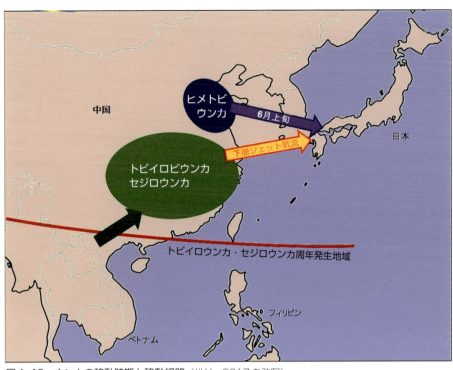

図4-10 ウンカの移動時期と移動経路（松村，2017を改写）

2 ┃ 移動

　分散に対して，移動（migration）は動く規模が大きく，おもに複数の個体が集団で一定の方向性をもっておこなうものをいう。たとえば，アサギマダラ（*Parantica sita*）は，春から初夏に沖縄などの島々から北上し，後世代が秋に南下し，移動距離は 1,000 km 以上に達する。

　トビイロウンカ（*Nilaparvata lugens*）とセジロウンカ（*Sogatella furcifera*）は，海をこえて長距離移動することが知られている〈注9〉（図4-10）。ウンカが海を渡って長距離移動することは，1967 年 7 月 17 日に気象庁定点観測船「おじか」が，南方定点（北緯 29°，東経 135°，潮岬の南 500 km）でウンカの大群に遭遇したことが契機になって明らかにされた。

　トビイロウンカとセジロウンカは，周年発生しているベトナム（周年発生地域）から中国南部に移動したのち，6 月下旬から 7 月中旬に発生する梅雨前線の南側を吹く強い風（下層ジェット気流）にのって西日本に飛来する。また最近，日本で越冬していると考えられていたヒメトビウンカ（*Laodelphax striatellus*）も，中国大陸から日本へ長距離移動していることがわかってきた。

　近年，海外で薬剤抵抗性が発達したウンカが日本に飛来するようになり，薬剤による防除に支障をきたす事態や，新種のウイルス（イネ南方黒すじ萎縮ウイルス，southern rice black-streaked dwarf virus）の媒介が問題になっている。

〈注9〉
ウンカは享保 17 年（1732 年）の大飢饉の原因の 1 つになった。瀬戸内海沿岸一帯の稲作地帯にウンカが大発生して，甚大な被害をもたらし，1 万 2 千人以上（一説には 97 万人）の餓死者をだしたといわれている。

4 昆虫の個体群密度変動と密度調節

1 個体群の成長

❶ 理想的環境での個体群の成長

　家庭菜園で野菜などを栽培していると，どこからともなくアブラムシがやってきて，気付いたときには植物をうめつくすほど増えていることがある。昆虫の個体数は，十分な空間やエサのある理想的な環境であれば，指数関数的（ネズミ算式）に増える。この現象は，以下の微分方程式であらわすことができる。

$$\frac{dN}{dt} = r \cdot N \qquad ①$$

　N は個体数，t は時間を示し，d は微分（differentiation）を示す記号である。r は内的自然増加率（intrinsic rate of natural increase）(注10) とよばれ，1個体当たりの瞬間の増加率（昆虫の場合は1日当たりの増加率で示すことが多い）を示す定数である。

　この式は，縦軸に N，横軸に t をとってグラフ化すると，ある瞬間の増加率（グラフの傾き）が，N の値が大きいほど大きくなる。つまり，個体数の増加は，最初は緩やかで，しだいに速くなるという指数関数的増加の特徴を示している（図4-11の青線）。

　初期（0日目）の個体数を $N(0)$，時間 t の個体数を $N(t)$ として，①式を積分すると以下の式が得られる。

$$N(t) = N(0) \cdot e^{rt} \qquad ②$$

　e は自然対数の底（2.71828……）である。たとえば，ある種の昆虫の内的自然増加率 (r) が 0.300/日で，初期の雌成虫の個体数が10個体であったとすると，②式から7日後の個体数 $N(7)$ は $10 \times e^{0.300 \times 7} = 81.7$ 個体，14日後の個体数 $N(14)$ は 666.9 個体，21日後の個体数 $N(21)$ は 5445.7 個体となる (注11)。

❷ 環境収容力を仮定した個体群の成長

　しかし，実際には個体数が増えつづけることはない。個体数が増加するにつれて生息空間の減少やエサ不足がおこり，出生率が低下したり死亡率が高まるからである。個体群がある環境で継続的に維持できる最大の個体数を，環境収容力 (K) (注12) という。

　ある時点での個体数 (N) が K よりもずっと小さければ，その個体群は指数関数的に増えるが，K に近づくにつれて，個体群の成長率は低下する。これを微分方程式であらわすと以下のようになり，ロジスティック式（logistic equation）という。

$$\frac{dN}{dt} = r \cdot N \cdot \frac{K-N}{K} \qquad ③$$

〈注10〉
理想的な環境条件で，ある生物が潜在的にもっている最大の繁殖増加率。

〈注11〉
【対数関数と底】$y=\log_a x$ という関数を「y は a を底とする x の対数関数」という。このとき a は $a>0$ かつ $a \neq 1$。また，$y=\log_a x$ は，$x=a^y$ と置き換えることができる。

〈注12〉
ある環境条件で，特定の生物が持続的に維持できる最大の個体数。

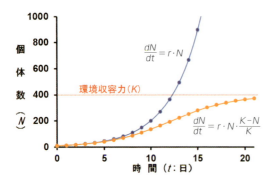

図4-11
個体群の指数関数的増加とロジスティック式のグラフ
初期密度 $N(0)$ を10個体，内的自然増加率 (r) を 0.300，環境収容力 K を400個体とした

この式は，図4-11に橙線で示したようにS字型の曲線になる。$(K-N)/K$ の値は，N が K よりも十分に小さければ1に近い値になり，①式と同じになる。N が K に近づくにつれて，$(K-N)/K$ の値も0に近づくため，必然的に dN/dt の値も0に近づく（グラフの傾きが0に近づくことを意味する）。つまり，K 付近では個体群の成長が停止に向かうことになる。

ロジスティック式③を解くと下記になる。

$$N(t) = \frac{N(0) \cdot K \cdot e^{rt}}{K - N(0) + N(0) \cdot e^{rt}} \quad ④$$

ここで，$r=0.300/$日，$N(0)=10$個体，環境収容力 $K=400$個体と仮定すると，7日後の個体数 $N(7)$ は $(10 \times 400 \times e^{0.300 \times 7}) / (400 - 210 + 10 \times e^{0.300 \times 7}) = 69.3$ 個体，$N(14)$ は252.4個体，$N(21)$ は373.3個体となる。そのため，時間が経過するにつれて，環境収容力を仮定しないときの個体数との差が徐々に大きくなる（図4-11）。

2│密度効果とアリー効果

ロジスティック式は，個体群の密度そのものが個体群の成長率に負の影響をあたえ，成長率を低下させることを意味している。高密度が成長率に悪影響をもたらす過密効果を，密度効果（density effect）という。これは密度が高まると，エサや生息環境が不足したり，排泄物の増加などによって生息環境が悪化することが原因と考えられている。

これに対し，密度が低すぎる場合も成長率が低下する例が知られている。密度が低すぎると，雌雄の交尾の機会が少なくなって成長率が低下するためである。これをアリー効果（Allee effect，過疎効果）という。絶滅に瀕している種は，アリー効果によって，さらに絶滅リスクが高まることが懸念されている。

3│相変異
❶相変異とは

昆虫は個体数が多く過密になると，密度効果によって体サイズが小さくなったり，産卵数が減るなど，形態や増殖力が多少変化する。しかし，なかには形態，色彩，行動などが顕著に変化する昆虫も知られており，この現象を相変異（phase polyphenism）とよんでいる。

こうした，密度に対する適応的な反応である相変異は，遺伝的にプログラミングされたものであると考えられている。

❷トノサマバッタの相変異

相変異は，ウンカやアブラムシ類などでも知られているが，トノサマバッタ（*Locusta migratoria*）の相変異が最も有名である。

トノサマバッタは，低密度で発育すると孤独相（phase solitalia）になるが，高密度での成長がくり返されると群生相（phase gregaria）になる（図4-12）。群生相は孤独相より体色が黒くなり，最終的に黒色と橙色のツートンカラーになる。群生相は飛翔に適した形態になり，孤独相より翅が長く，後腿節が短くなる。そして，産卵数

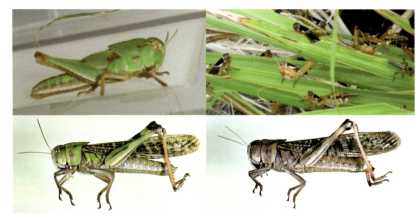

図4-12　トノサマバッタの孤独相と群生相
上段　左：孤独相幼虫（写真提供：清水優子氏），右：群生相幼虫（写真提供：山岸正明氏）
下段　左：孤独相雄成虫，右：群生相雌成虫（左右とも写真提供：長谷川栄志氏）

が少なくなる一方，卵の重量は大きくなる（次世代の孵化幼虫の体重が大きくなる）。さらに群生相では，幼虫による行進，成虫による群飛と移動などの行動が報告されている。

西アフリカでは，2003～2005年に群生相のサバクワタリバッタ（*Schistocerca gregaria*）の大発生があり，その大群が移動・拡散して20カ国以上で農作物に甚大な被害がおこった。

なお，トノサマバッタの黒化などの体色変化にはコラゾニン（[His^7]-corazonin）いうホルモンが関与している。

❸ウンカ類の相変異

イネの害虫であるウンカ類の相変異は，翅多型（wing polymorphism）とよばれ，長翅型（long winged morph）と短翅型（short winged morph）がある（図4-13）。

セジロウンカでは雌のみに，トビイロウンカとヒメトビウンカでは雌雄ともに短翅型と長翅型がある。長翅型のウンカは移動力にすぐれるが，短翅型にくらべて産卵数が少ない。逆に短翅型のウンカは飛翔できないが，産卵数が多く，増殖力が高い。短翅型は低密度環境で成長すると生じ，長翅型は高密度環境で成長すると生じることが知られている。

4　r選択とK選択

河川敷や田畑など，速いサイクルで環境が変化する不安定な環境に生息する昆虫類は，生息地に侵入したのち，すみやかに個体数を増殖させるほうが有利（適応的）であると考えられている。それは，不安定な環境では，環境収容力まで増殖する前に環境が変化してしまう可能性が高いからである。

これに対して，森林などの安定した環境に生息する昆虫類は，個体数がすでに環境収容力になっていると考えられるため，種内

図4-13　ヒメトビウンカ（雄）の長翅型（左）と短翅型（右）
（写真提供：野田博明氏）

表4-1　r選択種とK選択種の進化形質

r 選択	K 選択
世代時間が短い	世代時間が長い
体サイズが小さい	体サイズが大きい
分散性が高い	分散性が低い
密度非依存的な死亡率が高い	死亡率が低い
産卵数が多い	産卵数が少ない
種内競争に弱い	種内競争に強い
個体群密度の変化が大きい	個体群密度は世代間で一定

競争に強い性質を高めて環境収容力を高めるほうが適応的であると考えられている。

つまり，不安定な環境ではr（内的自然増加率）を大きくするような自然選択が働き，安定な環境ではK（環境収容力）を大きくする自然選択が働くと考えられ，それぞれr選択（r-selection）とK選択（K-selection），あわせてr-K選択とよばれている。

ピアンカ（E. R. Pianka）はr-K選択理論を拡張して，r選択では速い発育，高い増殖力，小卵多産などの形質が進化し，K選択では遅い発育，高い種内競争力，大卵少産などの形質が進化すると提唱した（表4-1）。

5 食うものと食われるものの関係

❶ ロトカ‐ヴォルテラの被食者－捕食者モデル

昆虫の個体群密度を低下させる要因は，密度効果だけではなく，捕食者の影響も大きい。生物種間での食うもの（捕食者）と食われるもの（被食者）の関係を単純なモデルで示したのが，ロトカ‐ヴォルテラ（Lotka-Volterra）の被食者－捕食者モデルである。これは，以下の連立微分方程式であらわすことができる。

$$\frac{dN}{dt} = rN - a'PN \qquad ⑤$$

$$\frac{dP}{dt} = fa'PN - qP \qquad ⑥$$

ここで，Nは被食者の個体数，Pは捕食者の個体数，tは時間，rは被食者の内的自然増加率，a'は捕食者の探索効率をあらわす定数，fは捕食したエサを捕食者の増殖に変換する効率をあらわす定数，qはエサ（被食者）がいないときの飢餓による捕食者の死亡率を示す。

⑤式は，被食者の個体群の成長が，被食者自身の増殖力によって増えた個体数（rN）から捕食された個体数（$a'PN$）を引いた値になることを示している。捕食される個体数（$a'PN$）は，被食者と捕食者が出会う頻度によって左右される。つまり，被食者と捕食者の個体数が増え，捕食者の探索能力が高まれば，両者が出会う頻度は多くなる。

⑥式は，捕食者の個体群の成長が，捕食量に依存した増加率（$fa'PN$）から飢餓により死亡した個体数（qP）を引いた値になることを示している。

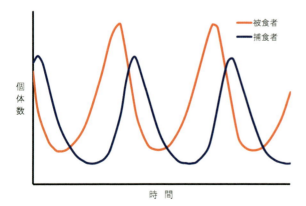

図4-14　ロトカ‐ボルテラの被食者‐捕食者モデルの模式図
（原図：北嶋康樹氏）
被食者の密度の増減に遅れて捕食者の密度が増減している（遅れの密度依存）

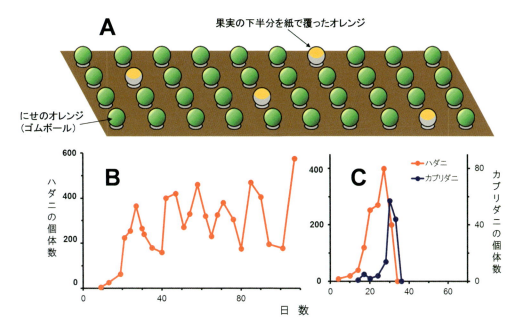

図4-15　ハダニとカブリダニによる被食者-捕食者関係の実験（Huffaker, 1958を改変）
ゴムボール（にせのオレンジ）にオレンジを配置した装置（A）に，オレンジに寄生するハダニだけを放飼すると，ハダニは増減をくり返しながらも個体数を増加させ，個体群を維持した（B）。さらに捕食者であるカブリダニを放飼すると，すぐにエサのハダニを食いつくし，自身も死滅した（C）
なお，オレンジの裏側にダニが回ってしまわないように，オレンジ果実の下半分を紙で覆った

⑤と⑥の連立微分方程式を解くと，被食者と捕食者の個体数の周期変動をあらわすことができる（図4-14）。しかし，実験的に図4-14のような周期変動を再現することはむずかしい。実験では，被食者が捕食者に食いつくされ，さらにエサを食いつくした捕食者が餓死してしまうからである。

❷ハッフェッカーの実験による被食者－捕食者モデルの再現

　ハッフェッカー（C. B. Huffaker）は，1958年に植食性のハダニ（*Eotetranychus sexmaculatus*）と捕食性のオキシデンタリスカブリダニ（*Typhlodromus occidentalis*，以下カブリダニ）を用いて，被食者と捕食者の持続した個体数の周期的な変動の再現に成功した。

　彼は，ゴムボールのあいだにハダニのエサになるオレンジを図4-15Aのように配置し，そこにハダニのみを放飼すると，ハダニは個体数を変動させながら個体群を維持した（図4-15B）。次に，ハダニを放飼したのち，カブリダニを放飼すると，ハダニはカブリダニに食いつくされ，エサがなくなったカブリダニも死滅してしまった（図4-15C）。

　そこで，図4-16Aのように，オレンジのあいだにワセリンの障壁を設けて，ハダニとカブリダニの歩行による移動を制限するとともに，オレンジに何本かの棒を立て，ハダニだけが棒の先端から風にのって，ほかのオレンジに分散できるようにした。すると，ハダニとカブリダニはロトカ-ヴォルテラのモデルで予測されたような，個体数の周期変動を示した（図

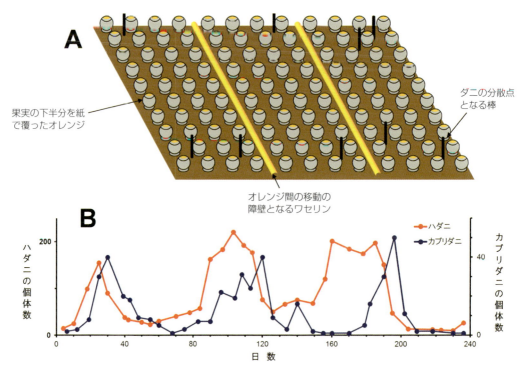

図4-16 ハダニとカブリダニによる被食者-捕食者モデルの再現（Huffaker, 1958を改変）
図4-15と同じように下半分を紙で覆ったオレンジを装置全体に配置し，ワセリンでオレンジ間の移動を制限するとともに，ハダニが移動分散できるように数か所に棒を立て，生息環境を複雑にした（A）。すると，カブリダニよりハダニのほうが分散力が高いので，より速く分散・移動できることによって，ハダニとカブリダニの個体数は持続した周期的変動を示し（B），被食者-捕食者モデルが再現された

4-16B）。

　ハダニとカブリダニの両方がいるオレンジでは，カブリダニがハダニを食いつくしてしまい，次いでカブリダニ自身も死滅してしまう。しかし，障壁や分散用の棒をつけて環境を複雑にすると，分散力にすぐれているハダニがカブリダニのいないオレンジに分散・到達し，そこで新たに増殖する。その後，遅れてやってきたカブリダニによってハダニは食べられるが，一部のハダニがすでに次のオレンジに分散している。このくり返しによって，全体として周期的な変動がもたらされたと考えられる。

6 個体群の構造とメタ個体群
❶ 局所個体群とメタ個体群

　あるキャベツ（*Brassica oleracea*）畑に発生しているモンシロチョウ（*Pieris rapae crucivora*）の個体群は，その畑のキャベツが収穫され，エサのキャベツがすべて取り除かれてしまったら絶滅してしまう。しかし，収穫前に無事に成虫になった個体が，少し離れた場所に新しくつくられたキャベツ畑に侵入できれば，そこで増殖して新しい個体群をつくることができる（注13）。

　このように，昆虫では局所個体群が多数集まっていて，それぞれの局所個体群は，個体の移動によって相互に関係し合いながら，ときには消滅

〈注13〉
このように局所的に存在する個体群を局所個体群（local population）という。

しあるいは生成し，ある地域に存在する局所個体群全体として大きな個体群を維持している。このような局所個体群があつまって構成される個体群をメタ個体群（metapopulation）という（図4-17）。

❷重要なメタ個体群の概念

メタ個体群の概念は，食うものと食われるものの関係にもあてはめることができる。前項で紹介したハダニとカブリダニの持続的な個体数の維持は，それぞれのオレンジに局所個体群がつくられ，局所個体群の絶滅と再侵入による生成をくり返した結果であるといえる。

保全生態学（注14）の観点からも，メタ個体群の概念は重要である。メタ個体群が絶滅しないためには，消滅する局所個体群の数よりも新たに生成する局所個体群の数が多くなければならない。そのためには，局所個体群の環境の劣化を防ぐ必要性に加え，局所個体群間での個体の行き来を保持していく必要がある。

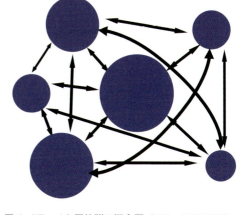

図4-17 メタ個体群の概念図（原図：北嶋康樹氏）
各円は局所個体群と個体数（円の大きさ）を示す

〈注14〉
生物多様性の保全や健全な生態系の維持と再生を目標にして，生物学や生態学などの自然科学だけでなく社会科学も含めた多様な研究対象や方法によっておこなわれる，生態学の応用的な研究分野の1つ。

7 内的自然増加率（r）の求め方
❶求め方の実際

ある昆虫の内的自然増加率（r）を実験的に明らかにしておくことは，その昆虫の基本的な生態を理解するうえで重要である。実際に内的自然増加率を算出するためには，対象の昆虫を個別に卵から成虫まで飼育して，生存率や発育速度を明らかにするほか，雌成虫については生涯の産卵数，寿命，子の雌率，雄成虫については寿命を調査する必要がある。

これらのデータにもとづいて，雌成虫のx齢（日齢）での生存率l_x, x齢（日齢）での1雌当たりの平均出生雌数（m_x）を求め，以下の式を満たすようなrの値を算出する。

$$\sum_{X=0}^{\infty} e^{-rx} \cdot l_x \cdot m_x = 1 \quad ⑦$$

しかし，⑦式から直接rを解くことができないため，現実的には⑦式を満たすようなrの値を試行錯誤によってさがす必要があるが，表計算ソフトにあるセル内の「ゴールシーク機能」（注15）を使ってこの値を計算することができる。また，純繁殖率（R_0）と平均世代期間（T）を求めてrの値を近似することもできる。

純繁殖率は，各雌が産んだ平均雌（娘）数であり，以下の式でめられる。

$$R_0 = \sum_{X=0}^{\infty} l_x \cdot m_x \quad ⑧$$

平均世代期間は，雌（娘）を産んだときの母親の平均齢（日齢）であり，

〈注15〉
ゴールシークとは，ある計算式の結果を指定することで，その計算結果を得るための値を逆算すること。Excelには，この機能が利用すれば，逆算のための数式をつくることなく，想定した値を入力することで逆算できる。

以下の式であらわされる。

$$T = \frac{\sum_{x=0}^{\infty} x \cdot l_x \cdot m_x}{R_0} \quad \text{⑨}$$

これらの値から，以下の式で r の値を近似することができる。

$$r = \frac{\ln R_0}{T} \quad \text{⑩}$$

⑩式の $\ln$ は自然対数である。

❷ r の分散値を推定する方法

昆虫の研究をしていると，しばしば近縁な昆虫の内的自然増加率を統計的に比較・検討したい場合がある。そのために，r の平均値と分散を求める必要がある。しかし，上記の式から得られた値は，複数の個体から得られた l_x と m_x を元にして算出したものであり，たとえば30個体を個別飼育してデータをとったとしても，得られる r の値は1つのみである。なぜなら，l_x のデータは1個体から得ることはできず，必ずある程度の集団から算出する必要があるからである（1個体からであると，l_x は1か0のいずれかの値しかとらないから）。

そのため最近では，r の分散値を推定する方法が開発され，ジャックナイフ法（jack-knife method）やブートストラップ法（bootstrap method）などが使われるようになってきている。なお，ジャックナイフ法は不適であるとする見解もある（詳しくは Lawo and Lawo, 2011 参照）。また，雄成虫の寿命を考慮した新しい算出法（日齢-齢期両性生命表 (注16)）も開発されており，解析の主流になりつつある。

5 昆虫の群集構造と種間関係

1 食物網

生物は同一地域に1種のみで生息することはなく，複数の種が互いに関係し合いながら共存している。このように，同一生息場所（habitat）での種間の相互関係を明らかにすることによって，群集構造を知ることができる。

図4-18に示したように，いくつもの栄養段階（分解者，生産者，消費者）にいる生物同士が，食う-食われるという関係によって，複雑に絡み合った網目のような相互関係がつくられており，これを食物網（food web）とよんでいる。

生産者であるイネや雑草のタイヌビエなどが枯れると，これらの有機物はユスリカ類やトビムシ類，貝類などが還元分解し，最終的には微生物によって無機化され植物に利用される（分解者）。同時に，ユスリカやトビムシはアメンボなど第二次消費者のエサになっている。生産者には，植食性のウンカ類やガ類，植物病原菌類が第一次消費者として存在しており，

〈注16〉
日齢-齢期両性生命表（age-stage, two-sex life table）は，bootstrap 法を使って内的自然増加率（r）などの生活史パラメータを算出する方法である。最大の特徴は，日齢をベースに，昆虫の固有の特徴である齢期分化（stage differentiation）を正確に記述していることである。たとえば，卵や蛹の齢期は植物を加害しないし，害虫を捕食することもないので，これらの齢期を他の齢期（1齢幼虫，2齢幼虫など）と分けて解析できる。さらに従来の生活史パラメータの計算では，雄成虫を無視していたが，この方法では雄成虫の寿命も考慮されているので，雄成虫の加害量や捕食量を含めて解析できる。計算には，フリーソフトを利用できる（詳細は，Chi (1988) と後藤・齊（2019：日本ダニ学会誌 28：33-44.））。

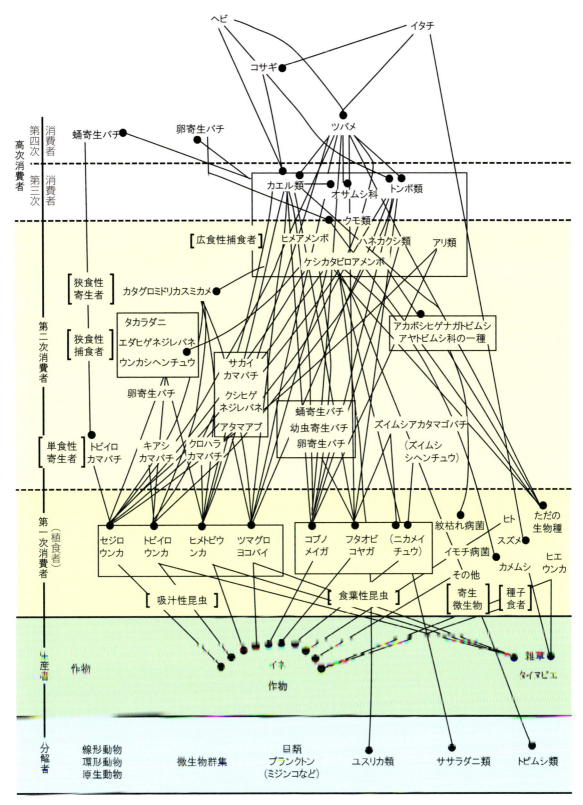

図4-18　水田でのカメムシ目とチョウ目害虫に着目した食物網（日鷹，1990を改写）

5　昆虫の群集構造と種間関係

表4-2 ケナガカブリダニとミヤコカブリダニにおける異種卵のギルド内捕食(平均±S.E.)

捕食ステージ	供試数	ケナガカブリダニ	供試数	ミヤコカブリダニ	P*
雌成虫	19	4.37 ± 0.79	15	19.33 ± 2.15	< 0.001
幼虫→成虫	15	0.00 ± 0.00	15	5.47 ± 0.79	< 0.001

* マン・ホイットニーのU検定(Mann-Whitney U test), 2種間には有意差がある($P<0.001$)(Gotoh et al., 2014を改変)

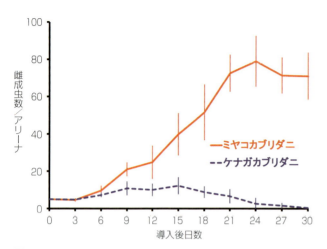

図4-19
ミヤコカブリダニとケナガカブリダニのギルド内捕食による種間競争
(Gotoh et al., 2014を改写)
縦線は標準誤差を示す

〈注17〉
生産者か消費者か,捕食者か被食者か,他の種と競争関係にあるかなど,個々の生物種が,生息する環境(生態系)のなかではたしている役割や地位のこと。なお,同じ生態的地位を共有する2種は,その平衡状態において,共存できないとされている(ガウゼ(Gause)の法則)。

〈注18〉
植物-植食者間と植食者-捕食者間は,「食う-食われる」の直接的な関係にあり,これら3つの栄養段階(生産者-一次消費者-二次消費者)にまたがる生物間相互作用系を3者系という。これらの関係をとりもっているのが揮発性の情報化学物質である。

それらを捕食する第二次消費者として寄生蜂などの捕食者や寄生者がいる。

そのうえには,第二次消費者を捕食するクモやトンボ,カエルなどが第三次消費者として,さらにそのうえには第四次消費者として鳥類や哺乳類,寄生蜂などがいて,密接な相互関係をきずいている。

2 ニッチとギルド

❶ ニッチとギルドとは

第一次消費者であるウンカ類とガ類は,共通の資源であるイネを利用している。このように,同じ栄養段階にある複数の種が同じエサを利用する場合の栄養段階をギルド(guild)という。しかし,ウンカ類は茎を吸汁するが,ガ類(幼虫)は葉を食害するため,生態的地位(ニッチ,niche)〈注17〉は異なる。

食う-食われる関係とともに,ギルドやニッチによって,同一生息場所での生物の群集構造がつくられている。この関係によって,害虫が増えて被害を与えたり,逆に増殖が抑制されて被害を受けなかったりする。したがって,害虫防除では種間のギルドやニッチの関係を正しく知っておくことが大切である。

❷ ギルド内捕食による種間競争の例

第二次消費者のケナガカブリダニ(*Neoseiulus womersleyi*)とミヤコカブリダニ(*N. californicus*)は,ともに果樹園に発生するハダニ類を捕食する天敵である。ケナガカブリダニは1980年代まで,日本中の果樹園の主要な天敵であったが,1990年代からミヤコカブリダニが出現しはじめ,関東以西では優占種がミヤコカブリダニにおきかわってしまった。

この原因の1つは,両者によるギルド内捕食による種間競争のためである。ミヤコカブリダニの雌成虫はケナガカブリダニの卵を,ケナガカブリダニの雌成虫はミヤコカブリダニの卵を捕食しあうが,前者のほうが4倍以上も多く捕食する(表4-2)。また,ミヤコカブリダニの幼虫はケナガカブリダニの卵を捕食して成虫まで発育できるが,ケナガカブリダニの幼虫はミヤコカブリダニの卵を捕食できず,成虫まで発育できない。

実際,両種の雌成虫を5個体ずつ,エサが豊富にある飼育装置にいれ

ると，ケナガカブリダニの増殖は著しく抑制され，試験開始30日後には雌成虫がまったくいなくなってしまった（図4-19）。

❸ 3栄養段階における相互作用

キュウリ（*Cucumis sativus*）やピーマン（*Capsicum annuum*）にナミハダニが寄生すると，寄生された植物は揮発性の情報化学物質（アレロケミカル，allelochemical）を放出して，ハダニ類の天敵であるチリカブリダニ（*Phytoseiulus persimilis*）を誘引する。このように，生産者（第1栄養段階）－第一次消費者（第2栄養段階）－第二次消費者（第3栄養段階）のあいだには，天敵を誘引する揮発性物質を仲立ちにした典型的な3栄養段階相互作用系（3者系）(注18) が成立している（図4-20）。

ところがナミハダニと同じギルドに属しているミカンキイロアザミウマ（*Frankliniella occidentalis*）は，基本的には植食者であるが，ハダニやカブリダニの卵も捕食する。そのため，アザミウマがハダニやカブリダニと同時に発生すると，カブリダニの増殖が抑制されるので，ハダニを駆逐するまでの時間に影響する。

また，ハダニは，吐糸によってつくる巣網の張り方が寄生植物によって異なるため，キュウリに寄生した場合とピーマンに寄生した場合では，アザミウマによるカブリダニとハダニの卵の捕食効率がちがう。

ミカンキイロアザミウマの2齢幼虫は，キュウリの葉では24時間でナミハダニの卵を1.3～2.0個，チリカブリダニの卵を1.2～2.2個捕食する。また，ピーマンの葉ではそれぞれ1.6～3.2個と3.1～3.8個捕

図4-20　3栄養段階における相互作用
ミカンキイロアザミウマは一次消費者であるが，二次消費者であるチリカブリダニの卵も捕食する。矢印はエネルギー（消費）の流れを示す

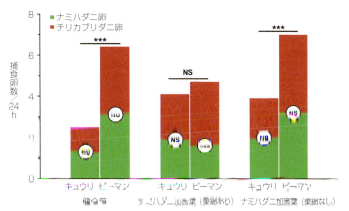

図4-21
キュウリとピーマンの葉の状態とミカンキイロアザミウマによるナミハダニとチリカブリダニの捕食卵数 (Magalhães et al, 2005より作図)
それぞれの葉に，ミカンキイロアザミウマの2齢幼虫1個体にナミハダニとチリカブリダニの卵を各12～25卵与え，24時間後にミカンキイロアザミウマが捕食した卵数
　NS：$P > 0.05$（有意差なし），***：$P < 0.05$（有意差あり）

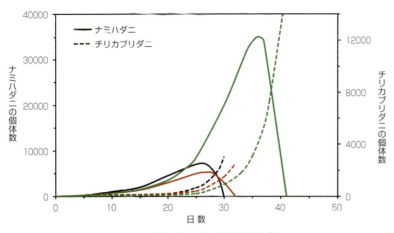

図4-22 ナミハダニとチリカブリダニの個体群動態モデル
(Montserrat, 2011を改変)
黒色はミカンキイロアザミウマがいない場合，赤色（キュウリ葉）と緑色（ピーマン葉）はミカンキイロアザミウマがいる場合

食する（図4-21）。ところが，ピーマンの加害葉でもハダニの巣網があると，アザミウマはハダニの卵を1.6個しか捕食しないが，巣網がないと3.2個捕食していて，明らかに差がみられた。しかし，カブリダニの卵は巣網のあるなしにかかわらず3.1～3.8個捕食されている。

このちがいは，表面がなめらかなピーマン葉では，ハダニの巣網が卵を保護する役割をはたすため，アザミウマによるハダニの卵の捕食量が少なくなった一方，吐糸しないカブリダニの卵がより多く捕食されたためである。このことは，ピーマン葉のハダニの巣網を除去すると，捕食されるハダニ卵が増えたことで確認されている。

なお，キュウリの葉裏にはさまざまな毛茸（もうじょう）があり，ハダニは毛茸をつなぐように巣網をつくるので，葉表面と巣網とのあいだに隙間ができる。そのため，アザミウマがハダニの卵を捕食しやすいので，捕食のされ方にピーマンのような差はでない。

このような，寄生植物によるハダニの巣網構造のちがいが，アザミウマによるハダニとカブリダニの捕食卵数に影響し，その結果，植食者であるハダニの増殖が左右されると考えられている。

図4-22には，上記の結果から予想したモデルを示した。ナミハダニとチリカブリダニだけの場合は，30日でナミハダニを駆逐できる。これにアザミウマを加えると，キュウリ葉ではアザミウマの捕食へのハダニの巣網の影響が少ないため，ハダニは32日で駆逐される。それに対して，ピーマン葉では，ハダニよりカブリダニの卵へのアザミウマの捕食圧が強いため，ハダニ個体数が急激に増え，カブリダニがハダニを防除するまで41日かかると予測されている。

この例でもわかるように，同一地域に生息する害虫を含む生物間の関係（構成種間の関係）とその仕組みや働き（群集構造）は，害虫防除の成否を左右するため，発生した害虫の特性と同一地域に生息している生物の相互関係を正確に把握しておく必要がある。

第5章 昆虫の生殖法と遺伝様式

1 昆虫の生殖法

1 昆虫の生殖法の種類

❶ 有性生殖と単為生殖

昆虫の生殖（reproduction）は一般に，卵と精子の受精により個体がつくられる有性生殖（sexual reproduction）による。一方，アミメアリ（*Pristomyrmex punctatus*）やネギアザミウマ（*Thrips tabaci*）の単為生殖系統のように単為生殖（parthenogenesis）で増殖するものや，ワモンゴキブリ（*Periplaneta americana*）のように状況に応じて有性生殖と単為生殖を切り替えるもの，アブラムシ類のように季節的に単為生殖と有性生殖とを切り替えるものなどもあり，その生殖方法はきわめて多様であるのみならず，たとえ同一種であっても系統により異なることすらしばしばである。

単為生殖は産出する性別によって，アミメアリやネギアザミウマの単為生殖系統などのように雌を生産する産雌単為生殖（thelytoky），ハチ目やコナジラミなどのように雄のみを生産する産雄単為生殖（arrhenotoky），およびアブラムシの秋期に発生する有性生殖世代生産雌などのように雌雄両方を生産する産雌雄単為生殖（deuterotoky）の3種類に分けられる（表5-1）。

❷ 特殊な生殖・増殖法

また，コナジラミ類の生物的防除に用いられるオンシツツヤコバチ（*Encarsia formosa*）などの寄生バチでは，細胞内共生微生物であるボルバキア（*Wolbachia*）やカルディニウム（*Cardinium*）の感染により未受精卵の核相（注1）が倍加するため，未交尾雌が雄と交尾することなく雌卵を産む。このように，共生細菌に操作されることにより有性生殖から単為生殖へ転換することもある。

一般的な生殖とは異なるが，寄生バチのなかには，1個の卵から発生の過程で複数の胚が生じ，それぞれが個体として発生する多胚生殖（polyembryony）をおこなう種もい

〈注1〉
核内の染色体の構成のこと。相同染色体が対をなし，染色体数が$2n$であらわされる場合は複相という。一方，減数分裂後の生殖細胞など，染色体数がnであらわされる場合は単相という。

表5-1 昆虫の単為生殖方法の種類

単為生殖方法の種類	昆虫の例
産雌単為生殖（thelytoky）	アミメアリ，オンシツツヤコバチ，ネギアザミウマ単為生殖系統，アブラムシ幹母，アブラムシ胎生雌，ナナフシモドキ
産雄単為生殖（arrhenotoky）	ハチ（アリを含む），コナジラミ，アザミウマ，ダニ類
産雌雄単為生殖（deuterotoky）	アブラムシ有性生殖世代生産雌

表5-2 昆虫の性決定の種類

性決定の種類	特徴	昆虫の例
XY型雄ヘテロ型 (雌:XX, 雄:XY)	X染色体がホモ型の場合に雌、X染色体とY染色体のヘテロ型の場合に雄となる	キイロショウジョウバエなど
XO型雄ヘテロ型 (雌:XX, 雄:XO)	Y染色体がなく、X染色体がホモ型の場合に雌、単独の場合に雄となる	バッタ目、トンボ目、アブラムシ類など
ZW型雌ヘテロ型 (雌:ZW, 雄:ZZ)	Z染色体とW染色体のヘテロ型の場合に雌、Z染色体がホモ型の場合に雄となる(XY染色体と区別するため、ZWの記号を使う)	カイコガなど多くのチョウ目
ZO型雌ヘテロ型 (雌:ZO, 雄:ZZ)	W染色体がなく、Z染色体が単独の場合に雌、ホモ型の場合に雄となる	トビケラ目、ミノガ類など一部のチョウ目

〈注2〉
ヘテロ型とは性染色体が異型である状態のことをさす。一方、ホモ型とは性染色体が同型である状態のことをさす。

〈注3〉
卵殻の表面にある精子が通るための孔のこと。

る。キンウワバ類のガに寄生するキンウワバトビコバチ(*Copidosoma floridanum*)は、ガの卵に産み付けられた1個の卵から、最終的には千個体以上のクローンハチ成虫が羽化する。

2 昆虫の性決定

性決定(sex determination)は昆虫の生殖法と密接に関係する。昆虫の性決定は個体が有する遺伝子により決定される。そのため、爬虫類のように温度などの外部環境により性が決定されたり、魚類のようにホルモンなどの内部環境により性が決定されたり性転換することはない。

性決定の種類は性染色体(sex chromosome)の組み合わせによって以下の4種類に分けられる。ショウジョウバエなどにみられるXY型雄ヘテロ型〈注2〉(雌:XX, 雄XY)、バッタ目やトンボ目、アブラムシ類などにみられるXO型雄ヘテロ型(雌:XX, 雄:XO)、カイコガ(*Bombyx mori*)などの多くのチョウ目にみられるZW型雌ヘテロ型(雌:ZW, 雄:ZZ)、およびトビケラ目やミノガ類など一部のチョウ目にみられるZO型雌ヘテロ型(雌:ZO, 雄:ZZ))である(表5-2)。

また、ハチ目やアザミウマ類、コナジラミ類、ダニ類などは性染色体が存在せず、二倍体が雌、半数体が雄となる半数倍数性決定(haplodiploidy)により性が決定される(詳しくは「産雄単為生殖」を参照のこと)。

3 有性生殖

すべての昆虫種は雌雄異体(gonochorism)であり、一部の植物のように自家受精することはできないため、有性生殖には雌雄による交尾(copulation, mating)が欠かせない。交尾により雌は精子を雄から受け取り、受精嚢(spermatheca)に蓄える。卵巣から排卵される際、受精嚢から精子が放出され、精子の進入口である卵門(micropyle)〈注3〉から精子が卵に進入することにより受精する。

なお昆虫以外では、フシダニ類やタカラダニ類、ササラダニ類といった一部のダニ類は交尾をおこなわず、雄が植物体上や地表面に置いた精包(spermatophore)を雌がひろい、体内に取り込んで受精嚢に蓄える。つまりこれらの種では、雄と雌とが直接遭遇しない状況でも、受精が成立する。

4 単為生殖の種類とメカニズム

単為生殖には前述のとおり、産雌単為生殖、産雄単為生殖、および産雌雄単為生殖の3種類がある。これらはいずれも単為生殖とはいえ、どの性を産むかでそのメカニズムはかなり異なる。

ヤマトシロアリの生殖システム

コラム1

　ヤマトシロアリは雌雄ともに二倍体の真社会性昆虫であるが，その生殖システムは驚くべき内容であった（図5-1）。創設女王と創設王は共同で巣を創設する。その際，ワーカー，兵アリ，および，のちに巣立つ次世代の繁殖虫である翅アリの生産は通常の有性生殖によりおこなう。しかし，創設王よりも寿命が短い創設女王は，のちに自分と置き換わり巣内で産卵を担う補充女王を単為生殖により生産する。補充女王も創設王と交尾し，ワーカーや兵アリ，および翅アリを有性生殖により，さらなる補充女王を単為生殖により生産する。この単為生殖は末端融合型オートミクシス（第二減数分裂により生じた卵と極体の融合による倍加）による。そのため，創設女王の遺伝子型を仮にABとすると，それぞれの補充女王はホモ接合型のAAまたはBBとなり，創設女王がもつゲノム情報の半分しかもたない。しかし，補充女王群全体では創設女王のゲノム情報のいずれも保持するため，結果として補充女王群全体は生産性を大幅に向上した創設女王の生まれかわりといえる。

　対照的に，王アリは補充されず，創設王がひたすら長生きすることで父性の維持をはかっている。

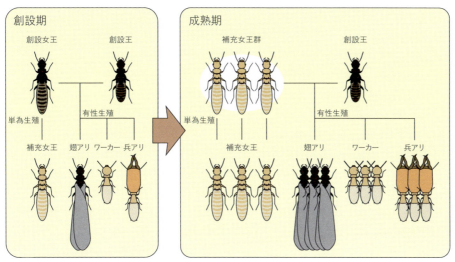

図5-1　ヤマトシロアリの生殖システム

❶産雌単為生殖

　産雌単為生殖（thelytoky）は，アポミクシス（apomixis）とオートミクシス（automixis）に分けられる。

　アポミクシスとは減数分裂を回避することで娘の遺伝子型が母親のものと同一（クローン）になる方法で，コカミアリの次世代女王生産（「clonal reproduction with androgenesis」を参照のこと）やナナフシムシの無性世代（「産雌雄単為生殖」を参照のこと）などで知られている。

　オートミクシスとは減数分裂するものの，なんらかの方法で核相を回復する方法で，ヤマトシロアリ（*Reticulitermes speratus*）の雌の補充女王生産（コラム1参照）やアミメアリなどで知られている。オートミクシスの核相回復方法は，減数分裂の後に染色体を倍加させる方法と，単相の核（卵核や極核）が融合することにより核相を回復する方法に分けられる。

❷産雄単為生殖

　アリを含むハチ目や，近年世界中で問題となっているコスモポリタン害

虫を数多く含むコナジラミ類，アザミウマ目，およびダニ類などは，受精卵からは二倍体である雌が，未受精卵からは半数体である雄が発生する半数倍数性であり，雄生産は産雄単為生殖（arrhenotoky）となる。そのため半数倍数性の場合，種によっては雄の生産において交尾を必要としない。しかし，二倍体である雌の生産には受精が欠かせないため，産雌単為生殖のように単為生殖のみで個体群を維持することはできない。

ところが，ハダニなど成虫寿命よりも卵から成虫になるまでの発育期間が短い種では，未交尾雌自身が生産した息子と交尾することで，娘となる受精卵を生産することも可能である。つまり，半数倍数性の害虫の未交尾雌がたった1個体農地に侵入したとしても，種によっては雌親と息子とが交尾をすることにより未交尾雌由来の個体群が発達し，被害が拡大することもおこりうる。

❸真社会性ハチ目における半数倍数性と clonal reproduction with androgenesis

世代の重複，共同育児，および不妊である労働カーストの存在という3つの要素を兼ねそろえた状態を真社会性という。ハチ目においてこの真社会性の発達が顕著なのは，ハチ目の性決定様式である半数倍数性により，血縁度（relatedness）（注4）が親子間よりも姉妹間のほうが高くなるためと考えられている。

〈注4〉
同じ遺伝子を由来とすることにより他個体と遺伝子を共有する確率。よく勘違いされるが，他個体との遺伝子や染色体の相同率ではない。

女王に含まれるある遺伝子に着目すると，半数倍数性の場合，娘（次世代女王もしくは働きバチ）もしくは息子とのあいだの血縁度は0.5である。一方，この娘に着目すると，ある娘と姉妹（次世代女王もしくは働きバチ）とのあいだの血縁度は，母親由来の（$0.5 \times 0.5 =$）0.25に，父親由来の（$0.5 \times 1 =$）0.5をあわせた0.75となる。つまり，メスからすれば，自分で血縁度が0.5の子を産むよりも，0.75の姉妹を育てるほうが効率がよいことになる。このように，他人の子を育てるという一見利他的にみえる行動が進化した理由も，血縁度の観点からみれば，遺伝子が利己的にふるまった結果とみなすことができる。このような適応度の考え方を包括的適応度（inclusive fitness）という。

コカミアリ（*Wasmannia auropunctata*）やウメマツアリ（*Vollenhovia emeryi*）といった数種のアリにおいて「童貞生殖を伴うクローン繁殖（clonal reproduction with androgenesis）」という，次世代生産において雌雄間で核ゲノムを交換しない生殖システムをもつものが報告されている（図5-2）。この繁殖システムでは，ワーカー（働きアリ）生産においては通常の有性生殖でおこなうが，次世代女王生産は産雌単為生殖で，次世代雄生産は受精卵の女王由来の核ゲノム消失による雄のクローン生殖によりおこなう。これは言い換えれば，遺伝的交流がないという意味では繁殖活動をおこなう雌と雄とが別種ともいえることになり，ハチ目にみられる真社会性の理解において重要な現象として注目されている。

❹ 産雌雄単為生殖

産雌雄単為生殖（deuterotoky）をおこなうものに，アブラムシ類の有性世代産出雌があげられる。アブラムシ類は，春から夏にかけて胎生雌とよばれる雌親が，産雌単為生殖により卵ではなく雌若虫を産む（無性生殖）。一方，秋に出現する有性世代産出雌は，雄および交尾を受け入れる産卵雌を産む。雄と交尾した産卵雌は，若虫ではなく受精卵を産む（有性生殖）。この受精卵が冬を越し，翌年の春に孵化して幹母（fundatrix）となる（図5-3）。このように，単為生殖のあいだに有性生殖を挟む世代交代を周期性単為生殖（heterogony）という。

アブラムシの単為生殖は減数分裂が回避されるアポミクシスによるため，子は親のクローンとなる。ただし，有性世代産出雌による雄生産においては，胚子発生のなかでXXである性染色体の片方が消失し，性染色体がヘミ型（XO）になるため，母親と息子の遺伝子型は異なる。また，雄が生産する配偶子のうち性染色体が欠失したものは消失するため，精子に必ずX染色体が含まれる。その結果，受精卵の性染色体はホモ型（XX）となり，雌しか生じない（図5-3）。

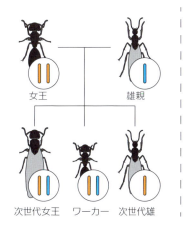
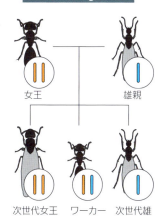

図5-2 ハチ目における半数倍数性（左）とclonal reproduction with androgenesis（右）の比較
オレンジ色のバーは女王由来の，水色のバーは雄親由来の核ゲノムをあらわしている

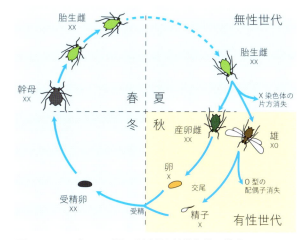

図5-3 アブラムシ類の生活環と性染色体の構成

2 昆虫の遺伝

昆虫の遺伝に関する研究は，とりわりキイロショウジョウバエ（*Drosophila melanogaster*）やカイコを材料として発展した。モーガン（T. H. Morgan）が20世紀初頭にキイロショウジョウバエにおいて変異体である白眼形質を発見し，マラー（H. J. Muller）がX線照射によりキイロショウジョウバエの人為変異（artificial mutation）を誘発できることを発見して以降，数多くの変異体（mutant）が作成された。そしてその変異体を用いて三点交雑（注5）の結果にもとづき遺伝子地図（gene map）がつくられた。現在では白眼といった個体の形質発現をともなう形質マーカーだけではなく，固有の塩基配列そのものを利用したDNAマーカーも使用されることで，より精度の高いマッピングがおこなわれている。

〈注5〉
互いに連鎖している（同じ染色体上にある）異なる3つの遺伝子の形質がわかる場合，検定交雑によりそれぞれの組み替え価を求めることにより，これら3つの遺伝子の相対的な位置関係と遺伝子間の距離を求める方法。

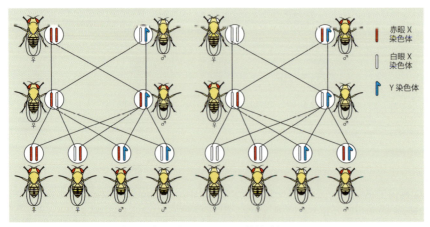

図5-4 キイロショウジョウバエの白眼にみられる伴性遺伝
白眼の由来が雄（左）か雌（右）かで，その子孫の白眼発現パタンや遺伝子型パタンが異なる

1 伴性遺伝

性染色体には，性決定に関する遺伝子のほかにも多くの遺伝子を含んでいる。それらの遺伝子は性決定遺伝子と連鎖しているため，性別と強い関係をもって遺伝する。このような遺伝形式のことを伴性遺伝（sex-linked inheritance）という。

キイロショウジョウバエの眼の色をつかさどる遺伝子はX染色体上にある。野生型（赤眼）〈注6〉は変異型（白眼）に対して顕性（優性）〈注7〉であるため，雌では変異型のX染色体がホモ型になる場合のみ白眼が発現する。しかし，雄はX染色体をひとつしかもたないため，変異型のX染色体をもつと必ず白眼が発現する（図5-4）。

キイロショウジョウバエにおける白眼の遺伝形式の解明は，遺伝学においてひときわ重要な意味をもっている。染色体が遺伝子の担体〈注8〉であるというサットン（W. S. Sutton）の染色体説は，20世紀初頭の当時はまだ仮説にすぎなかったが，モーガンによるこのキイロショウジョウバエの眼の色とX染色体数との関係の解明により実証されたからである。

2 遺伝子組み換え昆虫

現在では遺伝地図作成だけでなく，ゲノムの特定の部位をねらって外来遺伝子を挿入することにより，遺伝子組み換え昆虫（transgenic insect）もつくり出されている。遺伝子組み換えカイコは有用物質生産や機能性繊維の開発の観点から研究がすすめられている。有用物質生産においては，ヒトフィブリノゲン〈注9〉などの生産に成功している。また機能性繊維の開発においては，緑色蛍光タンパク質や赤色蛍光タンパク質をつくる遺伝子の導入により，蛍光シルクを生産する系統が作出されている。

ほかにも，マラリアを媒介するガンビアハマダラカ（*Anopheles gambiae*）の遺伝子を組み換えることにより，遺伝子ドライブ（gene drive）（コラム2参照）というメカニズムで個体群を絶滅させる技術も開発されている。この技術の開発にも用いられているCRISPR-Cas9〈注10〉の発見により，高い精度で遺伝子の編集が可能になったため，今後ますます昆虫の遺伝子組み換えに関する研究開発が加速するものと考えられている。

〈注6〉
最も一般的にみられる表現型をもつ系統や個体のこと。

〈注7〉
優性，劣性という表現は遺伝に優劣があるような誤解を生むとして，2017年9月の日本遺伝学会において，優性を顕性，劣性を潜性と表現することに変更された。本書でもそれにならって表記している（一部併記もある）。

〈注8〉
輸送体のこと。ここでは，染色体が遺伝子の輸送体であるという意味で使われている。

〈注9〉
ヒトの肝臓で産生される血液凝固因子。

〈注10〉
細菌や古細菌において発見された，適応免疫システムをもとに開発された遺伝子編集技術。きわめて簡単かつ正確に遺伝子を編集できる。

遺伝子ドライブを利用したガンビアハマダラカ絶滅技術　コラム2

　遺伝子ドライブとは，有性生殖プロセスにおいて該当遺伝子が対立遺伝子よりも高い確率で遺伝するメカニズムの総称である。該当遺伝子が個体の適応度を減少させる場合（通常，このような遺伝形質は個体群内から排除される）でも，遺伝子ドライブがはたらくことにより該当遺伝子が個体群内に拡散する場合がある（図5-5）。

　ガンビアハマダラカで用いられている遺伝子ドライブ応用技術は，2種類の遺伝子（CRISPER-Cas9遺伝子，および改変型doublesex遺伝子）からなる。改変型doublesex遺伝子は雄個体の形質に影響しないが，この遺伝子をホモ結合体としてもつ雌個体は雌雄両方の形質を示して不妊となる。また，導入されたCRISPER-Cas9遺伝子は，発現することによりCRISPER-Cas9遺伝子自身および改変型doublesex遺伝子を野生型遺伝子に導入する。

　つまり，これらの遺伝子のホモ接合体個体のみならず，元々野生型の遺伝子をもっていたヘテロ接合体個体すらもCRISPR-Cas9遺伝子の発現により野生型遺伝子から導入遺伝子へと書き換えられホモ接合体個体となるため，雌は不妊化し，雄は導入されたCRISPR-Cas9遺伝子および改変型doublesex遺伝子をもつ配偶子しか生産できない（これが遺伝子ドライブとして機能する）。

　これらのメカニズムにより，世代を重ねるごとに導入遺伝子が個体群全体に急速に拡散し，かつ個体群規模は縮小するため，結果として個体群は絶滅する。

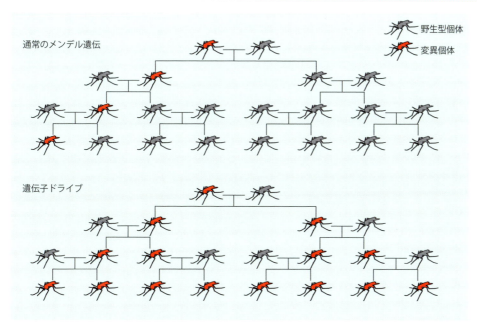

図5-5　遺伝子ドライブの概念図（Esvelt et al., 2014を改変）
通常のメンデル遺伝では変異個体の割合は増えにくいが，遺伝子ドライブがはたらく場合は速やかに個体群内に広がる。

3 薬剤抵抗性と抵抗性発達のメカニズム

1 薬剤抵抗性

　薬剤抵抗性（pesticide resistance）とは，ある害虫にとって当初密度抑制効果があったにもかかわらず，使用を重ねるうちに密度抑制効果が低下し，防除効果が失われる状況になることである。いったん薬剤抵抗性が発達した場合，抵抗性遺伝子の排除は実質不可能であるため，引き続き化学農薬により薬剤抵抗性を獲得した害虫の管理をおこなうためには，異なる作用機構の殺虫剤を使用するしか方法はない。

ところが，昨今の新規殺虫剤開発には膨大な費用と時間が必要であるため，新規薬剤の供給スピードは低下しつつあるにもかかわらず，せっかく開発に成功し登録の後に上市しても，わずか数年で薬剤抵抗性が発達してしまうこともしばしばである。そうした事情もあり，根本的な解決方法ではないものの，薬剤抵抗性発達をできるだけ遅らせることにより，現在使用できる限られた農薬の効果を可能なかぎり延命する対応が求められている。

2 薬剤抵抗性発達のメカニズムと遺伝様式

薬剤抵抗性の発達するメカニズムは，次のように考えられている。ある薬剤に対し抵抗性をもつ遺伝形質がすでに害虫個体群のなかに存在した状況において，その薬剤の適用によりその遺伝形質の選抜がかかった結果，害虫個体群において薬剤抵抗性を示す個体の割合が高まるというものである（図5-6）。つまり，薬剤の適用という選択圧(注11)により，遺伝子プールにおける害虫の特定の遺伝子頻度が大きく変動するという意味では，抵抗性発達は生物の小進化そのものである。

同じ選択圧をかける回数を重ねるほど，つまり同じ薬剤による防除をすればするほど，その薬剤抵抗性形質を有する遺伝子の適応度を高めてしまうため，皮肉にもむしろ薬剤抵抗性の発達を速めてしまう。また同様の理由で，コナガやハダニ類のように，短期間に世代を多く繰り返す害虫の抵抗性発達は著しく速い。

この薬剤抵抗性発達のメカニズムは，抵抗性遺伝子が薬剤適用前から集団内に存在する前適応（preadaptation）(注12)を想定しているが，抵抗性遺伝子の初期頻度はきわめて低く，10^{-2}から10^{-13}程度とされる。仮に，両性二倍体の害虫において常染色体(注13)上に1遺伝子座支配の抵抗性遺伝子が存在し，潜性（劣性）の感受性遺伝子Sと顕性の抵抗性遺伝子Rの分離比が前述の最高頻度である99：1であるとする（$10^{-2}=1\%$）。この場合，感受性個体と抵抗性個体の比は$99 \times 99:(2 \times 99 \times 1 + 1 \times 1)$＝9,801：199となり，わずか2％程度しか表現型として現れない（図5-7（B））。ましてや，抵抗性遺伝子が潜性であるならば，その感受性個体と抵抗性個体の比は9999：1となり，これはわずか0.01％にすぎない（図

〈注11〉
集団中の遺伝子頻度に変化をもたらす，形質にかかる環境の影響力のこと。淘汰圧ともいう。

〈注12〉
選択圧となる現象を経験する以前から，その現象に対して耐性を示す形質を有すること。

〈注13〉
性染色体以外の染色体のこと。

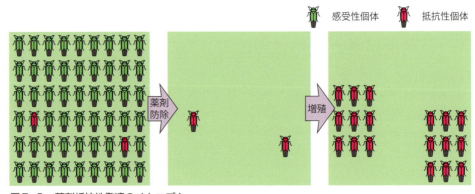

図5-6 薬剤抵抗性発達のメカニズム

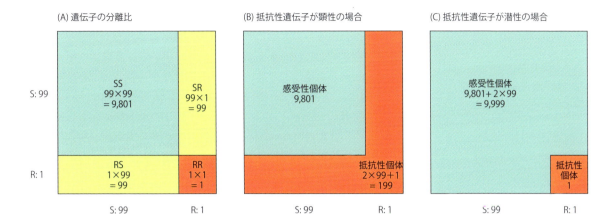

図5-7 抵抗性遺伝子頻度が10^{-2}の場合の抵抗性遺伝子の分離比と感受性・抵抗性の個体数比

5-7 (C))。現実にはこれよりもはるかに低頻度であることから、薬剤を適用する前に抵抗性遺伝子が害虫個体群にどれくらい存在するかは非常に重要な情報であるにもかかわらず、それを事前に確認することはきわめて難しい。

薬剤施用を中止すると、場合によっては集団内における薬剤抵抗性の遺伝子頻度が低下することがある。このことは、薬剤による選択圧がない場合、該当する薬剤抵抗性遺伝子を保有する個体に対し何かしら負の選択圧がかかり、適応度が低下していることを示唆している。つまり、薬剤抵抗性と何かしらの表現型とのあいだにトレードオフが存在する場合には、発達した薬剤抵抗性の遺伝子頻度を低下させる方法が存在する。

3 薬剤濃度と抵抗性遺伝子の顕性度

薬剤抵抗性に関与する遺伝子座の数や、それらの顕性度(優性度)などといった薬剤抵抗性の遺伝様式は、抵抗性発達を管理するうえできわめて重要な情報である。こうした情報は、抵抗性系統と感受性系統との交雑実験により確認される。ここでは、カンザワハダニ(*Tetranychus kanzawai*)における殺ダニ剤フェンピロキシメート抵抗性の遺伝様式の例(図5-8)を用いて、その方法を説明する。

まず、抵抗性ホモ接合体と感受性ホモ接合体それぞれのLC_{50}値(注14)は、それぞれ3,500 mg/Lと3 mg/Lであり、抵抗性ホモ接合体は感受性ホモ接合体よりも1,000倍以上の濃度でないと効果がみられないことがわかる。また、抵抗性と感受性の交雑個体であるヘテロ接合体(図中F_1の$S♀×R♂$、および$R♀×S♂$)のLC_{50}値の対数値が、抵抗性ホモ接合体および感受性ホモ接合体のものの中間にあるため、この場合不完全顕性(不完全優性)と判断され

〈注14〉
半数致死濃度(lethal concentration, 50%)の略で、投与した個体の50%が死亡する薬剤濃度のこと。

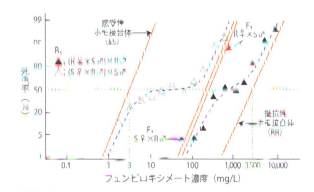

図5-8
カンザワハダニのフェンピロキシメート抵抗性の遺伝様式
(Goka 1998を改変)

る。ちなみに，F_1の値が抵抗性ホモ接合体のものと同じ場合は完全顕性，感受性ホモ接合体のものと同じ場合は完全潜性となる。

遺伝子座数の推定には，戻し交雑（注15）を用いる。1遺伝子座支配であるならば，戻し交雑による遺伝子型の分離比はホモ接合体：ヘテロ接合体＝1：1となるため，戻し交雑により得られるB_1個体の死虫率の期待値は（ホモ接合体の死虫率）×1／2＋（ヘテロ接合体の死虫率）×1／2により求められる。図5-8の場合，B_1の死虫率の実測値（▲もしくは△）と，1遺伝子座を仮定した期待値（青色の破線）とのあいだに有意な差がないため，この薬剤抵抗性は1遺伝子座支配であることがわかる。2遺伝子座以上の場合は分離比が1遺伝子座のものと異なることで判明するが，そのパタンは遺伝子座の連鎖状況や発現形質の内容などにより様々である。

〈注15〉
交雑個体の配偶相手に親系統と同じ遺伝子型の個体を用いること。

4 ┃ 機能的顕性と機能的潜性

薬剤抵抗性遺伝子が不完全顕性の場合，実際の野外では施用される薬剤濃度によって顕性度の意味が次のように変化する。

実用薬剤施用濃度が抵抗性ホモ接合体には影響がないが，ヘテロ接合体すべてを防除できる濃度である場合，抵抗性遺伝子は機能的潜性（functional recessive）となる（図5-9）。なぜなら，実用濃度においてこの抵抗性遺伝子がホモ接合体でなければ生存できず，ヘテロ接合体にとって抵抗性としては発現したことにならないからである。

逆に，実用薬剤施用濃度が感受性個体すべてを防除できるが，ヘテロ接合体にとって影響がない濃度である場合，抵抗性遺伝子は機能的顕性（functional dominance）となる（図5-9）。なぜなら，ヘテロ接合体であってもすべて生存できるという意味では，実用濃度においてこの抵抗性遺伝子は完全顕性とみなすことができるからである。

5 ┃ 高薬量／保護区戦略

薬剤抵抗性の発達を遅らせる方法として理論的に構築され成功をおさめた方法に，高薬量／保護区戦略（high-dose/refuge strategy）がある。そのメカニズムは次の通りである（図5-10）。

1．薬剤抵抗性が発達する前段階において，元々存在する害虫の抵抗性遺伝子（R）の頻度がきわめて低く，かつヘテロ接合体（RS）が不完全顕性であることを前提とする。

2．防除区において，薬剤を機能的潜性濃度（高薬量）で適用することにより，抵抗性遺伝子のヘテロ接合体（RS）を極力排除し，防除後に生存できる対象害虫の密度を可能なかぎり減少させる。

3．一方，防除区の抵抗性ホモ接合体（RR）同士が交尾することを防ぐため，防除区の近傍

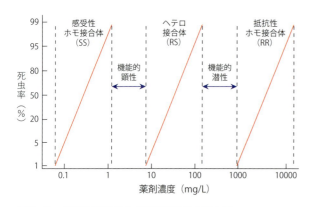

図5-9 機能的顕性および機能的潜性の概念図

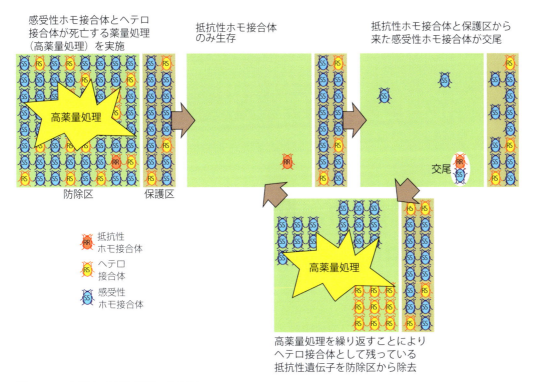

図5-10 高薬量／保護区戦略の概念図

に感受性ホモ接合体（SS）の供給源となる保護区を用意する。

4．高薬量施用後，防除区に残存する抵抗性ホモ接合体（RR）が保護区の感受性ホモ接合体（SS）と交尾することにより，防除区における次世代のほとんどはヘテロ接合体（RS）となる。

5．再度，薬剤を機能的潜性濃度で適用することにより，ヘテロ接合体（RS）として残っている薬剤抵抗性遺伝子を排除する。

以上を端的に説明すると，薬剤を機能的潜性濃度で適用することにより，薬剤抵抗性のヘテロ接合体（RS）を極力排除することで，集団内における薬剤抵抗性遺伝子の増加を抑制する方法ということになる。

高薬量／保護区戦略の実際の運用としては，ヨーロッパアワノメイガ（*Ostrinia nubilalis*）の抵抗性発達の抑制を目的とした，Bt 毒素の遺伝子が導入された組み換えトウモロコシの使用がある。この場合，Bt 毒素遺伝子を導入していないトウモロコシ区を保護区に用いる。

なお，十分な保護区を設定できない場合や，薬剤抵抗性遺伝子が完全顕性の場合は，高薬量／保護区戦略は有効な方法ではない。また，機能的潜性濃度が実用濃度としては高すぎる場合も適用が難しい。仮に高薬量で施用できたとしても，散布むらがあることで効果が薄れることも考えられる。天敵利用や環境負荷低減などといったことも考慮する必要があるため，実際に高薬量／保護区戦略を適用できる状況は現在のところ限られている。

3　薬剤抵抗性と抵抗性発達のメカニズム

第6章 害虫の防除と総合的管理

第6章 I 害虫の被害と診断，防除

1 植物被害とその原因

　田畑や果樹園，林地で栽培されている農林作物，公園，庭園，道路わきなどに植栽される緑化植物，園芸店やホームセンターなどで販売されている園芸植物，室内空間（アトリウム）に植栽されている観賞用植物など，その生育（成長）過程や維持管理のなかで，さまざまな原因によって被害や障害を受けることがある。それは一過性の場合もあるが，そのまま放置するとさらに拡大あるいは進行して激甚化し，ときには経済的に大きな損害をまねくこともある。

　被害や障害を引き起こす原因は，病気や害虫などの生物的要因，温度や降雨，強風などの非生物的要因，施肥や農薬散布などの人為的要因の3つに大別できる。このうち，生物的要因によるものは進行性であり，ときには急激に拡大したり激甚化するため，原因を早急に明らかにし，防除対策をしなければならない。

　生物的要因による植物の被害は，変色（黄化，褐変，黒変など），斑紋，斑点，枯死（葉枯れ，枝枯れ，株枯れ），腐敗，生育不良，萎縮（出すくみ），萎凋（しおれ），欠損，欠落（落葉，落花），奇形（瘤，毛氈（注1），捲葉，ゆがみ，へこみ，肥大，帯化（注2）など），穿孔，潜行，汚損などさまざまである。

〈注1〉
植物の表皮の個々の細胞が異常に伸長しビロード状になる奇形で，ビロード病ともよばれる。

〈注2〉
植物の茎や根が帯のように扁平になる奇形。

〈注3〉
多くの植物に寄生して病気（イネの黄萎病，ミツバのてんぐ巣病）を発生させる特殊な微小細菌。細胞壁がなく，人工培地では培養できない。以前はマイコプラズマ様微生物とよばれたが，ちがう性質をもつことが明らかにされ，現在では区別されている。

2 害虫による植物の被害

　害虫による植物の被害には，直接的なものと間接的なものがある。直接的なものには，害虫の摂食や産卵，営巣による被害があり，間接的なものには，害虫が媒介する細菌やファイトプラズマ（注3），ウイルスによる被害がある。

1 害虫の摂食による被害
❶害虫の口器
　害虫の摂食による被害は，口器の形態や摂食習性によってさまざまな

症状を示す。害虫の口器は大きく分けて咀嚼式口器（biting and chewing type mouth）と吸収式口器（piercing and sucking type mouth）があり、両者を兼ね備えているもの（咀舐式口器，chewing and lapping type mouth）もある。

そのほか、ハエの成虫のようにスポンジ状（sponging type mouth）や、チョウやガの成虫のようにストロー状（siphoning type mouth）に変化しているものもある。さらに、チョウ目昆虫のように、成虫（吸収式口器）と幼虫（咀嚼式口器）で口器の形態が著しくちがう種もある。

なお、口器については第2章参照のこと。

❷ 口器のちがいと植物の被害

咀嚼式口器をもつ害虫は、バッタ目の成・幼虫、チョウ目の幼虫、甲虫目やハチ目の一部の成虫や幼虫などである。これらの害虫に加害されると、欠損、潜行、噛み傷、枯死などの被害になる（図6-Ⅰ-1）。

口器が同じでも害虫の発育段階、摂食習性（活動）、植物の加害部位などによって被害がちがう場合もある。発育段階で被害がちがう例にチャドクガ（*Arna pseudoconspersa*）の幼虫による被害がある。孵化後まもないチャドクガの幼虫は、集合して葉の裏面から葉肉部を摂食して、葉肉部だけが欠損し表皮が残る（図6-Ⅰ-2左）。しかし、発育段階がすすむと集団で葉の縁から食害するため、図6-Ⅰ-2右のような被害になる。

カメムシ目の害虫は、成虫も若虫もすべて吸収式口器をもっていて、植物が加害されると萎凋、萎縮、穿孔、かすり症状、奇形、捲葉、変色、枯死などのさまざまな被害になる（図6-Ⅰ-3）。しかし、咀嚼式口器の害虫のような欠損被害はない。

❸ 摂食習性による被害症状

害虫の独特な摂食習性によって、特徴的な被害症状になることもある。

たとえば、ウリ類の葉を加害するウリハムシ（*Aulacophora femoralis*）の成虫は、リング状に摂食するため、図6-Ⅰ-4左のような被害になる。ま

図6-Ⅰ-1 咀嚼式口器をもつ昆虫による植物被害
左：欠損，カブラハバチ幼虫（*Athalia rosae ruficornis*）（ハチ目）によるコマツナ葉の被害
右：潜行，ナモグリバエ幼虫（*Chromatomyia horticola*）（ハエ目）によるエンドウ葉の被害

図6-Ⅰ-2 チャドクガによるツバキ（左）およびサザンカ（右）葉の被害
左：若齢幼虫による被害，葉肉部だけ欠損し表皮が残る
右：中齢～終齢幼虫による被害

2　害虫による植物の被害　91

た，サビヒョウタンゾウムシ（*Scepticus griseus*）は夜間に閉じているラッカセイの葉の両縁を同時に摂食するため，葉の主脈を軸にして左右対称に同様の被害がでる（図6-Ⅰ-4中）。ニジュウヤホシテントウ（*Henosepilachna vigintioctopunctata*）は成虫，幼虫ともに，ナスの葉の裏を葉脈だけを残して摂食するので，波状の被害になる（図6-Ⅰ-4右）。

こうした害虫特有の摂食行動は，種特有の被害症状になるため，後述する診断の指標になる。

2 害虫の産卵による植物の被害

害虫のなかには，植物の組織や細胞を産卵場所として利用しているものもいる。このため，産卵によって植物が損傷したり，場合によっては産卵部位の植物細胞が異常に肥大したり，増殖して奇形になることもある。

ナモグリバエ（*Chromatomyia*

図6-Ⅰ-3　吸収式口器をもつ昆虫による植物被害
アブラムシの寄生による萎凋症状（上段左），フシダニの寄生によるハイネズの出すくみ症状（上段右），プラタナスグンバイの吸汁によるかすり被害（中段左），イスノキアブラムシの寄生によるイスノキ葉の虫瘤被害（中段右），カキクダアザミウマによるカキの葉巻き被害（下段左），オンシツケナガコナダニによるコチョウラン蕾の黄化被害（下段右），

図6-Ⅰ-4　咀嚼性害虫の特徴的な摂食習性による被害
ウリハムシによるカボチャ葉の被害（左），サビヒョウタンゾウムシによるラッカセイ葉の被害（中），ニジュウヤホシテントウによるナス葉の被害（右）

horticora) の雌は，腹部の末端をアブラナ科植物の葉の組織内に挿入して産卵するため，そこが白色の点として被害が残る（図6-Ⅰ-5左）。キクスイカミキリ（*Phytoecia rufiventris*）などでは，産卵部位の上方がしおれる（図6-Ⅰ-5右）。また，ヒラズハナアザミウマ（*Frankliniella intonsa*）やミカンキイロアザミウマ（*Frankliniella occidentalis*）がトマトの果実に産卵すると，その部分が白くふくれた症状（白ぶくれ症）になる。

図6-Ⅰ-5　昆虫の産卵による植物被害
ナモグリバエの産卵痕（左）とキクスイカミキリの産卵によるキクのしおれ（右）

3 害虫の排泄などによる植物の被害

昆虫は植物上にいろいろな形状の糞を排泄する。咀嚼性の昆虫は固形の糞を排泄する。吸汁性のアブラムシ類，コナジラミ類，カイガラムシ類，グンバイムシ類などのカメムシ目の昆虫や，アザミウマ類は液状または半液状の糞（注4）を排泄する（図6-Ⅰ-6左，中）。

そのため，これらの昆虫の寄生部位より下にある植物の表面に排泄物が

〈注4〉
この液体を甘露という。甘露は糖分を多く含んでおり，これに誘引されてさまざまな昆虫が集まってくる。その代表がアブラムシとアリの共生で，アリはアブラムシから甘露を得るとともにアブラムシを天敵から防衛している。

図6-Ⅰ-6　昆虫の排泄による植物被害
アブラムシの排泄物によるウメ葉の汚損（左），プラタナスグンバイの排泄物によるプラタナス葉の被害（中），ヒイラギに寄生したカイガラムシの排泄物に発生したすす病（右）

付着し，みばえが悪くなる。また，甘味を帯びた排泄物にすす病が発生する（図6-Ⅰ-6右）ため，葉や果実が黒く汚らしくなり品質低下の原因になる。

排泄物の形状は加害種やそのグループ独特の被害症状になることが多いので，加害種やグループを特定する指標にもなる。

また，摂食行動にともなう被害ではないが，吐糸行動によっ

図6-Ⅰ-7　昆虫の営巣による植物被害
リンゴハマキクロバ（*Illiberis pruni*）の吐糸によるナシの葉巻き被害（上），チャハマキ（*Homona magnanima*）の営巣によるイヌマキの被害（右）

て葉を綴ったり，巻いたり（葉巻き）して加害する害虫もいる（図6-Ⅰ-7）。

4 害虫による間接被害

昆虫や植物寄生性ダニ類のなかには，植物ウイルスやファイトプラズマ，細菌を媒介するものがいる。植物ウイルスを媒介するのは，アブラムシ類，ウンカ・ヨコバイ類，コナジラミ類，カイガラムシ類，キジラミ類などのカメムシ目やアザミウマ目の昆虫類の一部，ヒメハダニ類やフシダニ類などの一部のダニ類が知られている。

ファイトプラズマを媒介するものには，ヨコバイ類がいる。

細菌は植物の気孔や水孔などの開口部や外部から受けた傷口から侵入するため，昆虫による摂食傷や産卵傷は細菌の侵入を助長する可能性がある。

3 病害虫診断

1 診断の目的と意義

病気や害虫によって引き起こされる植物被害は進行性である。株の一部から株全体へ，一部の株から圃場全体へと進行・拡大して，ときには大きな損害をもたらすため，早期発見，早期原因究明，早期対策が求められる。そのためには診断が不可欠で，病害虫診断（pest diagnosis）にあたっては迅速性と正確性が要求される。診断の結果，原因が特定されれば防除対策がおこなえるので，診断は防除の第一歩といえる。

害虫による被害は，被害部位に加害種がいればその場で原因がわかるが，病気や微小害虫の場合は原因が肉眼で確認できないことが多い。このときは，被害症状やその他の情報（作物種，発症部位，症状，残された排泄物や脱皮殻の形状など）を調べることによって，科学的に原因を絞り込んでいかなければならない。診断によって原因が特定できれば，各種の防除技術のなかから有効な方法を選択して対応すればよい。

診断によって，①的確な防除が可能となり被害を最小限におさえることができる，②むだな防除がなくなり経営の安定化につながる，③原因が明らかになるので依頼者に安心感をあたえることができる，ことが可能になる。

2 診察の方法とポイント

人間の医療でも同じだが，診察は，治療にとってとても重要な作業である。それは，診断に必要な情報（事実）を収集する過程だからである。

診察は，目視による観察が基本である。さらに，栽培暦，施肥，農薬散布暦，圃場内での被害作物の発生場所，被害の進行状態など，被害植物の観察からは得られないが，診断にとって必要な背景などを聞く（問診）ことも欠かせない。観察は，被害症状はもちろん，被害部位に昆虫の痕跡（排泄物や脱皮殻など）があるかどうか，株のどの部位に被害が発生しているか，圃場のどの場所に被害株が多くみられるかなども，詳細におこなわなければならない。

害虫種の同定が必要であれば，標本をつくり顕微鏡でより詳細に形態を観察する必要がある。微小害虫には形態がよくにているものも多く，外見で種を判別できないこともある。

なお現在では，分子生物学の進歩によって，遺伝子情報から診断・同定することも可能になっている。害虫の脱皮殻や糞などから遺伝子が抽出されれば，遺伝子診断が可能になる。したがって，被害部位に加害種がいなくても特定することが可能である。

外見だけでわからないときは，さらに詳しい検査をすることになる。検査は，病害虫に応じていろいろな方法が考案されている。

検査結果や診察結果がでると，それと過去の症例や経験，病害虫についての知識によって原因を絞り込んでいく。原因が特定できれば，登録農薬情報や防除技術情報など，治療に必要な情報にもとづいて農薬や防除法を処方することになる。

以上のように，防除は，診断のための有益な事実がどれだけ多く得られるか，そして診断者が診断に必要な知識や経験をどれだけ多くもっているかによって大きく影響される。診断は防除の第1歩といわれるゆえんである。

診断を依頼された場合は，診断結果がでたら依頼者に処方箋をだすことになる。その場合，依頼者はそれぞれ防除の考え方（たとえば，無農薬栽培，減農薬栽培など）がちがうので，依頼者の考え方にたって処方することが望ましい。そして，なによりも依頼者の不安を解消することが重要である。

4 防除方法

1 わが国の防除の変遷

江戸時代

人間が農耕を営むようになってから，害虫と人間の戦いがはじまったとされているが，江戸時代にはまだ近代的な害虫防除法が確立されていなか

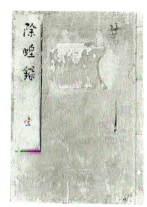

図6-Ⅰ-8
江戸時代に実施された害虫防除
害虫防除法をまとめた農書『除蝗録』大蔵永常著の表紙と本文
（『日本農業全集』第15巻, 農文協刊より）

4 防除方法 95

〈注5〉
虫送りなどともいい，害虫の被害から農作物を防ぎ豊作を祈願する行事や祭礼として，現在もおこなわれている地域がある。

〈注6〉
現在の福岡県北部。

〈注7〉
筑後国二川村（現在の福岡県筑後市江口）の益田素平によって考案された防除法。田植え時期をずらして，サンカメイガが羽化し産卵する5月中下旬にイネをなくして発生を抑制する方法。

〈注8〉
ニカメイガの卵に寄生する寄生蜂の利用の研究。

〈注9〉
昆虫（害虫）の光に集まる性質（正の走光性）を利用して誘殺する方法。昆虫が強く反応する短波長（300〜400nm）を出す青色蛍光灯で害虫を誘い寄せ，その下においた石油などを加えた水を入れた水盤に落として防除する。

〈注10〉
空襲の目印にされるのを防ぐため。

〈注11〉
benzene hexachloride, （ベンゼンヘキサクロリド）の略で，有機塩素系の殺虫剤。強力，安価で多くの害虫に有効だったので，広く用いられた。しかし残留毒性が強く，日本では1971年に使用禁止になった。

った。そんななかで，松明をかざして害虫を追いはらって被害を防ぐ（虫追い〈注5〉，図6-Ⅰ-8下左）ことが，全国的におこなわれていた。また，1670（寛文10）年に筑前国遠賀郡〈注6〉の入江吉右衛門によって，鯨油を水田の田面に散布し，イネの害虫をたたき落として殺す防除法が考案された。しかし，当時は普及しなかった。

その後，1732（享保17）年の夏に，西日本の各地で大発生したウンカの被害で，翌1733年に食料不足がおこり100万人も餓死者がでた（享保の飢饉）。1826年には大蔵永常が『除蝗録』のなかで鯨油駆除法によるウンカ，ヨコバイの防除法を著した（図6-Ⅰ-8左）。これによって鯨油駆除法は，全国に普及した。しかし，ウンカの大発生はその後もつづき，1897（明治30）年には享保の飢饉に次ぐ大発生となった。

❷明治から第二次世界大戦中

明治になってからは，イネの播種と移植時期をずらしてサンカメイガ（Scirpophaga incertulas）の産卵を回避する遁作法〈注7〉，刈り株の掘り取りや除去による越冬虫の密度の低減，イネのニカメイガ（Chilo suppressalis）に対する天敵の利用研究〈注8〉，なども試みられた。

さらに，1925（大正14）年ごろには青色蛍光誘蛾灯〈注9〉の開発・設置による成虫密度の低減がおこわれるようになり，1942（昭和17）年には設置数は全国で34万カ所になった。しかし，青色蛍光誘蛾灯による害虫防除は，第二次世界大戦の戦局が悪化するにつれて防衛上の理由〈注10〉から実施されなくなった。

❸第二次世界大戦後から1960年代

戦争が終結すると日本は深刻な食料不足になり，国策として食糧増産が急務になった。そこで，衛生害虫の防除に使われていたＢＨＣ〈注11〉や

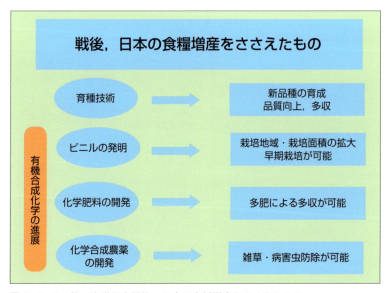

図6-Ⅰ-9　第二次世界大戦後，日本の食料増産をささえたもの

DDT（注12）の農業害虫防除への利用の研究がおこなわれ，イネの害虫防除剤として利用されるようになった。

その後，有機合成化学のめざましい進歩により，有機リン系のパラチオン剤（注13）が発明され，これまで防除が困難であったイネのニカメイチュウの防除が可能になった。その後，つぎつぎと新規化合物の化学合成農薬が開発され，イネのみならず各種園芸作物の害虫防除も可能になった（注14）。こうして，防除とは農薬を用いた防除をさすようになるほど，農薬の普及はめざましく進展した。まさに農薬万能主義の到来だった。

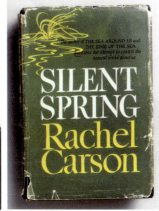

図6-Ⅰ-10
レイチェル・カーソンと著書（サイレントスプリング：沈黙の春）
（写真提供：レイチェル・カーソン日本協会）

なお，農業をささえる技術として，こうした化学合成農薬の発明に加えて，育種技術の発展，有機合成化学の進歩・発展による化学合成肥料の開発やビニルの発明がある（図6-Ⅰ-9）。

❹ 1960年代から現代

化学合成農薬の大量使用によって，薬剤に抵抗性を発達させた害虫がつぎつぎと出現するようになり，さらに抵抗性害虫に有効な合成農薬がつぎつぎと開発されていった。そんななか，1962年にアメリカのレイチェル・カーソンが著書『Silent Spring』（サイレント・スプリング，沈黙の春）（注15）で，化学合成農薬の使用が生態系に悪影響を与えていることを明らかにし，世界に一大衝撃を与えた（図6-Ⅰ-10）。また，一部の農薬が人体に悪影響を与えていることも明らかになり，化学合成農薬にかわる防除法がみなおされるようになってきた。

栽培面では，新しく開発された化学合成肥料が，有機肥料にかわって大量に施用されるようになると，土壌浸食や高塩類障害などが発生し，耕作地の荒廃が問題になった。

こうしたなかで，化学合成農薬や化学合成肥料，石油エネルギーの使用を減らした，低投入型持続型農業（low input sustainable agriculture：LISA）の推進がさけばれるようになった。1992年には農業のもつ物質循環機能を生かし，生産性との調和に留意しつつ，土づくりなどによって化学肥料や農薬による環境負荷の軽減に配慮した，持続的な農業（環境保全型農業，agriculture of environmental conservation type）が推進され，化学合成農薬を削減する防除が推奨されるようになった。

同時に，農産物に対する安全性をゆるがす問題がつぎつぎおこり，消費者の食への考え方が変化し，安全・安心な農産物が求められるようになった。そして，1999年には「食料・農業・農村基本法」が制定され，2011年には総合的有害生物管理（integrated pest management：IPM）（次項参照）のガイドラインがだされた。

〈注12〉
dichlorodiphenyltrichloroethane（ジクロロジフェニルトリクロロエタン）の略で，有機塩素系の殺虫剤。日本へは戦後アメリカ軍によって持ち込まれ，シラミ防除などに使われた。分解しにくいうえ，発がん性や環境ホルモンが問題になり，日本ではBHCと同じ1971年に使用禁止になった。

〈注13〉
ニカメイチュウやシンクイムシ類の特効薬として使われていた。しかし，非常に高い毒性があり，農薬中毒の多発だけでなく自殺にも使われた。そのため，日本では2005年に使用が禁止された。

〈注14〉
化学合成農薬の普及にともない，戦後間もないころには粗悪な農薬が出回るようになり，これを取り締まるために1948（昭和23）年に「農薬取締法」が制定された。

〈注15〉
農薬などの化学物質の危険性を訴えた著書で，20世紀のベストセラーといわれ，世界各国で翻訳されている。日本では1964年に，『生と死の妙薬－自然均衡の破壊者〈科学薬品〉』（新潮社）のタイトルではじめて翻訳出版されている。

このように，時代の背景の変化によって害虫防除も徐々に変化しており，最近では農村地域の生物多様性を生かした，総合的生物多様性管理（integrated biodiversity management：IBM）（次項参照）の考え方も提案されている。

2 防除の意義と防除法
❶防除のねらいと防除法

　日本植物防疫協会では，1993年に，農薬を使わなかった場合作物がどれくらい減収するかを調査した。その結果，水稲では平均24％，コムギでは36％，キャベツでは67％，ダイコンでは39％，トマトでは36％，リンゴでは97％，モモでは70％の減収になった。これはまったく防除をしなかった場合の減収率であり，農薬を使わなくても，通常はなんらかの防除をするためこのようなことはない。

　防除とは，害虫が発生する前に圃場に障壁を設けたり侵入を防止するとか農薬を処方するなど，害虫の被害を未然に防ぐ「予防」と，害虫が発生したあとに致死させる「駆除」の両方がある。

　防除法には，化学農薬を用いる化学的防除法，天敵である捕食者，寄生者，病原微生物を用いる生物的防除法，光，熱，障壁資材などを用いて害虫を誘引，忌避，致死，侵入防止する物理的防除法，害虫の生息環境をかえて生存や繁殖をおさえる生態的・耕種的防除法がある。

❷これからの防除－IPMとIBM

　これまでは，害虫密度を極限まで減少させるのが防除ととらえられていた。しかし，最近では食の安全・安心という消費者のニーズを受けて，害虫密度をゼロにするのではなく，経済的被害許容水準（economic injury level：EIL）以下におさえるという考え方が推奨されている。これは，IPMの考え方でもあり，環境や経済に配慮して化学合成農薬の使用を少なくし，減農薬防除技術や予防的処置を用いて害虫密度をEIL以下の水準におさえるもので，まさに害虫防除でなく害虫管理である。しかし，害虫密度がEIL以上の水準になった場合は，化学合成農薬を用いて防除する。

　さらに，わが国の農村は水田，畑，ため池，小川，スギやヒノキの人工林，雑木林など多様な生態系がモザイク状に混在していて，それぞれ生態系に生息している昆虫が多様な生態系を行き来している。そして，こうした昆虫の動きによって，農耕地の害虫密度が影響されていることも明らかになっている。防除にも，多様な生態系のあつまりである地域環境のなかでの生物群を活用していこうという提案もされており，これがIBMの考え方である。

　なお，EIL，IPM，IBMの詳しくは本章Ⅵ項参照のこと。

3 被害と損害はちがう

　植物が害虫に加害されると，いろいろな被害症状を発症する。被害の程度は害虫の密度が高いほど大きくなるが，収量への損害の程度は収穫物そ

のものが被害を受けたかどうかでちがってくる（注16）。

　アケビコノハ（*Eudocima tyrannus*）やアカエグリバ（*Oraesia excavata*）などの成虫は，果樹園に飛来して果実を吸汁するため，生産物に直接的に被害があらわれる。ハダニは葉を吸汁加害するため，ただちに果実の収量や品質に影響することはない。しかし，ハダニの密度が高まってくると，葉の光合成能が低下したり落葉するので，果実品質や樹勢に悪影響がでてくる。

　また，同じハダニの被害でも，作物によって収量や品質に影響する程度がちがう。たとえばハダニは，ナシの葉に寄生しても果実に直接寄生しないので，収穫物への影響は間接的である。しかし，切花用のキクは花だけでなく葉にも商品価値があるため，葉に寄生するハダニはただちに品質や収量に影響する。

　また，オンシツケナガコナダニ（*Tyrophagus neiswanderi*）がコチョウランの蕾に1個体でも侵入すると，蕾のまま黄化し落花してしまう（図6-Ⅰ-3参照）。鉢植えのコチョウランはすべての花，葉が健全でなければ商品にならず，また高価な農産物なので，わずかなダニの発生でも大きな損害になる。

〈注16〉
実際の被害金額はそのときの流通価格に左右されるが，流通価格は需要と供給によって大きく変化することの認識も必要である。

化学的防除

1 農薬とは

　農薬は，もともとは「土壌の消毒をはじめ，種子の消毒，発芽から結実にいたるまでの病害虫の被害を防除するもの」をさしていたが，その後「農作物を害する病害虫，あるいは植物の生長を調整し，農業の生産性を高めるために使用する薬剤」と広義に解釈されるようになった。

　農薬取締法では，農薬は「農作物（樹木及び農林産物を含む。以下「農作物等」という。）を害する菌，線虫，ダニ，昆虫，ねずみその他の動植物又はウイルス（以下「病害虫」と総称する。）の防除に用いられる殺菌剤，殺虫剤その他の薬剤（その薬剤を原料又は材料として使用した資材で当該防除に用いられるもののうち政令で定めるものを含む。）および農作物等の生理機能の増進または抑制に用いられる植物成長調整剤，発芽抑制剤その他の薬剤をいう。」とされ，農作物等の病害虫を防除するための天敵も農薬とみなされている。

　農薬登録されていない薬剤（無登録農薬や登録失効農薬など）は，農薬とはみなされない。また，ハエ，ダニ，カ，ゴキブリ，シロアリなど衛生害虫の防除に使われる薬剤は，「農薬と同じ成分を含む薬剤」として薬事法による規制の対象になっていて，農薬とはみなされない（注1）。

　さらに，収穫後の農産物の輸送や貯蔵中の病害虫防除のために使われる（ポストハーベスト使用）薬剤（注2）は，食品衛生法の規制の対象になっていて，農薬ではなく食品添加物のあつかいになる。

〈注1〉
「薬事法」で「防除用医薬部外品」に分類されていて，製造販売には厚生労働大臣の承認が必要。

〈注2〉
日本では，防かび剤や防虫剤の使用は食品添加物として認められている。収穫後の農産物は食品とみなされ，食品の保存を目的にした使用との位置づけである。

2 農薬の登録

　農薬の登録を受けるには，農薬製造者や輸入者は，農薬の品質や安全性を確認するための資料として，さまざまな試験成績などをそろえて，独立行政法人農林水産消費安全技術センター（Food and Agricultural Materials Inspection Center，略称FAMIC）を経由して農林水産大臣に申請する。

　申請を受けた農林水産省は，FAMICに農薬登録の検査を指示する。

登録農薬の表示　　　　　　　　　　　　　　　　　　　　　　　コラム1

　農林水産大臣によって承認・登録された農薬は，農薬を入れた袋や瓶に使用基準や注意事項を表示しなければならない。表側に，農薬の商品名と一般名，剤型，用途，成分と成分量，それに農薬登録番号が表示される。裏側には，使用基準として，対象作物，適用病害虫名，希釈倍数，使用量，使用時期，総使用回数，使用方法が表示され，その他使用上や保管上の注意書きも書かれている。使用者は，この基準にしたがって使用しなければならない。（執筆：上遠野冨士夫）

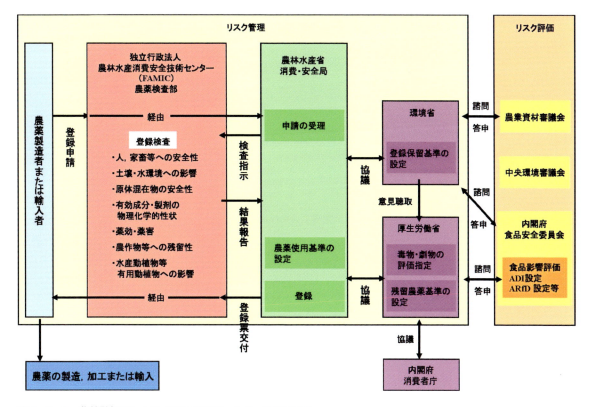

図6-Ⅱ-1　農薬登録のしくみ（農林水産省ホームページより作成）

　FAMICは提出された試験成績などにもとづいて，農薬の薬効，薬害，安全性，製品の性質について検査をおこない，農林水産省にその結果を報告する。この結果にもとづいて，農林水産省は農薬登録をおこなうかどうかを判断する（図6-Ⅱ-1）。

3 化学的防除の歴史と特徴

　化学農薬を用いておこなう防除を化学的防除（chemical control）とよぶ。1670（寛文10）年，筑前国（福岡県北部）で，鯨油やナタネ油を水田に流しいれて，竹でイネ株のウンカ・ヨコバイ類を水面にはらい落とし，溺死させる手法が開発されている。これは害虫の化学的防除史上，最も早期的な試みである。

　明治・大正時代には，除虫菊，硫酸ニコチン，デリス（ロテノン），ヒ酸鉛（ヒ素化合物），マシン油，石灰硫黄合剤など，天然物や無機化合物が使われるようになった。

　1938年にスイスのパウル・ミュラー（Paul Müller）博士がDDTを発見して以来，BHCやパラチオンなどの数多くの有機合成殺虫剤が開発され，第二次世界大戦後わが国にも導入された。これらの有機合成殺虫剤は標的害虫に卓越した効果を示し，害虫防除の中心的な役割をはたした。

　しかし，その一方で人畜や環境への安全性に欠けるものもあり，さまざ

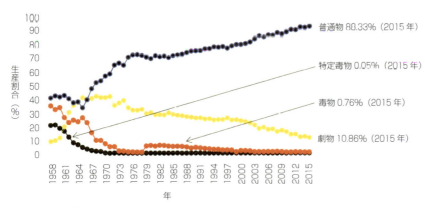

図6-Ⅱ-2　農薬の毒性別生産金額割合の推移（『農薬要覧』より，曽根信三郎氏作成）

〈注3〉
農薬も毒性の強いものは，「毒物及び劇物取締法」によって毒物（正式には医薬用外毒物）と劇物（正式には医薬用外劇物）に指定され，取り扱いが規制されている。詳しくは後出4-5項参照。

まな社会問題，環境問題を発生させた。そのため，わが国では，初期に開発された有機合成殺虫剤の多くが，1971年の「農薬取締法」の改正で登録失効になり，現在では使われていない。その後開発された有機合成殺虫剤は，安全性が著しく改善され，毒物や劇物が少なくなっている（図6-Ⅱ-2）（注3）。

　化学的防除は，①即効的，②適用範囲が広い，③施用法が簡便，④比較的安価といったメリットをもつ。しかし，不適切に使用されると，①健康に対する悪影響，②環境負荷，③薬剤抵抗性の発達（後述）といったデメリットがあらわれる。化学的防除は，将来も害虫防除の中心的な役割をはたすと考えられるが，デメリットがでない適切な使い方が必要である。

4 農薬の分類

1 用途による分類

　農薬は用途によって，殺虫剤，殺ダニ剤，殺菌剤，殺線虫剤，殺鼠剤，除草剤，殺虫殺菌剤，植物生長調節剤，忌避剤，誘引剤，フェロモン剤，ベイト剤，補助剤（乳化剤，担体，展着剤，共力剤など）などに分類される（表6-Ⅱ-1）。

〈注4〉
植物や微生物がつくりだす化合物のこと。

〈注5〉
青カビから発見されたペニシリンのように，微生物が産生し，ほかの微生物の成長や増殖を阻止する物質。

〈注6〉
炭素以外の元素からなる化合物と一酸化炭素，二酸化炭素などの簡単な炭素化合物の総称。

2 組成・作用機構による分類

　農薬は組成により化学農薬と生物農薬に大別される。化学農薬は有機合成化合物，天然化合物（注4）（松脂（まつやに）合剤，除虫菊剤，マシン油，デンプン，オレイン酸ナトリウム，脂肪酸グリセリドなど）（表6-Ⅱ-2），抗生物質（注5），無機化合物（注6）に分類される。

　これまで有機合成化合物は，化学構造の系列によって分類されてきたが，最近は殺虫剤を含めすべての農薬を対象に，IRAC（第3章参照），FRAC（Fungicide Resistance Action Committee，殺菌剤耐性菌対策委員会），HRAC（Herbicide Resistance Action Committee，除草剤抵抗性対策委員会）による作用機構にもとづいて分類することが多くなってきた（注7）。

〈注7〉
IRAC，FRAC，HRAC最新の情報はそれぞれのホームページや，農薬工業会（http://www.jcpa.or.jp/）のホームページで公開されているので，確認していただきたい。

3 害虫との接触のしかたによる分類

　殺虫剤は害虫との接触のしかたにより，以下のように分類され，それにあわせて使い方も工夫されている。

　接触剤：害虫の体表から体内に浸透して殺虫力を発揮する薬剤。殺虫力

表6-Ⅱ-1　用途による農薬の分類

分類名	用途と特徴
殺虫剤	害虫を駆除する農薬で，広義には殺ダニ剤や殺線虫剤も含める
殺ダニ剤	ダニは昆虫とはちがうので，専用の農薬が開発されている
殺菌剤	病気を引き起こすなど有害な微生物を防除する農薬
殺虫殺菌剤	害虫，病害の両方に効果のある農薬
殺線虫剤	線虫は昆虫とはちがうので，専用の農薬が開発されている
殺鼠剤	農地や山林などでノネズミを駆除するための農薬。家庭などでイエネズミを駆除する薬剤は防除用医薬部外品，そのうち畜舎などで使う薬剤は動物用医薬部外品で，農薬ではない
除草剤	雑草を駆除するための農薬
植物成長調節剤	成長の促進や抑制，着果や発芽，発根の促進，摘果調節など，作物の成長を調整する農薬
忌避剤	害虫や小動物のきらいな成分を含み，寄せつけないようにする農薬
誘引剤	害虫を誘引する農薬
フェロモン剤	性フェロモンは昆虫から発散される化学物質で，交尾を目的にした雌雄の交信に使われる。性フェロモンの主要な成分を合成し，混合したものがフェロモン剤で，害虫防除に利用されている。①害虫を誘引して，粘着板や殺虫剤などを仕掛けたトラップ（フェロモントラップ）で捕殺する（大量誘殺），②フェロモントラップに捕獲された害虫の個体数をモニタリングして今後の発生を予測し，防除時期などを把握する（発生予察），③フェロモン剤を圃場全体に満たして雌雄の交信を撹乱することで，雄が交尾相手の雌にたどりつけなくして，次世代の個体数を低下させる（交信撹乱），の3つの使用法がある
ベイト剤	害虫の好むエサに殺虫成分を配合して，摂食させることで防除する農薬
補助剤	農薬を使いやすくしたり，効果の持続や強めるために添加する剤。乳化剤：農薬を乳化して均一に希釈したり混合する，担体：農薬の原体を付着あるいは吸着させ，使いやすい形状（剤型）にして作業性を向上させる鉱物質の粉粒体，展着剤：農薬を作物表面に付着しやすくして効果を高める，共力剤：薬剤自身に薬効はないが，農薬に配合して用いるとその農薬の効力を高める，などがある

表6-Ⅱ-2　おもな天然化合物農薬と特徴

農薬	特徴
松脂合剤	松脂はマツの木から分泌される天然樹脂で，それからつくられた薬剤。化学農薬の普及とともに使われなくなったが，近年の有機栽培の普及で関心がもたれるようになっている
除虫菊剤	シロバナムシヨケギク（通称 除虫菊）に含まれる成分を利用した殺虫剤。主成分はおもに子房に含まれるピレトリンで，害虫に全身麻痺や運動不能をおこさせる。人畜への毒性が低く，自然界で分解しやすいなどの特徴がある
マシン油	機械油ともいい，鉱物油などから採取される最も一般的な潤滑油。これに乳化剤を混ぜ合わせたのがマシン油乳剤で，害虫の気門を物理的に封鎖して窒息死させる
デンプン	デンプンの粘着効果で害虫を捕捉したり，気門を物理的に封鎖して窒息死させる
オレイン酸ナトリウム	オレイン酸ナトリウムは，動物性脂肪や植物油に多く含まれている脂肪酸で，害虫の気門を物理的に封鎖して窒息死させたり，病原菌の細胞膜を破壊する
脂肪酸グリセリド	脂肪酸グリセリドはヤシ油から精製した油で，食品製造過程でつくられる食用油である。害虫の気門を物理的に封鎖したり，卵に浸み込んで殺虫する。うどんこ病菌にも効果がある

は，昆虫の表皮構造のちがいによる薬剤の浸透性によって変化する。薬剤の浸透性が低くなると抵抗性の原因になる。

　食毒剤：害虫が薬剤の付着した農作物を食べることによって，殺虫成分が消化管内にはこばれ効力を発揮する薬剤。

　浸透性薬剤：殺虫成分が茎葉などから植物体内に浸透・拡散し，これを食べた害虫に殺虫力を発揮する薬剤。

　くん蒸・くん煙剤：ガスとして気門から昆虫体内に侵入し，殺虫力を発揮する薬剤。土壌消毒や農産物の貯蔵，輸出入時の防疫などに用いられる。

　気門封鎖型薬剤：気門を物理的に封鎖して，害虫を窒息死させる薬剤。

表6-Ⅱ-3 製剤の種類

製剤性状	剤型名		特徴など
固体	DL粉剤		有効成分，凝集防止剤，分解防止剤，帯電防止剤，増量剤などからなる微粉状の製剤。粒径は20～30μmで10μm以下の粒子が20%以下にした製剤。希釈が不要なので比較的散布が簡単
	粒剤		有効成分，結合剤，崩壊剤，分散剤，増量剤からなる粒状の製剤。粒径は300～1700μm程度。散布するとき，風に乗って農薬が飛ばされ広がることをおさえることができる
	粉粒剤	粉粒剤	農薬原体を鉱物質で希釈し，その粒子の大きさにより，「微粉：45μm以下，粗粉：45～106μm，微粒：106～300μm，細粒：300～1,700μm」の組み合わせからなる製剤で，粉剤，粒剤に該当しないものをいう。そのまま使用する
		微粒剤F	登録上粉粒剤に該当。粒径が53～212μmの製剤。ドリフトが非常に少ないことから，おもに空中散布で使用されてきたが，ポジティブリスト制定以降一般防除剤としても注目されている
		細粒剤F	登録上粉粒剤に該当。粒径が180～710μmの製剤。畑地用除草剤として，水利の悪い耕地でもそのまま使えるようにしたもの
	水和剤		有効成分，界面活性剤，増量剤からなる微粉状の製剤。使うときは，水で希釈して使用。広い範囲の有効成分を製剤化でき，植物への影響も少ない。水和剤を水溶性フィルムで包装し，薬液調製時に粉立ちしないようにしたものもある
	顆粒水和剤（WDG）		有効成分を界面活性剤，増量剤とともに顆粒状にした製剤で，水中に投入するとすみやかに崩壊し，分散する。顆粒状のため水和剤にくらべて粉立ちがなく，使いやすい
	ドライフロアブル（DF）		登録上水和剤に該当する。農薬原体に界面活性剤，集合剤などを組み合わせて顆粒状にした製剤。フロアブル剤は静置すると分離したり，寒地では凍結する場合もあるが，ドライフロアブルは固体なので分離したり凍結したりすることはない
	顆粒水溶剤（SG，WSG）		水和剤に結合剤などを加えて顆粒状にした製剤のこと。希釈時の粉立ちが少なく重さも量りやすい。水和剤と同じように水で希釈して使う。また，調製液を静置すると沈殿する
	錠剤		水和剤，水溶剤を固形化させあつかいやすくした製剤。最近は粒子状，ゲル状の剤を薄膜などで包装した製剤も含まれる
液体	乳剤		有効成分を界面活性剤とともに有機溶剤に溶かした製剤。使うときは，通常，水で希釈する
	液剤		水溶性の成分を液体製剤にしたもの。原液あるいは水でうすめて使う
	油剤	油剤	原体そのものが油状液体製剤のもの，あるいは原体を有機溶媒に溶かした製剤。通常はそのまま用いる
		サーフ剤	形状などは油剤と同じ。水田の田面に処理し，展開させて使う
	フロアブル（SC，FL）		固体の有効成分を細かい微粒子として水に分散させた製剤。薬液調製時の粉立ちがなく，水にすみやかに分散する。水田除草剤ではそのまま散布するタイプもある
	エマルション（EW）		水に溶けない液状の有効成分，または少量の有機溶剤に溶かして液状にした有効成分を，界面活性剤などを用いて水中に微粒子として乳化分散させた製剤。この製剤は，引火性がなく，人や動物への影響も軽減している
	マイクロエマルション（ME）		水に溶けない成分を少量の有機溶剤，界面活性剤で水に分散させた液体の製剤。水希釈後は安定な液剤になる
	サスポエマルション（SE）		フロアブル剤とEW剤が同時に含まれる製剤。希釈・調製後の特性はフロアブル剤とほぼ同じ
	マイクロカプセル（MC）		農薬原体を高分子膜などで均一に被覆したカプセルを含有する製剤。カプセル化することにより，薬剤の効果・持続性を高めるとともに，吸入毒，薬害，塗装汚染の軽減がはかられている。製剤の外見はフロアブル剤と同様の液状である
	AL剤		AL剤とはapplicable liquidの略で，そのまま使用できる濃度にあらかじめ希釈した水ベースの製剤。農薬は，通常，使用時に希釈して使うが，家庭園芸では農薬の使用量が少ないのと，希釈作業になれていないことから，このようにすぐ使用できる製品が好まれる
その他	パック剤		水溶性包装資材を使い，水和剤，粒剤などの製剤を包み込んだもの。そのまま水田などに投げ込むタイプのものと，タンクで調製するときに投入するタイプがある。濡れた手でさわらないよう注意する
	エアゾール		缶（ボンベ）入りのスプレー剤で，内部のガス圧で薬剤を噴霧する。簡単に使えるので，家庭園芸薬剤に多くみられる
	ペースト剤		ペースト（糊）状の製剤で，他の剤型に属さないもの
	くん煙剤		発熱剤，助燃剤を含んだ製剤で，燃焼によって成分を煙にして，ハウス内などに煙をただよわせる。煙でいぶすことからくん煙剤という
	くん蒸剤		気化しやすい農薬原体を密閉した条件で気化させ，殺菌，殺虫，除草などの効力を発揮させる。気化成分でいぶすことからくん蒸という
	塗布剤		農薬を農作物などの一部に塗布（塗りつける），またはこれに類似する方法で使用する製剤の総称

注） 1. 農薬工業会のホームページより作成
2. μm＝100万分の1m

> **農薬の使用形態** コラム2
>
> 　農薬の形状によって使用方法がちがい，以下のような方法がある。
> 　**噴霧法**：液体の農薬を細かい霧状にして噴霧する散布方法。
> 　**濃厚液少量散布法**：空中散布での微量散布専用に，有効成分を有機溶媒に高濃度に溶かし散布する方法。
> 　**散布法**：粉状または粒状の農薬を散布する方法。
> 　**くん蒸・くん煙法**：施設内で農薬を気化させ処理する方法。
> 　**灌注法**：液体の農薬を樹体に直接注入したり，土壌中に注入する方法。
> 　**塗布法**：樹木の幹の表面にペースト状の農薬を塗布する方法。
> 　**浸漬法**：薬液の中に浸漬する方法。
> 　**毒餌法**：エサに農薬をまぶし昆虫に食べさせる方法。
> 　　　　　　　　　　　　　　　（執筆：上遠野冨士夫）

4 剤型による分類

　農薬は化学的に合成された化合物（原体）の状態でなく，製剤化されて使われる。製剤の剤型は表6-Ⅱ-3のように分類されている。

　製剤化は，少量の原体を広い面積に均一に散布したり，作物や害虫への固着性や付着性の改善や，薬効の維持・増進などのためにおこなう。したがって，製剤化は原体を効率よく散布し，薬効を効果的に発揮させるうえで欠かせない。

5 毒性による分類

❶毒物，劇物，普通物

　農薬を含む薬物の毒性は，大きく急性毒性と慢性毒性に分けられる。いずれもマウス，ラット，イヌ，ウサギ，モルモット，ニワトリなどの実験動物によって評価される。

　急性毒性は経口，経皮，吸入（注8）による毒性評価がおこなわれている（表6-Ⅱ-4）。たとえば，経口急性毒性の場合は，実験動物に薬物を投与してから24時間後に半数が死ぬ薬物量＝半数致死量（median lethal dose，略してLD_{50}）で評価する。単位は，実験動物の体重1kg当たりの薬物量（mg/kg）で示す。

　経口によるLD_{50}が50 mg/kg以下のものを「毒物」，50 mg/kgをこえ300 mg/kg以下のものを「劇物」，毒物や劇物に該当しない毒性の低いもの（LD_{50}が300 mg/kgをこえるもの）を「毒劇物に該当しない（便宜的に普通物とよぶ）」として区別している。なお，毒物のなかでとくに毒性の強いものを特定毒物としている。

〈注8〉
経口毒性：口から飲み込んだ場合の毒性，経皮毒性：皮膚に付着した場合の毒性，吸入毒性：呼吸によって吸入した場合の毒性。

表6-Ⅱ-4　急性毒性の判定基準

分類	経口（LD_{50}）	経皮（LD_{50}）	吸入（4時間）（LC_{50}）
毒物	50 mg/kg以下	200 mg/kg以下	ガス：500 mg/ℓ以下 蒸気：2.0 mg/ℓ以下 ダスト，ミスト：0.5mg/ℓ以下
劇物	50 mg/kgをこえ300 mg/kg以下	200mg/kgをこえ1000 mg/kg以下	ガス：500 mg/ℓをこえ2500 mg/ℓ以下 蒸気：2.0 mg/ℓをこえ10 mg/ℓ以下 ダスト，ミスト：0.5mg/ℓをこえ1.0 mg/ℓ以下
普通物	上記以外（＞300 mg/kg）	上記以外（＞1000 mg/kg）	上記以外

表6-Ⅱ-5 毒性，残留基準にかかわる用語解説（農林水産省ホームページより作成）

用　語		意　味
ADI (acceptable daily intake)	1日摂取許容量	人がその農薬を毎日一生涯にわたって摂取しつづけても，現在の科学的知見からみて健康への悪影響がないと推定される1日当たりの摂取量のこと
ARfD (acute reference dose)	急性参照用量	人がその農薬を24時間またはそれより短い時間経口摂取した場合に，健康に悪影響を示さないと推定される1日当たりの摂取量のこと
TMDI (theoretical maximum daily intake)	理論最大1日摂取量	食品ごとに，その農薬について設定されている，または設定が検討されている残留基準値と1日当たりの平均摂取量とをかけあわせて摂取量を試算し，すべての食品からの摂取量を合計することにより推定される，理論上最大となる1日当たりの摂取量のこと
EDI (estimate daily intake)	推定1日摂取量	食品ごとに，その農薬の推定残留量と1日当たりの平均摂取量とをかけあわせて摂取量を試算し，すべての食品からの摂取量を合計することにより推定される1日当たりの摂取量のこと
ESTI (estimated short-term intake)	短期推定摂取量	食品ごとに，農薬の最高残留濃度およびその1日当たりの最大摂取量をもとに推定される摂取量のこと
NOAEL (no-observed adverse effect level)	無毒性量 (最大無悪影響量)	動物を用いた毒性試験の結果から求められる毒性変化が認められない量のこと。通常は，さまざまな毒性試験において得られた個々の無毒性量のなかで最も小さい値を，その農薬の無毒性量とする
LD_{50}	半数致死量	一定時間内に実験動物の半数を死亡させる致死量のこと。動物種および毒物の投薬経路によってその値は異なる。値が高いほど毒性は低い
LC_{50}	半数致死濃度	一定時間内に実験動物の半数を死亡させる，気体中あるいは液体中の毒物の濃度のこと。値が高いほど毒性は低い
EC_{50}	半数効果濃度	一定時間内に実験動物（ミジンコなど）の半数に遊泳阻害などの効果を示す，気体中あるいは液体中の毒物の濃度のこと。値が高いほど毒性は低い

表6-Ⅱ-6 魚毒性の分類基準

区分	コイに対する48時間後のLC_{50}	ミジンコに対する24時間後のEC_{50}
A類	10 mg/ℓをこえる	0.5 mg/ℓをこえる
B類	0.5 mg/ℓをこえ10 mg/ℓ以下	0.5 mg/ℓ以下
B-s	B類相当のうちとくに注意を要するもの	0.5 mg/ℓ以下
C類	0.5 mg/ℓ以下	0.5 mg/ℓ以下

慢性毒性は継続して摂取した場合に発現する潜在的な毒性をいう。
なお，毒性，残留についてのおもな用語は表6-Ⅱ-5参照。

❷魚毒性

水生動物に対する影響を魚毒性といい，コイなどの魚類とミジンコ（オオミジンコ）を試験生物にして評価される。魚類は96時間の急性毒性試験から得られた結果による48時間後の半数致死濃度（median lethal concentration，略してLC_{50}），ミジンコについては48時間の急性遊泳阻害試験から得られた結果による24時間後の半数効果濃度（half maximal effective concentration，略してEC_{50}）によって評価されている（表6-Ⅱ-6）。

コイに対するLC_{50}が10 mg/ℓをこえ，かつミジンコに対するEC_{50}が0.5 mg/ℓをこえるものをA類（最も毒性が低い），コイに対するLC_{50}が0.5 mg/ℓをこえ10 mg/ℓ以下のもの，またはミジンコに対するEC_{50}が

0.5 mg/ℓ以下のものをB類，コイのみに対するLC₅₀が0.5 mg/ℓ以下のものをC類（最も毒性が高い）として区別している。

5 農薬の残留基準

1 残留農薬の毒性評価

　急性毒性は実験動物に一度に摂取させた場合，慢性毒性は1年間から一生涯にわたって摂取させた場合，外見や臓器表面，血中や内臓になんの異常も認められない薬物の最大量（最大無悪影響量，no observed adverse effect level：NOAEL，単位：mg/kg/日）（図6-Ⅱ-3）で評価する。

　しかし，NOAELは実験動物に対する評価であり，動物の種間差，性差，年齢などによって差があることを考慮すると，その数値をそのまま人に対する評価基準とするのは合理的ではない。

　そこで，一般的にはそれぞれのNOAELに安全係数として1/100（1/10（種間差）×1/10（個人差））を乗じた数値（薬物量）を，人がその農薬を，①1回あるいは数回の食事で摂取しても健康に影響がないと推定される1日当たりの最大摂取許容量（急性参照用量，acute reference dose：ARfD，単位：mg/人/日），②一生涯摂取しつづけても健康への悪影響がないと推定される1日摂取許容量（acceptable daily intake：ADI，単位：mg/人/日）としている（図6-Ⅱ-3）。

　毒性試験の結果から設定されたADIが0.01 mg/ℓであった場合，日本人の平均体重（55.1 kg）を乗じることにより，日本人1人当たりの1日摂取許容量（0.551 mg/人/日）が算出される（図6-Ⅱ-3）。

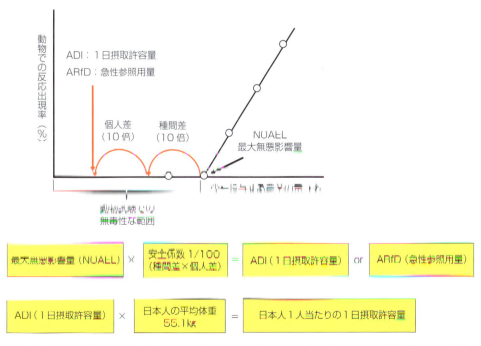

図6-Ⅱ-3　1日摂取許容量（ADI），急性参照用量（ARfD），日本人1人当たりの1日摂取許容量の算出方法

2 残留農薬の暴露評価

❶ 長期暴露評価

一生涯，毎日食品から農薬を摂取しても健康に悪影響がない量を示すためにおこなうのが長期暴露評価である。

収穫物の食品中に残存する農薬の残留量は，農薬登録申請時に提出される「作物残留試験」から得た残留量（洗ったり皮をむいたりせずに分析）をもとに，作物ごとに基準値が設定される。残留量は気象条件などさまざまな外的要因によって変動する可能性があるので，基準値は試験での残留量にくらべてある程度の安全率をみこんで設定される。また，外国基準や国際基準なども考慮して設定されている。

たとえば，表6-Ⅱ-7に示したように，各作物への使用方法にしたがって実施した作物残留試験による最大残留濃度が，大豆1.5 mg／ℓ，かんしょ0.54 mg／ℓ，キャベツ1.5 mg／ℓだった場合，安全率をみこんで各残留値（基準値）を大豆で3 mg／ℓ，かんしょで1 mg／ℓ，キャベツで3 mg／ℓと暫定的なものとして設定する。この値に，各農作物を日本国民が平均的に食べる1日当たりの量であるフードファクター（1日当たり農産物摂取量）(注9)を乗じて，推定摂取量を計算する。

〈注9〉
厚生労働省の国民栄養調査（食品摂取頻度・摂取量調査）にもとづいて決められている。

この方法によって推定された摂取量は，理論最大1日摂取量（theoretical maximum daily intake：TMDI）とよばれる。この推定摂取量が日本人1人当たりの1日摂取許容量（ADI × 55.1）の80％以内の場合，仮置きした基準値が残留基準値として設定される。80％という数値は，農作物以外に，水や空気からも農薬を体内に取り込む可能性を考慮した便宜的なものである。

表6-Ⅱ-7では各作物のTMDIの合計は0.454 mgとなり，日本人1人当たりの1日許容量0.551 mg／人／日の80％をこえている。この場合，厚生労働省では，作物残留試験での平均残留濃度を用いて求められる，国際的にも一般的な，推定1日摂取量（estimate daily intake：EDI）を用いた評価がおこなわれる。この場合，EDIの合計は許容量(0.551 mg／人／日)の80％未満となるので，残留基準値案がそのまま採用される。EDIを用いた評価でも80％をこえるようであれば，よりきびしい基準値案を作成するなど，評価をやりなおす。

表6-Ⅱ-7 長期推定摂取量の計算例（農林水産省ホームページより作成）

作物（食品）名	最大残留濃度 （mg／ℓ）	平均残留濃度 （mg／ℓ）	基準値 （mg／ℓ）	フードファクター （g）	TMDI （mg／人／日）	EDI （mg／人／日）	日本人の1日摂取許容量 （ADI × 55.1）
大豆	1.5	1.2	3	39.0	0.117	0.047	
かんしょ	0.54	0.46	1	6.8	0.007	0.003	
キャベツ	1.5	0.98	3	24.1	0.072	0.024	
たまねぎ	0.96	0.82	2	31.2	0.062	0.026	
トマト	2.4	1.8	5	31.1	0.161	0.058	
未成熟いんげん	1.4	1.1	3	2.4	0.007	0.003	
えだまめ	0.28	0.24	0.7	1.7	0.001	0.000	
いちご	2.8	2.1	5	5.4	0.027	0.011	
合計					0.454	0.181	0.551mg／人／日

表6-Ⅱ-8　短期推定摂取量の計算例（農林水産省ホームページより作成）

作物（食品）名	基準値 （mg/㎏）	データ数	評価に用いた数値 （mg/㎏）	摂取量（摂食者の97.5パーセンタイル値） （g/日）a	可食部ユニット重量 （g）	摂食者平均体重 （kg）	ケース b	ESTI （μg/人/日）	ESTI/ARfD （%）
大豆	3	6	1.2	49.7	-	52.0	3	1.1	1
かんしょ	1	6	0.54	225.0	270	53.6	2b	6.8	7
キャベツ	3	6	1.5	176.0	1275	55.3	2b	14.3	10
たまねぎ	2	6	0.96	150.0	244	54.8	2b	7.9	8
トマト	5	6	2.4	218.8	194	55.4	2a	26.3	30
未成熟いんげん	3	3	3	106.4	<25	54.7	1	5.8	6
えだまめ	0.7	3	0.7	137.5	<25	54.3	1	1.8	2
いちご	5	4	2.8	200.0	<25	52.5	1	10.7	10

a: 100人中2〜3番目に多く食べる人の量に相当する摂食量
b: 短期摂取量の推定方法（平成26（2014）年11月27日厚生労働省薬事・食品衛生審議会食品衛生分科会農薬・動物用医薬品部会資料より）
＜ケース1＞混成試料中の残留濃度が摂食する食品中の濃度を反映している場合（U＜25 g）
　短期推定摂取量＝(LP×R)/bw
＜ケース2＞摂食する食品中の濃度が混成試料中の残留濃度よりも高いおそれがある場合（U≧25 g）
・ケース2a：2〜3ユニットを摂食（LP＞U）
　短期推定摂取量＝(U×(R×v) + (LP−U)×R)/bw
・ケース2b：1ユニットを摂食（LP≦U）
　短期推定摂取量＝(LP×(R×v))/bw
＜ケース3＞大量に混合されたりブレンドされる場合
　短期推定摂取量＝(LP×RM)/bw
LP：最大摂取量（各食品の摂食者における1日当たりの摂取量の97.5%パーセンタイル値）（kg）
R：作物残留試験における最大残留濃度（HR）または残留基準値（MRL）（mg/kg）
　作物残留試験成績が4例以上ある場合にHRを用いることができる。3例以下の場合はMRLを用いる
bw：各食品の摂食者の平均体重（kg）
U：1ユニットの可食部重量（g）
v：変動計数：ユニット別残留濃度の97.5%パーセンタイル値／平均値
　原則，v＝3を用いる
RM：作物残留試験における中央値または平均値に加工計数を乗じたもの（mg/kg）

❷短期暴露評価

　短期間に残留濃度の高い作物を大量に摂取した場合の安全性を評価するために，厚生労働省では作物（食品）ごとの農薬の短期推定摂取量（estimated short-term intake：ESTI）を求めている。ESTIの推定には，各作物の最高残留濃度として，残留基準値を用いるが，作物残留試験データの数が4例以上ある場合にはその最高残留濃度を用いて推定することもできる。また，穀物や豆類（種実）などのように，当該作物が大量に混合されたりブレンドされたりする場合は，平均残留濃度または中央値を用いて推定される。

　ESTIの算出は各作物に指定されたケースにもとづいておこなう。表6-Ⅱ-8では，大豆，かんしょ，キャベツのESTIはそれぞれ，1.1 μg/人/日，6.8 μg/人/日，14.3 μg/人/日となる。毒性試験の結果から設定されたARfDが0.1 mg/人/日の場合，表6-Ⅱ-8の食品のESTIはいずれもARfDを下回る。

❸残留基準値の設定

　表6-Ⅱ-7の例では，TMDIによる推定摂取量の総計0.454 mg/人/日は，1日当たりの摂取許容量0.551 mg/人/日の80%をこえていた。しかしながら，EDIによる推定摂取量の総計0.181 mg/人/日は，1日当たりの摂取許容量の80%以内であり，かつ，各食品からの短期推定摂取量が上記ARfD（0.1 mg/人/日）以下である。そのため，暫定的なものとし

て設定した各残留値（基準値）（大豆3 mg/ℓ，かんしょ1 mg/ℓ，キャベツ3 mg/ℓなど）がそのまま残留基準値として設定される。

6 ポジティブリスト制度

食品中に残留する「農薬，飼料添加物及び動物用医薬品」（以下農薬等という）について，一定の量をこえて農薬等が残留する食品の販売等を原則禁止するという制度（ポジティブリスト制度(注10)）が2006（平成18）年に施行された。

従来の規制（「食品衛生法」）では残留基準が設定されていない農薬等が食品から検出された場合でも，その食品の販売等を禁止するなどの措置をおこなうことができなかった（ネガティブリスト制度）(注10)（図6-Ⅱ-4）。それがポジティブリスト制度によって，原則，すべての農薬等について残留基準（一律基準を含む）を設定し，基準をこえて食品中に残留する場合，その食品の販売等を禁止することになった（図6-Ⅱ-4）。

ポジティブリスト制度での一律基準とは，残留基準が定められていない農薬等について，食品衛生法にもとづき定められた「人の健康を損なう恐れのない量」のことである。一律基準は，これまで国際評価機関や国内で評価された農薬等の許容量等と日本国民の食品摂取量にもとづいて専門家による検討をおこない，0.01 mg/ℓと設定されている。

また，ポジティブリスト制度では，人の健康を損なうおそれのないことが明らかな物質については，告示したうえで規制の対象外としている（図6-Ⅱ-4の「厚生労働大臣が指定する物質」）。

〈注10〉
ポジティブ制度は，原則規制（禁止）されている状態で，使用や残留を認めるものについてのみリスト化する。これに対してネガティブリスト制度は，原則規制がないという状態で，規制するものをリスト化し，それのみが規制の対象になる。

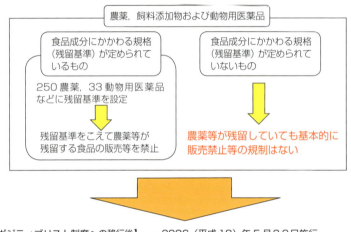

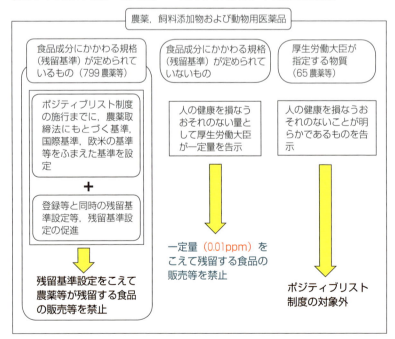

図6-Ⅱ-4　食品中に残留する農薬等の新しい制度（ポジティブリスト制度）

7 生物検定

1 生物検定とは

　生物検定（bioassay）とは，生物を用いて殺虫剤を含む農薬の生理活性を調べることをいう。検定方法は局所施用法（topical application method）(注11)，ドライフィルム法（dry film method）(注12)，浸漬法（虫体，エサ（葉片），両者）（dipping method）(注13)，散布法（虫体，エサ（葉片），両者）（spraying method）(注14) などがある。

　殺虫剤は，殺虫活性の発現速度によって速効性と遅効性に，また本章4-3項で述べたように，害虫に取り込まれる経路によって接触剤，食毒剤，浸透性薬剤などに分けられる。そのため，検定法の選択には各薬剤の特性を十分考慮する必要がある。たとえば，接触剤の検定にはエサ（葉片）を用いた浸漬法は向かない。殺虫剤のもたらす産卵数や孵化率の低下，摂食阻害，忌避などの効果についても適宜検定法を確立する必要がある。

2 生物検定の方法

　殺虫剤のおおよその効果を調べる場合は，殺虫剤の実用濃度や感受性個体が100%死亡する薬液量（または濃度）で処理する。この場合，無処理区（対照区またはコントロール区）を設けるが，無処理区の供試虫が若干死亡することがある。この無処理区の死亡率（Y）を用いて処理区の死亡率（X）を補正するのが，アボット補正（Abbott correction）である。アボット補正は次式でおこなわれる。

　　補正死虫率（%）＝（（X－Y）／（100－Y））×100

　一般に殺虫剤の薬量（または濃度）と死虫率の関係は，S字型曲線（sigmoid curve）になる（図6-Ⅱ-5a）。その場合，LD_{50}やLC_{50}を算出して，殺虫剤抵抗性発達の程度などをより詳細に調べることができる。

　この計算にはプロビット法を用いるのが一般的である。段階的に希釈した薬液で処理し，死亡率をプロビット（正規分布累積関数の逆関数）にかえたうえで，対数にかえた薬量（または濃度）との関係について回帰をおこなう（図6-Ⅱ-5b）。そのとき，無処理区で死亡個体がある場合には，アボット補正などをおこなう。回帰式から得られた殺虫剤のLD_{50}やLC_{50}を感受性系統

〈注11〉
局所施用法は，一定量の薬剤を虫体に塗布する方法で，施用量が確定できるので，他者のデータと比較しやすいという特徴がある。

〈注12〉
ドライフィルム法は，試験管に一定量の薬液をいれ，内面に均一な薬剤の薄膜をつくり，そのなかに供試虫を一定時間放飼し，薬剤と接触させる方法である。

〈注13〉
浸漬法には，寄主植物を浸漬する方法と虫体を浸漬する方法がある。両者を併用することもある。前者では，薬液に一定時間浸漬し風乾した寄主植物と供試虫を適当な容器にいれ，一定時間後に生死を判定する。

〈注14〉
散布法は，ターンテーブル，噴霧装置などを用いて，寄主植物や虫体に薬剤を散布する方法である。散布法では，噴霧圧，散布面積，噴霧量等を一定にしておく必要がある。

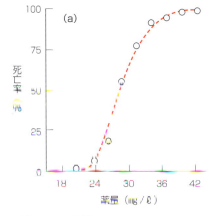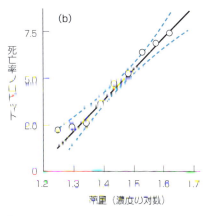

図6-Ⅱ-5　薬量（濃度）と死亡率の関係（a）とその結果からプロビット変換して得た薬量－死亡率回帰直線（河野，1951を参考に作成）
注）(b)の実線は計算により推定された回帰直線，点線は誤差限界を示す

の値と比較し，評価する。プロビット法では，LD_{50} や LC_{50} の信頼限界値や回帰直線の傾きも計算できる。

8 薬剤抵抗性

1 薬剤抵抗性の定義と最初の報告例

　殺虫剤抵抗性は，化学的防除での最大の問題である。殺虫剤抵抗性はIRAC（第3章7項「殺虫剤の作用機構」参照）によって，「使用基準に準じて使用したにも関わらず，期待される防除効果が得られない事態がくり返し観察される，害虫個体群の感受性の遺伝的変化」と定義されている。殺虫剤抵抗性の発達は，あらかじめ害虫個体群のなかに存在するきわめて少数の抵抗性個体が，殺虫剤によって感受性個体が除去されることで子孫を増やしていくプロセスである（図6-Ⅱ-6）。

　殺虫剤抵抗性の最初の報告例は，1914年アメリカ合衆国カリフォルニア州での，カンキツ害虫ナシマルカイガラムシ（*Comstockaspis perniciosa*）の石灰硫黄合剤抵抗性とされている。日本では，衛生害虫では1950年のコロモジラミ（*Pediculus humanus*）のDDT抵抗性，農業害虫では1954年のミカンハダニ（*Panonychus citri*）のシュラーダン抵抗性が最初の報告例とされている。現在，殺虫剤に対してなんらかの抵抗性を発達させている害虫は，全世界で597種（2015年）に達している。

2 薬剤抵抗性のメカニズム

❶抵抗性のおもな要因

　殺虫剤抵抗性のメカニズムについては，①解毒分解酵素活性の増大，②標的部位の感受性の低下，③体表透過性の低下，④摂食停止や忌避などの行動，が考えられている。

　このなかで，農業生産に大きな問題になる抵抗性のおもな要因は，①か②のいずれか，あるいは両方と考えられている。③と④は，殺虫剤と害虫の組み合わせによって抵抗性にかかわることもあると考えられている。

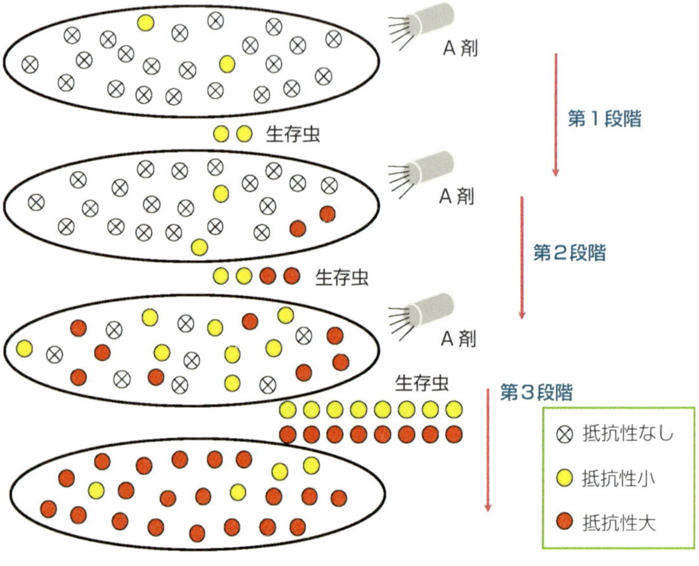

❷標的部位の感受性の低下による抵抗性

　殺虫剤は，害虫の標的部位に強力に作用して，正常な機能を妨害することで殺虫活性を示す。標的部位の感受性の低下による抵抗性は，遺伝子変異などによって作用点の構造が

図6-Ⅱ-6　殺虫剤抵抗性の発達
同じ殺虫剤の散布がくり返されることによって，感受性個体が除去され，抵抗性個体が増えていく

表6-Ⅱ-9 抵抗性につながる作用点変異の明らかな殺虫剤とその作用点，グループ

殺虫剤の種類	殺虫剤の作用，グループ（IRAC）	作用点の変異
有機リン系，カーバメート系	AChE阻害剤，グループ1	AChEの変異
環状ジエン有機塩素系，フェニルピラゾール系	GABA作動性塩素イオンチャネルブロッカー，グループ2	GABA作動性塩素イオンチャネルの変異
ピレスロイド系，ピレトリン系	ナトリウムチャネルモジュレーター，グループ3	ナトリウムチャネルの変異
ネオニコチノイド系	nAChR競合的モジュレーター，グループ4	nAChR β1サブユニットの変異
スピノシン系	nAChRアロステリックモジュレーター，グループ5	nAChR α6サブユニットの変異
アベルメクチン系	GluClアロステリックモジュレーター，グループ6	塩素イオンチャネルの変異
エトキサゾール	ダニ類成長阻害剤，グループ10B	キチン合成酵素の変異
BT	微生物由来昆虫中腸内膜破壊剤，グループ11	BT受容体の変異，ABCトランスポーターの変異
ベンゾイルフェニル尿素	キチン生合成阻害剤，グループ15 タイプ0	キチン合成酵素の変異
ブプロフェジン	キチン生合成阻害剤，グループ16 タイプ1	キチン合成酵素の変異
テブフェノジド	脱皮ホルモン（エクジソン）受容体アゴニスト，グループ18	エクジソン受容体遺伝子の変異
ビフェナゼート	ミトコンドリア電子伝達系複合体Ⅲ阻害剤，グループ20D	ミトコンドリアのチトクロムb（呼吸鎖複合体Ⅲのサブユニット）の変異
ピリダベン	ミトコンドリア電子伝達系複合体Ⅰ阻害剤，グループ21A	ミトコンドリアのPSST（呼吸鎖複合体Ⅰサブユニット）の変異
ジアミド系	リアノジン受容体モジュレーター，グループ28	リアノジン受容体の変異

殺虫剤の作用とグループについては，第3章7項参照
AChE：アセチルコリンエステラーゼ，GABA：γ（ガンマ）-アミノ酪酸，nAChR：ニコチン性アセチルコリン受容体
GluCl：グルタミン酸作動性塩化物イオン（塩素イオン）チャネル

変化し，殺虫剤との相互作用が低下してしまうことでおこる。

表6-Ⅱ-9に示したグループの殺虫剤については，抵抗性につながる作用点変異が明らかにされている。このように，標的部位の感受性の低下による抵抗性には，いずれも標的部位の変異がかかわっている。標的部位の変異は，それをコードする遺伝子の塩基置換によっておこることが多い。そのような場合は，PCR法や塩基配列決定法などの手法を用いて，抵抗性にかかわる変異を検出したり，個体群での変異の頻度を定量したりすることができる。

❸ 解毒分解酵素活性の増大による抵抗性

解毒分解酵素活性の増大による抵抗性は，殺虫剤を含む有害物質の解毒分解にかかわるチトクロームP450（cytochrome P450），カルボキシルエステラーゼ（carboxylesterase），グルタチオン転移酵素（glutathione S-transferase）などの酵素活性が高まることで生じる。

たとえば，野外におけるトビイロウンカ（*Nilaparvata lugens*）のイミダクロプリド（ネオニコチノイド系，nAChR競合的モジュレーター，グループ4）抵抗性には，特定のチトクロームP450遺伝子（*CYT6ER1*）の高い発現が関与している。

❹ その他の薬剤抵抗性メカニズム

以上のメカニズムとは異なる殺虫剤抵抗性として，カメムシ類は土壌から殺虫剤（フェニトロチオン：有機リン系，AChE阻害剤，グループ1B）を分解する細菌を共生細菌（殺虫剤分解菌）として取り込むことで抵抗性

を発達させることが，実験室の条件で報告されている。さらに，殺虫剤分解菌の取り込みによるカメムシ類の抵抗性獲得は野外でもおこり得ることも報告されたが，このメカニズムの一般性は明らかになっていない。

3 交差抵抗性，複合抵抗性

ある殺虫剤に対して抵抗性を発達させた害虫は，同じ作用グループの殺虫剤に対して抵抗性を示すだけでなく，まれに異なる作用グループの殺虫剤に対しても抵抗性を示す場合がある。このような現象を交差抵抗性（cross resistance）という。交差抵抗性には共通の抵抗性メカニズムが働いていると考えられる。

なお，ある害虫が異なる作用グループに属する複数の殺虫剤に対して抵抗性を発達させた場合は，複合抵抗性（multiple resistance）とよぶ。複合抵抗性は，複数の異なる抵抗性メカニズムによっておきる。

9 薬剤抵抗性管理

殺虫剤は，総合的有害生物管理（integrated pest management：IPM）（本章Ⅵ項参照）でも基幹的な防除手段として位置づけられている。殺虫剤を含む薬剤の開発には膨大な安全性試験がおこなわれ，健康被害や環境残留毒性などの問題は発生しにくくなった反面，開発期間は10年以上にもおよび，開発コストは100億円規模にも達するようになった。こうした状況のなかで，殺虫剤抵抗性の発達を防ぐことは害虫管理だけでなく，社会的にも重要である。

1 殺虫剤のブロック式ローテーション

殺虫剤抵抗性をできるだけ発達させず，殺虫剤の有効性を長く維持するための対策（殺虫剤抵抗性管理，insecticide resistance management）は，1970年代から議論されている。

これまで，殺虫剤抵抗性管理としては，おもに作用のちがう（交差抵抗性のない）殺虫剤のローテーション使用が推奨されてきた。しかし，薬剤散布はローテーションであっても，害虫に対しては世代間連用になっている場合がでてくる（図6-Ⅱ-7）。そのため最近では，世代間連用をさけるブロック式ローテーションが推奨されている（図6-Ⅱ-7）。

ブロック式ローテーションとは，害虫1世代を1ブロックとして殺虫剤散布を考え，となりあうブロック（世代）では作用のちがう殺虫剤を使用することを原則にする方法である。

2 Bt作物の高薬量／保護区戦略

土壌細菌，バチルス・チューリンゲンシス（Bacillus thuringiensis）の殺虫タンパク質遺伝子が導入されたBt作物[注15]による商業的栽培では，高薬量／保護区戦略（high-dose/refuge strategy）の考え方が抵抗性管理の基幹となっており，順守が義務づけられている。高薬量／保護区戦略は，

〈注15〉
Bacillus thuringiensis は昆虫病原性細菌で，生物殺虫剤（BT剤）として使われている。この細菌の殺虫性タンパク質（Btタンパク質）をつくる遺伝子を，遺伝子組み換えで組み込んで害虫抵抗性をもたせたのがBt作物である。

殺虫剤を高薬量で施用することで個体群内の抵抗性遺伝子の割合を減少させると同時に、殺虫剤を使用しない保護区を設けることによって感受性遺伝子を温存し、抵抗性の発達を遅らせようとする考え方である。

ここでは、害虫（2倍体）の殺虫剤抵抗性が1遺伝子座の1対の対立遺伝子（抵抗性遺伝子Rと感受性遺伝子S）に支配され、ヘテロ接合体RSは抵抗性ホモRRと感受性ホモSSの中間的な抵抗性を示す不完全顕性（不完全優性）の場合を想定して、高薬量/保護区戦略を考える（図6-Ⅱ-8）。

RSも殺すような殺虫剤の高薬量施用をおこなった場合（高薬量施用区）、生き残るのはRRのみである。一方、保護区では殺虫剤散布がないため、個体群の大部分はSSのままである。両個体群が十分に交じり合って交尾すれば、RRがSSと交尾する確率は高まり、RSがうまれる。RSは高薬量施用で殺されるので、抵抗性個体の増加を遅らせることが可能になる。

さらに、交差抵抗性のない2つの剤の混合剤に対して抵抗性を発達させた個体の割合は、単剤に対して抵抗性を発達させた個体の割合よりきわめて低い。そのため、混合剤を用いた高薬量/保護区戦略を抵抗性遺伝子の頻度が低い段階からおこなえば、より長期にわたって抵抗性の発達を抑制できるとの指摘もある。

ただし、高薬量/保護区戦略が成立するためにはさまざまな条件（注16）が必要であり、全ての害虫の殺虫剤抵抗性管理に適用することはその可否も含めて、今後の検討課題である。

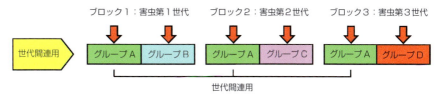

図6-Ⅱ-7　薬剤の世代間連用をさけるブロック式ローテーション
矢印は薬剤散布を示す

〈注16〉
害虫の移動分散性のちがい、交差抵抗性、農薬登録上の制限、SS個体を維持するための広大な保護区の確保（生産者の理解）などの条件。

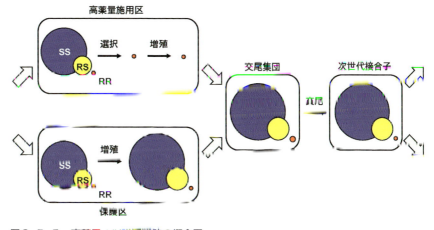

図6-Ⅱ-8　高薬量/保護区戦略の概念図
SS, RS, RRはそれぞれ遺伝子型が感受性ホモ、ヘテロ、抵抗性ホモの個体を示す

9　殺虫剤抵抗性管理

第6章 III
生物的防除

1 生物学的防除と生物的防除

　天敵（natural enemy）とは，特定の生物を捕食や寄生によって死亡させる生物で，天敵を用いて害虫を防除する方法を生物的防除法（biological control）という。しかし，生物的手段を用いた防除法には，天敵類の利用以外に，表6-III-1に示すように抵抗性品種などを用いた耕種的防除（本章V項参照），不妊虫を放飼する遺伝的防除（本章IV-9項参照），フェロモンなどの行動制御物質（第3章8項参照）や成長ホルモンなどの昆虫成長制御物質といった生理活性物質の利用（昆虫成長制御（IGR）剤，第3章7-2項参照），もあげられる。

　混乱を防ぐために，さまざまな生物的手段を用いた防除法を含める場合は生物学的防除（biorational control），天敵利用による防除法のみをさす場合は生物的防除とよぶのが一般的である。本章では，生物的防除として，天敵を用いた防除法について詳しく説明する。

2 生物的防除のはじまりと特徴

1 生物的防除のはじまり

　いわゆる「虫（天敵）を利用して虫（害虫）を制圧する」発想はかなり古くからあり，中国では晋の時代，西暦304年ごろに出版された書物『南方草木状』に，農作物の害虫防除のためにアリを天敵として利用したことが記されている。

　近代的な生物的防除研究は，1880年代にアメリカのカリフォルニアでのベダリアテントウ（*Rodolia cardinalis*）を用いたカンキツのイセリアカイガラムシ（*Icerya purchasi*）の防除の成功がきっかけになり，世界各地で天敵を導入する試みがさかんにおこなわれた。

　ところが，第二次世界大戦後に化学農薬による防除がさかんになると，生物的防除法の試みはいったん下火となった。しかし，まもなく薬剤抵抗性害虫の出現や周辺環境の汚染などさまざまな問題が顕在化し，生物的防除は再び脚光をあびるようになった。

　日本では，1990年代後半から生物農薬の販売が本格的にはじまったことや，天敵に影響の少ない農薬や防除手段が増えてきたため，実用化

表6-III-1　生物的手段を利用した防除法（生物学的防除）

防除法の種類	おもな防除方法の例
耕種的防除	抵抗性品種の利用，作期の移動や輪作などの栽培管理の工夫
遺伝的防除	不妊虫の放飼
生理活性物質の利用（化学的防除）	合成性フェロモン剤による交信撹乱，ホルモンを利用した昆虫成長制御剤（IGR剤）
生物的防除	天敵の利用（詳細は本項で説明）

に向けた取り組みが本格化した。さらに，消費者の環境問題や食の安全に対する関心の高まりと，行政機関による総合的有害生物管理（integrated pest management：IPM）への取り組みの推進も背景に，現在，さまざまな作物で，天敵を利用した防除技術体系の確立や普及に向けて，試験研究が精力的にすすめられている。

2 生物的防除の長所と短所

生物的防除のおもな長所は，①対象害虫以外への作用が少なく，残留毒性の心配もないため，作物や人畜への薬害などの悪影響が少ない，②抵抗性が発達しにくい，③天敵自身が対象害虫を探索して移動するため，農薬散布より省力的である，などがあげられる。

図6-Ⅲ-1　捕食者の例：さまざまなテントウムシ
①ナミテントウ，②ヒメカメノコテントウ（いずれもアブラムシ類の捕食者）
③ベダリアテントウ（イセリアカイガラムシの捕食者）
　　（写真提供：望月雅俊氏）
④ハダニクロヒメテントウ（ハダニ類の捕食者）

短所は，①対象になる害虫の種類が限定される，②気候やさまざまな環境条件によって効果に振れが大きい，③効果の発現に時間がかかるため，使用適期の習熟がむずかしい，④天敵製剤は製造にコストがかかるので価格が高く，また保存が困難である，などがあげられる。

これらの特徴は，生物を利用していることに起因している。利用にあたっては特徴を十分に理解するとともに，栽培状況に対応した使い方を工夫することが重要である。

3 天敵の分類

天敵は害虫への作用機構のちがいから以下の4タイプに分けられている。

1 捕食者

他の生物を捕獲してエサ（prey）として食べる生物を捕食者（predator）といい，天敵として重要な役割をはたしている（図6-Ⅲ-1）。捕食者は，テントウムシ科，オサムシ科，ハネカクシ科などのコウチュウ目，ハナカメムシ科やサシガメ科などのカメムシ目，ヒラタアブ科，タマバエ科，ショウジョウバエ科などのハエ目，アリ科などのハチ目，クサカゲロウ科などのアミメカゲロウ目と多様である。また，昆虫類ではないが，クモ目やカブリダニ科などのダニ目は，害虫への重要な捕食者として知られている。

2 捕食寄生者

他の生物（寄主，host）に寄生して生活し，最終的にその生物を殺してしまう生物を捕食寄生者（parasitoid）という（図6-Ⅲ-2）。大部分はハ

図6-Ⅲ-2　捕食寄生者の例
コナガ3齢幼虫に寄生するヒイコウコナガチビアメバチ雌成虫（写真提供：野田隆志氏）

図6-Ⅲ-3
病原微生物（*Metarhizium anisopliae*）に感染死亡したマメコガネ成虫
（写真提供：栁沼勝彦氏）

チ目やハエ目に含まれ，なかでもヒメバチ科，コマユバチ科，コバチ上科，ヤドリバエ科などが天敵として重要な役割をはたしている。

3 寄生性線虫

　昆虫寄生性線虫（entomopathogenic nematode）の *Steinernema*（スタイナーネマ）属は，コガネムシ類の幼虫，ゾウムシ類などコウチュウ目の幼虫，チョウ目幼虫などに寄生する。これらの線虫は，寄主昆虫の口，肛門，気門の開口部などから侵入し，体内にいる共生菌を寄主の体内に放出して敗血症を引き起こし，数日のうちに死亡させる。紫外線や乾燥に弱いが，移動分散能力が高く，線虫自身が宿主昆虫をさがして寄生するなどの特徴がある。大量培養技術が確立され，殺虫剤が効きにくい土壌中や，枝幹生息性の難防除害虫の有望な天敵として製品化されている。

4 病原微生物

　昆虫類も多様な病原微生物（pathogen）に感染して，死亡することが知られている（図6-Ⅲ-3）。野外でもチョウ目幼虫などの大発生時に，病原微生物への感染が大流行して，密度を急速に低下させる例が観察される。害虫防除には，おもに糸状菌，細菌，ウイルスが利用されている。

❶ 糸状菌

　糸状菌では，*Beauveria*（ボーベリア）属，*Paecilomyces tenuipes*（ペキロマイセス・テヌイペス），*Verticillium lecanii*（バーティシリウム・レカニ），*Metarrhizium anisopliae*（メタリジウム・アニソプリエ）が代表的なものである。広い寄主範囲を示すものが多いが，おもにコナジラミ類，アブラムシ類，アザミウマ類，カミキリムシ類などの防除用に市販されている。いずれも経皮的に感染（注1）し，遅効的である。また，効果を発揮させるには高湿度条件が必要である。

〈注1〉
病原体が皮膚から侵入して感染することを経皮的感染という。

❷ 細菌類

　細菌類で代表的なものは，BT剤として市販されている *Bacillus thuringiensis*（バチルス・チューリンゲンシス）である。おもにチョウ目幼虫に有効で，速効性がある。

　この菌はタンパク性の結晶性毒素をもっていて，摂食によって菌が害虫の体内に取り込まれると，消化管内で毒素が活性化して死亡させる。このため，BT剤は生菌だけでなく死菌でも製剤化されている。さらに，遺伝子操作技術によってBT剤の殺虫活性成分の合成に関与する遺伝子を組み込んだ，害虫抵抗性ワタやトウモロコシが作出され実用化されている。

　そのほかの細菌類では，コガネムシ類幼虫に乳化病を引き起こす *Bacillus popilliae*（バチルス・ポピリエ）が知られる。

❸ ウイルス

　昆虫病原ウイルスは約1600種以上が知られおり，その約80%はチョウ

目昆虫を宿主にしていて，宿主範囲が狭い。顆粒病ウイルスと核多角体病ウイルスが，チョウ目幼虫防除用に市販されている。

5 利用からみた天敵の分類

天敵の利用からみると，①圃場やその周辺にもともと生息している土着天敵（indigenous natural enemy, native natural enemy），②海外やほかの地域から人為的に持ち込まれた導入天敵（introduced natural enemy），③製剤化されて販売されている生物農薬（biological pesticide）の3タイプに分けられる。なお，生物農薬では，捕食者，捕食寄生者を利用したものを天敵農薬（注2），寄生性線虫（共生細菌などを活性成分にもつもの）や病原微生物を利用したものは微生物農薬（注3）と分類されている。

日本では農薬取締法によって天敵も農薬とみなされ，輸入，製造，販売するには農薬として登録する必要があり，使用にも適用作物や使用法の規制がある。

〈注2〉
農薬として登録され製品化している天敵のことで，天敵製剤ともよばれている。なお，本6章Ⅲ項では天敵を製剤化した防除剤ということで，以下天敵製剤とした。

〈注3〉
微生物防除剤ともよばれている。なお，本章Ⅲ項では一般的に使われている微生物農薬を採用した。

4 生物的防除の方法

害虫を防除するための天敵の利用法は，大きく分けて以下の3つがある。なお，それぞれの具体的な手法や防除例は後出の項で詳しく解説する。

①**放飼増強法**（augumentation）：施設栽培など土着天敵が生息していない，もしくは密度が低くて効果が期待できない場合に，人為的に天敵を放飼して害虫を防除する方法である。作物の栽培中の限られた時期の効果を目的にしていて，永続的な効果は期待しない。接種的放飼（innoculative release）と大量放飼（inundative release）に分けられる。接種的放飼は，栽培初期や対象害虫の発生初期に少数の天敵を放飼して定着させることによって，害虫を低密度に維持する方法である。大量放飼は，害虫密度をすみやかに低下させるために大量に天敵を放飼する方法で，寄生性線虫や病原微生物で多く利用されており，化学農薬の利用法に近い。

②**保全的生物的防除法**（conservation of natural enemy）：圃場内に生息している土着天敵を，環境を整えてその能力を最大限発揮させて害虫防除に用いる方法である。

③**伝統的生物的防除法**（classical biological control）：外国やほかの地域から新しい天敵を導入して定着させ，対象害虫を永続的に防除する方法で，天敵利用では最も古く，歴史ある利用法である。

5 放飼増強法

1 天敵製剤の利用が中心

この方法は，天敵製剤を用いた施設栽培での防除が主流である。

日本で本格的に天敵製剤が販売されたのは，1995年のチリカブリダニ（*Phytoseiulus persimilis*）とオンシツツヤコバチ（*Encarsia formosa*）で，2017年には23種が登録されている。出荷額は約11億円で，殺虫剤全体

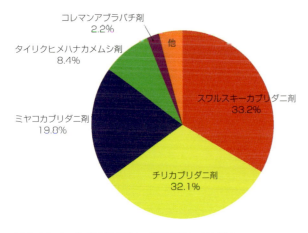

図6-Ⅲ-4　各種天敵製剤の出荷額にしめる割合
（日本植物防疫協会『農薬要覧2016』より作成）

〈注4〉
正式名称は，国立研究開発法人農業・食品産業技術総合研究機構。

にしめる割合は1％未満とまだ小さいが，施設栽培の果菜類では半数以上の生産者が天敵製剤を利用しており，徐々に広がりをみせている。

　そのおもな要因として，ハダニ類，アザミウマ類，コナジラミ類といった微小害虫類の薬剤抵抗性が深刻化して有効な殺虫剤が不足していること，また，受粉作業低減を目的にセイヨウオオマルハナバチが導入され，使用可能な殺虫剤の種類や使用時期が制限されるようになったことがあげられる。

　主力は，スワルスキーカブリダニ剤，チリカブリダニ剤，ミヤコカブリダニ剤のカブリダニ製剤で，85％以上をしめる（図6-Ⅲ-4）。

　天敵製剤のほとんどは海外からの輸入に依存しているが，日本国内での開発も徐々にすすめられている。ユニークな例として，ナミテントウ（*Harmonia axyridis*）の製剤化がある。農研機構〈注4〉西日本農業研究センターが中心になって，自然界から飛翔能力の低い個体を探索して交配することで，遺伝的に飛翔能力を欠いた系統の育成に成功した。作物によく定着するアブラムシ防除効果の高い，「飛ばないナミテントウ」として2014年から市販されている。

　なお，放飼増強法を利用した防除例をコラム1で紹介した。

2│天敵による防除効果を高める工夫

　天敵製剤は化学農薬にくらべ，害虫密度の抑制効果があらわれるのが遅く，使用時期が遅れると害虫が大発生する危険がある。また，天敵の種類ごとに特性が大きくちがうため，それに対応して安定して効果を上げるためのさまざまな技術が考案されている。ここでは代表例を紹介する。

❶ゼロ放飼

　天敵を用いて害虫密度を低く保つには，害虫密度が低い発生初期に放飼することが重要になる。しかし，害虫が寄生した苗を持ち込むなどで，栽培初期にすでに害虫密度が高まっていることがある。このまま天敵を放飼しても充分な効果が得られないので，まず，天敵に影響が少ないか，残効の短い殺虫剤を使って，害虫密度を限りなくゼロに下げてから放飼することが広くおこなわれている。これを「ゼロ放飼」という。

❷天敵に影響の少ない農薬の選択

　栽培現場では，天敵のみですべての害虫を防除するのは不可能である。また，天敵と害虫のバランスがなんらかの原因でくずれて，害虫が突発的に発生する場面もでてくる。そのため，天敵と農薬をうまく調和させた防除体系を構築することが不可欠で，この場合は天敵に対して影響が少ない農薬を選択する必要がある。天敵製剤への農薬の影響をまとめた資料は，

日本生物防除協議会（Japan BioControl Association）のウェブサイトに「天敵等に対する農薬の影響目安の一覧表」が掲載されている。また，各天敵製剤の販売元や各県の農業試験研究機関などでも独自に影響リストがまとめられている。これらを参考に農薬を選ぶとよい。

❸ バンカー法

● バンカー法とは

　天敵による防除を成功させるには，害虫の発生初期に放飼をおこなうことが重要である。しかし，とくに微小害虫の場合，発生密度をこまめに調査するには大変な労力がかかる。その一方で，天敵の多くはエサになる害虫がいなければ生存や増殖ができない。このため，適切な天敵放飼のタイミングの把握は，栽培現場では非常に高度な技術であり，天敵による防除の普及をさまたげる要因であった。これを解決する方法の1つとして考案されたのが，バンカー法である。バンカーとは天敵の銀行を意味し，栽培施設や圃場内に，天敵に代替エサ（非害虫）と生息場所を提供するバンカー植物（banker plants）を設置し，天敵を継続的に維持・供給して，害虫の発生前からまちぶせて継続的に防除する方法である。

● 実用化しているコレマンアブラバチのバンカー法

　バンカー法は1980年代以降，欧米を中心に研究されているが，日本国内で実用化された技術として，農研機構が中心になって取り組んだコレマンアブラバチ（*Aphidius colemani*）のバンカー法がある。

　ワタアブラムシ（*Aphis gossypii*）やモモアカアブラムシ（*Myzus persicae*）に寄生する天敵として市販されているコレマンアブラバチを，オオムギなどのムギ類に寄生するムギクビレアブラムシ（*Rhopalosiphum padi*）を代替寄主として施設内で維持・増殖させることで，対象害虫をま

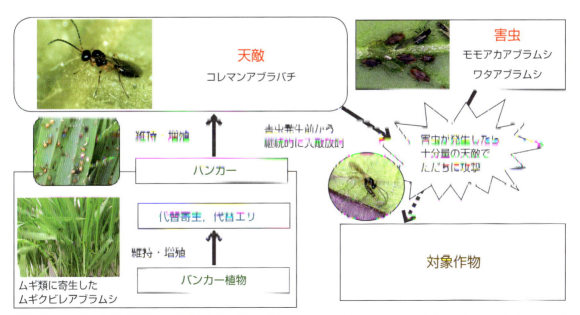

図6-Ⅲ-5　コレマンアブラバチを用いたバンカー法のしくみ（長坂，2016『天敵活用大事典』を改編）（写真提供：長坂幸吉氏）

ちぶせして発生を防ぐとともに，天敵の効果を長期間持続させる技術である（図6-Ⅲ-5）。ムギクビレアブラムシは野菜類の害虫ではなく，ムギ類は野菜類との共通病害虫の心配が少ない。

バンカー作製キットとしてムギクビレアブラムシとコムギがセットで市販されている。詳しい方法は，農研機構のウェブサイトで「アブラムシ対策用『バンカー法』技術マニュアル」として公開されており，2018年現在，ナス，ピーマン，イチゴで利用できる。バンカー法は，現在も利用対象の拡大や手法の簡便化をめざして研究がすすめられている。

❹天敵の特性を生かして使い分ける

天敵は生物なので，害虫密度を抑制する能力，活動に適した気候条件や飢餓耐性などが種類ごとに大きくちがい，栽培状況に対応した使い分けが重要である。

ハダニ類の天敵として最初に登録されたチリカブリダニ（図6-Ⅲ-6）は捕食量が多く，ハダニ密度低下の速効性にすぐれている。しかし，ハダ

放飼増強法による害虫防除の例 －促成栽培ピーマン類（高知県）－ コラム1

● **天敵資材使用の開始**

施設野菜の栽培がさかんな高知県では，早い段階から天敵製剤を利用した生物的防除に積極的に取り組んでおり，作物もナス，ピーマン類，ミョウガ，キュウリなど多岐にわたる。ここでは代表例として施設ピーマン類での天敵製剤活用（放飼増強法）の取り組みを紹介する。

9月上旬～10月上旬に定植される促成栽培のピーマンやシシトウでは，果実を加害するミナミキイロアザミウマ（Thrips palmi）が抵抗性を発達させており，殺虫剤による防除がきわめて困難であった。このため，天敵製剤による防除は，ミナミキイロアザミウマを対象に1996年ごろから開始された。当時ミナミキイロアザミウマに対してただ1つ登録のあったククメリスカブリダニ（Neoseiulus cucumeris）は効果が不安定であったが，つづいて市販されたタイリクヒメハナカメムシ（Orius strigicollis）（図6-Ⅲ-7）は安定した効果を発揮し，2004年には栽培面積の約60％で天敵が導入されるようになった（図6-Ⅲ-8）。

● **タバココナジラミに対応した防除体系の確立**

その後，薬剤抵抗性の発達したタバココナジラミ（Bemisia tabaci）の発生が問題になり，当時の防除体系では十分に対応できず，しばらくのあいだ天敵による防除の普及が停滞した。しかし，2008年に登録されたスワルスキーカブリダニ（Amblyseius swirskii）（図6-Ⅲ-7）は花粉をエサにして作物によく定着し，タバココナジラミに十分な防除効果を発揮することが明らかになった。そこで，スワルスキーカブリダニとタイリクヒメハナカメムシを併用した，新たな防除体系が構築され急速に導入がすすんだ。

具体的な手順は，育苗期から定植期にかけて害虫の発生が多いので，ネオニコチノイド系粒剤で栽培初期の防除をおこない，定植10～20日後にスワルスキーカブリダニを放飼する。さらにネオニコチノイド系粒剤の影響が少なくなる定植30～40日以降には，アザミウマ類の天敵であるタイリクヒメハナカメムシを放飼する。これらの天敵によって，薬剤防除にくらべ長期間アザミウマもタバココナジラミも低密度に維持される（図6-Ⅲ-9）。スワルスキーカブリダニとタイリクヒメハナカメムシを併用した防除体系によって，主要害虫の防除効果は安定するようになり，2014年には天敵導入率は栽培面積の95％にまで上昇した。

● **土着天敵タバコカスミカメも利用**

高知県では，さらに近年，天敵製剤に加えて土着天敵であるタバコカスミカメ（Nesidiocoris tenuis）を「特定農薬」（注）として維持・増殖して，施設ナスでタバココナジラミやミナミキイロアザミウマの防除に用いる体系も確立・普及させている。

〈注〉
その原材料に照らし農作物等，人畜及び水産動植物に害を及ぼすおそれがないことが明らかなものとして農林水産大臣及び環境大臣が指定する農薬。農薬登録の必要がない。土着天敵については，同一都道府県内で採集されたものを増殖・利用する場合が該当する。詳細は「特定農薬（特定防除資材）として指定された天敵の留意事項について」（2014年3月）(http://www.maff.go.jp/j/nouyaku/n_tokutei/pdf/h26tokuteinouyaku_tennteki.pdf) 参照。

図6-Ⅲ-6
ナミハダニを捕食するチリカブリダニ（左）とミヤコカブリダニ（右）

図6-Ⅲ-7
タイリクヒメハナカメムシ（左）とスワルスキーカブリダニ（右）（左の写真提供：下元満喜氏）

ニしか食べないので、ハダニの密度が低くなると作物への定着が悪くなり、効果が不安定である。その後登録されたミヤコカブリダニ（*Neoseiulus californicus*）（図6-Ⅲ-6）は、チリカブリダニより捕食量は少ないが、ハダニの密度が低くなっても花粉などをエサにして作物に定着できる。

施設イチゴでは、この特徴のちがう2種類のカブリダニを組み合わせて、効果的にハダニ防除をおこなっている。一例として、秋の定植後にミヤコカブリダニを放飼してハダニの初期発生をおさえ、冬～春のハダニ増殖時にはチリカブリダニを追加放飼して、栽培終了時まで長期間ハダニを実害のないレベルに抑制している。

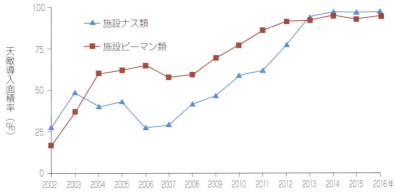

図6-Ⅲ-8　高知県の施設ピーマン、施設ナスでの天敵導入面積率の推移
（古味、2016にデータを追加）
注）高知県農業振興部環境農業推進課とりまとめ。数値はとりまとめ年（データ提供：下元満喜氏）

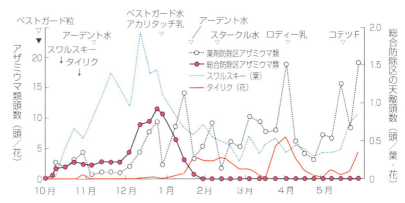

図6-Ⅲ-9　スワルスキーカブリダニとタイリクヒメハナカメムシを併用したアザミウマ類の防除効果（高知県「傾斜ハウストリ」）（伊藤ら、2010「天敵活用大事典」）
無音防除区は、スワルスキーカブリダニ（図中スワルスキー、15,000頭/10a）とタイリクヒメハナカメムシ（図中タイリク、2,000頭/10a）を放飼（↓）した。▼は総合防除区、▽は薬剤防除区での薬剤処理を示す。粉：粉剤　水：水和剤、乳：乳剤、F：フロアブル

6　保全的生物的防除法

1　開放的な圃場での土着天敵の活用が中心

　露地野菜や果樹園などの大規模で開放的な環境では、圃場や周辺環境に生息する土着天敵を活用した、保全的生物的防除法が主力になる。
　土着天敵を利用した生物的防除の研究は、果樹など永年作物を中心に

〈注5〉
防除対象にとなる特定の害虫には高い殺虫効果を示すが，人畜など哺乳動物や有用昆虫などには低毒性の殺虫剤のこと。逆に，広範な害虫に効果がある殺虫剤を非選択性殺虫剤とよび，有用昆虫類にも悪影響をおよぼす場合が多い。

1960年代からおこなわれていた。しかし，実用化に向けての取り組みが本格化したのは，選択性殺虫剤(注5)やチョウ目害虫へのフェロモン剤利用など，天敵に影響の少ない防除手段が実用化されはじめた1990年代後半からである。その後，2012～2015年に農林水産省の委託プロジェクト「土着天敵を有効活用した害虫防除システムの開発」によって，農研機構を中心に公設農業研究機関や大学などで，さまざまな作物で土着天敵を活用した防除体系の開発に取り組まれた。その成果は，「土着天敵を利用する害虫管理最新技術集」や「土着天敵を活用する害虫管理技術事例集」にまとめられ，農研機構のウェブサイトで公開されている。

保全的生物的防除の基本手法は，まず圃場での土着天敵相を把握する。そして，天敵に影響の少ない農薬によって「保護」するとともに，圃場内や周辺の植生管理によって「強化」するという手順でおこなわれる。現在では，さまざまな作物や栽培体系に対応した手法が取り組まれている。なお，保全的生物的防除法を利用した防除例をコラム2で紹介した。

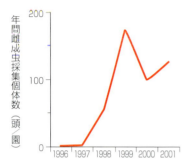

図6-Ⅲ-10
慣行防除ナシ園（茨城県つくば市）でのミヤコカブリダニの採集状況
（Kishimoto, 2002，および追加データにもとづき作成）

2▎圃場での土着天敵相の把握

圃場に生息する土着天敵類は，地域，作物，栽培体系や圃場環境によって多種多様である。そのため，圃場にどのような特徴をもった土着天敵がどれくらい発生しているかの把握が，保全的生物的防除法をすすめるための第一歩である。

たとえば，ハダニ類など微小害虫の有力な天敵であるカブリダニ類は，慣行防除体系がおこなわれている果樹園でも，チョウ目害虫へのフェロモン剤利用や選択性殺虫剤など天敵に影響の少ない防除手段の導入にともない，1990年代後半からミヤコカブリダニをはじめ観察事例が増えている（図6-Ⅲ-10, 11）。さらに，各圃場でのカブリダニ類の種構成は，作物の種類や防除体系などさまざまな要因によって大きくちがっていることも明らかになっている（図6-Ⅲ-12, 表6-Ⅲ-2）。このように，さまざまな圃場でのカブリダニ類の種構成データが蓄積されつつある。

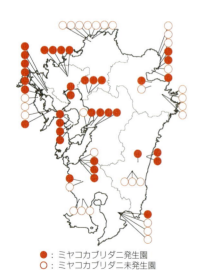

● : ミヤコカブリダニ発生園
○ : ミヤコカブリダニ未発生園

図6-Ⅲ-11
九州のカンキツ園でのミヤコカブリダニの発生状況（岸本ら，2007，および追加データにもとづき作成）
2005～2008年，慣行防除園50園，減農薬園17園調査
1990年前半までは慣行防除園でのカブリダニ発生はミヤコカブリダニ以外の種も含めて皆無に近かった

3▎天敵類に影響の少ない農薬による保護

露地栽培では害虫の種類が多く，また突発的な害虫が発生する危険性も大きいので，農薬への依存度は施設栽培よりも高い。そのため，圃場に生息する天敵への農薬の影響を把握し，影響の少ないものを選択する必要がある。しかし，日本国内では各種土着天敵に対する農薬の影響評価の情報が十分ではなく，現状では天敵製剤の類似種のデータを参考にする例も多い。今後，知見の蓄積が求められる。

一方，茶園や果樹園では，天敵類への影響が大きいとされている非選択性殺虫剤（注5参照）に対して，感受性が小さいケナガカブリダニ（*Neoseiulus womersleyi*）やミヤコカブリダニが発

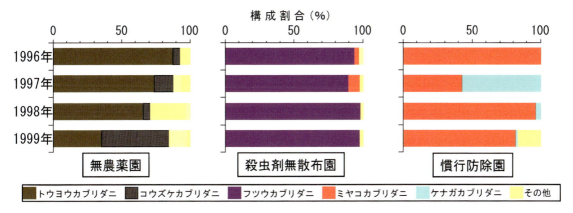

図6-Ⅲ-12　農薬散布体系のちがいとナシ園でのカブリダニ類の種構成（茨城県つくば市）(Kishimoto, 2002を改変)

見されており，活用が期待される。

4 植生の整備による強化

ほとんどの天敵は生存や活動のために，害虫だけでなく花粉や花蜜などの植物質のエサも利用している。そのため，圃場内の植生の整備・活用は，土着天敵の効果を高めるための基幹的な技術である。花粉や花蜜などのエサを供給して，天敵の働きを強化する植物を天敵温存植物（insectary plant）とよび，さまざまな土着天敵に有効な天敵温存植物の具体的情報が徐々に積み重ねられている（表6-Ⅲ-3）。

花粉や花蜜以外でも，たとえば，オクラでは脂質や糖などを含む直径1mm程度の真珠体が葉や芽で分泌され，ヒメハナカメムシ類のエサとして有効である。また，アザミウマ類やコナジラミ類の有力天敵であるタバコカスミカメは，ゴマやクレオメを吸汁して増殖できる。さらに，

表6-Ⅲ-2　農薬散布体系のちがいと九州のカンキツ園でのミヤコカブリダニ，ニセラーゴカブリダニの発生状況（2005～2008年調査）

農薬散布体系	調査園数	発生園数		
		ミヤコカブリダニのみ発生	ニセラーゴカブリダニのみ発生	両種発生
慣行防除園	50	26	6	2
減農薬園	17	6	5	4
無農薬園	23	0	20	1

（岸本ら，2007，および追加データにもとづき作成）

表6-Ⅲ-3　植物自体がエサになる天敵温存植物の例

〈花蜜，花粉〉
バジル類（スイートバジル，ホーリーバジル，シナモンバジル） アリッサム類（スイートアリッサム，スーパーアリッサム） ハゼリソウ，コリアンダー，ソバ
〈花粉〉
スイートコーン
〈真珠体〉
オクラ
〈植物吸汁〉
クレオメ，ゴマ

出典：『土着天敵を利用する害虫管理最新技術集』（農研機構中央農業研究センター編）

図6-Ⅲ-13　果樹園下草でカブリダニが多く観察された植物（園田・山下，2015）（写真提供：園田昌司氏）
左からカタバミ，ヤイトバナ，イヌタデ

天敵温存植物の条件として，対象作物の生育を阻害しない，病害虫の発生源にならない，栽培管理の支障にならないことも重要である。このため，作物の種類や栽培体系に対応した適切な天敵温存植物の利用が重要で，各地で実証試験がすすめられている。

保全的生物的防除法による害虫防除の例－リンゴでの土着カブリダニの活用によるハダニ防除（秋田県）－　　コラム2

●ナミハダニに有効な殺ダニ剤が少ない

　リンゴではおもにナミハダニ（黄緑型）（*Tetranychus urticae*）とリンゴハダニ（*Panonychus ulmi*）が寄生する。とくに，モモシンクイガ（*Carposina sasakii*），ハマキムシ類，キンモンホソガ（*Phyllonorycter ringoniella*）など主要チョウ目害虫の防除に，合成ピレスロイド系殺虫剤が多用されるようになった1980年代以降，ナミハダニ（黄緑型）の被害が顕著になり，年に2～3回の殺ダニ剤散布が必要になった。

　しかし，ナミハダニは多くの殺ダニ剤に対して抵抗性を発達させており，有効な殺ダニ剤が非常に少なく，多くの生産者が防除に苦慮している。ここでは，秋田県果樹試験場が取り組んだ，リンゴ園に生息するカブリダニ類を環境の整備によって活用した，ハダニ防除について紹介する。

●防除体系と下草を改善して土着カブリダニの働きを活性化

　北東北地方のリンゴ園では，ハダニの天敵として，おもに3種のカブリダニが生息する（図6-Ⅲ-14）。リンゴ樹にはフツウカブリダニ（*Typhlodromus vulgaris*），下草ではミチノクカブリダニ（*Amblyseius tsugawai*）が多く観察される。これら2種のカブリダニは広食性で，それぞれの場所で花粉などハダニ以外のエサを食べて生息し，侵入してくるハダニを捕食して初期のハダニ密度上昇を未然に防ぐ。

　さらに，園内のハダニ密度が上昇すると，ハダニを好んで捕食するケナガカブリダニが増殖してハダニ密度の高い場所に侵入し，短期間でハダニ密度を低下させる。このように，リンゴ園では生息場所と特徴のちがう3種のカブリダニの働きによって，ハダニの発生をおさえている。

　これらのカブリダニの働きを十分活かすため，害虫防除体系のみなおしと草生栽培によって，リンゴ園内の環境改善を試みた。主要なチョウ目害虫への殺虫散布は，有機リン剤や合成ピレスロイド剤など非選択性殺虫剤から，カブリダニに影響が少ないIGR剤（昆虫成長制御剤）を主体にした防除体系へと変更した（表6-Ⅲ-4）。

　下草管理は，カブリダニ類の保護のためにはできるだけ除草作業はおこなわないほうがよいが，無除草状態ではギシギシやヒメムカシヨモギ，オニノゲシなど草丈の高い雑草が繁茂して作業の障害や害虫発生の温床になるだけでなく，景観的な面からも容認できる生産者は少ない。そこで，こうした雑草の繁茂をおさえ，草丈を低く保つ目的で，シロクローバーを利用した。シロクローバーは丈夫で初期生育がすぐれ，雪解け後の4月に播種すると，地表を適切な草丈で覆ってカブリダニも保護してくれる（図6-Ⅲ-15）。

●効果の発揮をあせらずにまつ

　以上の方法でリンゴ園の天敵保護管理をおこなったところ，最初の2年間はナミハダニの密度が秋田県の要防除密度（1葉当たり雌成虫3頭）をこえ，リンゴの葉の褐変が観察された。しかしその後，ケナガカブリダニが発生することによって減少に転じた。

　3年目以降は，リンゴ葉にはフツウカブリダニ，下草（シロクローバー）にはミチノクカブリダニが春から秋まで連続して発生し，ナミハダニの発生がまったく問題にならなくなった（図6-Ⅲ-16）。また，下草の整備によって，チョウ目害虫を捕食する，オオアトボシゴミムシ（*Chlaenius micans*）の成虫が増えることも明らかになった。

●この防除法の注意点と今後の課題

　このように，永年作物の果樹園では，天敵保護管理によって，ただちにハダニの発生抑制効果があらわれるのではない。継続して実施することで，広食性の種類を主体にしたカブリダニの発生密度が高まり，徐々にハダニが発生しにくい環境に変化していくのである。保全的生物的防除法では，効果の発揮までにやや時間がかかることに注意する必要がある。

　なお，現在の防除体系では，年によって発生が問題になるカメムシ類やコガネムシ類など，リンゴ園の外から突発的に飛来してくる害虫には対応できない。このため，天敵を保護する防除体系に使用できる殺虫剤のメニューの充実に向けて，各種殺虫剤の天敵への影響評価がすすめられている。また，下草についても，各草種のカブリダニの保護機能の解明がすすめられており，たとえばオオバコの花粉がミチノクカブリダニの増殖に非常に適したエサであることが明らかにされている。今後，天敵保護に有用な草種情報の蓄積と，それらを下草として優占させる技術の開発が期待されている。

図6-Ⅲ-14 北東北地方のリンゴ園で多く観察される土着カブリダニ類
(舟山, 2015を改変)
フツウカブリダニは樹上に, ミチノクカブリダニは下草に多く生息する。ナミハダニ密度が高まるとケナガカブリダニが増える

図6-Ⅲ-15
シロクローバーの草生栽培をおこなったリンゴ園（播種2カ月後）
(写真提供：舟山健氏)

また、果樹園の下草などの自然植生でも、天敵の生息情報が蓄積されている。たとえば岡山県のモモ園の下草ではイヌタデ、カタバミ、ヤイトバナ（図6-Ⅲ-13）でカブリダニ類が多く観察されており、有効な活用法が検討されている。

表6-Ⅲ-4 リンゴ園での土着カブリダニ類を保護したIGR剤主体の殺虫剤防除体系の例（秋田県）

散布時期	薬剤名	対象害虫
芽出し前	マシン油乳剤	ナシマルカイガラムシ
5月上旬	フルフェノクスロン乳剤	ハマキムシ類, ケムシ類
5月下旬	フルフェノクスロン乳剤	ハマキムシ類, ケムシ類
6月中旬	ジフルベンズロン水和剤	キンモンホソガ, モモシンクイガ
6月下旬	ジフルベンズロン水和剤	モモシンクイガ, キンモンホソガ
	ブプロフェジン水和剤	ナシマルカイガラムシ
7月上旬	ジフルベンズロン水和剤	モモシンクイガ, キンモンホソガ
7月下旬	テフルベンズロン乳剤	モモシンクイガ, キンモンホソガ
8月上旬	テフルベンズロン乳剤	モモシンクイガ, キンモンホソガ

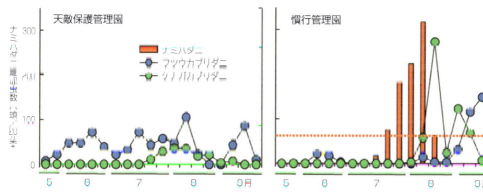

図6-Ⅲ-16 管理のちがうリンゴ園でのカブリダニ類とナミハダニの発生消長
(秋田県, 2012年, 天敵保護管理は継続4年目)(Funayama et al., 2015を改変)
点線は秋田県のナミハダニ要防除水準（1葉当たり3頭）を示す
天敵保護管理園ではカブリダニ類が継続的に発生し、ナミハダニの発生が抑制されている

7 伝統的生物的防除法

1 日本では6例が成功

　この方法は，冒頭で述べた，ベダリアテントウの導入によるイセリアカイガラムシ防除の成功をきっかけに，世界的におこなわれてきた方法である。日本国内でも第二次世界大戦前から多くの天敵が導入されてきており，そのうち6例が殺虫剤散布をほとんど必要としないレベルまで害虫密度を継続的に抑制でき，成功と評価されている（表6-Ⅲ-5）。

　ただし，これらの成功例はいずれも侵入害虫に対してであり，また原産地で有効に働いている天敵を，比較的環境の安定した果樹など永年作物へ導入したものである。一方で土着害虫や一年生作物でも多くの天敵導入が試みられたが，明確に成功した例は確認されていない。ここではチュウゴクオナガコバチ（*Torymus sinensis*）の成功例について紹介する。

2 チュウゴクオナガコバチによるクリの難防除害虫クリタマバチの防除
❶ クリタマバチの被害発生の経過

　クリタマバチ（*Dryocosmus kuriphilus*）は，クリの新芽に虫えい（虫こぶ）をつくり，枝の伸長をさまたげて枯死させる（図6-Ⅲ-17）。被害が増加すると，クリの樹体成長と果実生産が大きく低下する重要害虫である。日本国内では，1941年ごろ岡山県ではじめて確認されて以降，苗木や穂木の移動によって急速に分布を拡大し，1960年代までに全国的に被害が広がった。

　クリタマバチは，成虫期以外はクリの休眠芽や虫えい内で生活するため，殺虫剤の効果はない。そこで，クリタマバチに抵抗性をもつクリ品種が精

表6-Ⅲ-5　日本国内での伝統的生物的防除の成功例（村上，1997より抜粋）

対象害虫	導入天敵	作物	導入元	導入年
イセリアカイガラムシ	ベダリアテントウ	カンキツ	台湾	1911
ミカントゲコナジラミ	シルベストリコバチ	カンキツ	中国	1925
リンゴワタムシ	ワタムシヤドリコバチ	リンゴ	アメリカ	1931
ルビーロウムシ	ルビーアカヤドリコバチ	カンキツ，カキ，チャ	九州	1948
ヤノネカイガラムシ	ヤノネキイロコバチ，ヤノネツヤコバチ	カンキツ	中国	1980
クリタマバチ	チュウゴクオナガコバチ	クリ	中国	1979, 1981

図6-Ⅲ-17　クリの休眠芽に産卵するクリタマバチ（左，体長約2mm）と，新芽に形成されたクリタマバチの虫えい（右）（写真提供：守屋成一氏）
新芽の伸長がさまたげられ，成虫の羽化脱出後に枯死する

力的に育成され，いったん被害は軽減した。しかし，まもなく抵抗性品種も加害するバイオタイプ（系統）が出現し，再びクリタマバチの脅威にさらされることになった。また，日本国内に生息する土着天敵類の調査もおこなわれたが，効果的な防除にはいたらなかった。

❷ 中国からチュウゴクオナガコバチの導入と効果

1972年の日中国交正常化によって，第二次世界大戦以降国交がなかった中国の情報がもたらされると，クリタマバチが以前から中国各地に生息していたことが判明し，侵入害虫であることが明らかになった。さらに，現地のチュウゴクグリはクリタマバチ抵抗性ではないが，クリタマバチの被害が問題にされていないことがわかり，このことから有望な天敵が存在する可能性が示唆された。

そこで，導入天敵によるクリタマバチ防除への期待を込めて，1975年から中国大陸での調査がおこなわれた結果，チュウゴクオナガコバチ（図6-Ⅲ-18）が有望種として選定された。その後，日中両国関係者の尽力により，1979年，1981年に内部で天敵類が越冬しているクリタマバチの虫えいが導入され，1982年に茨城県の農林水産省果樹試験場（現：農研機構果樹茶業研究部門）の自生グリにチュウゴクオナガコバチ雌成虫が放飼された。

放飼したチュウゴクオナガコバチは翌年定着が確認され（チュウゴクオナガコバチもクリタマバチも年一化），茨城県つくば市の放飼地点近傍ではその後約10年でクリタマバチの被害芽率は40％から1％以下へと激減し，クリタマバチの発見が困難になるほどの状態になった（図6-Ⅲ-19）。また，チュウゴクオナガコバチの分布域の拡大は，最初の数年間はごくゆっくりであったが，その後指数的に拡大速度が高まり，放飼7～8年後には毎年数十キロ程度分布域が拡大していることが明らかになっている。

このように放飼地点でクリタマバチをほぼ制圧するとともに，分布域の持続的な拡大が観察されたことによって，チュウゴクオナガコバチは日本での導入天敵の永続的利用の大成功事例になった。

なお，チュウゴクオナガコバチ放飼開始以前から，在来の寄生蜂で形態や生活史がよくにているクリマセリオナガコバチ（*Torymus beneficus*）との交雑可能性が指摘され，放飼後に野外で交雑を示唆する中間的な個体も採集されてきた。ただし，これらの寄生蜂の種間関係については他の近縁種も含めて未解明の部分が多く，今後詳細な遺伝子解析と分類学的再検討が必要とされている。

図6-Ⅲ-18
クリタマバチの虫えいに産卵するチュウゴクオナガコバチ（体長約2～3mm）
（写真提供：守屋成一氏）

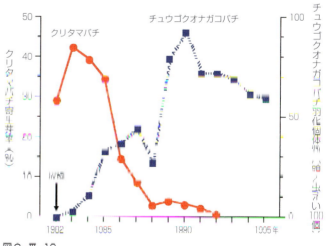

図6-Ⅲ-19
茨城県つくば市でのクリタマバチの被害状況とチュウゴクオナガコバチ密度の年次変化（Moriya et al., 2003を改変）

❸品種育成にも波及効果

さらに，この事例はたんに生物的防除の成功にとどまらず，クリの品種育成にも大きな効果をもたらした。1990年代前半以降クリタマバチの被害がほぼ問題にならなくなったので，これまで品種育成の重要項目であった，クリタマバチへの抵抗性付与が育種目標からはずれた。

2000年代にはいり，'ぽろたん'，'ぽろすけ'という渋皮がむけやすい，画期的なニホングリ品種(注6)がたてつづけに開発された。その背景には，クリの品種育成がクリタマバチの呪縛から解き放たれて，味がよく渋皮がむけやすいという，品質向上の目標に集中して力を注げるようになったこともある。

なお，現在クリタマバチは日本以外にもさまざまな国へ侵入して世界的な大害虫となっているが，イタリアでは2005年以降日本産のチュウゴクオナガコバチの放飼がおこなわれ，成果をあげつつある。

〈注6〉
これまで，ニホングリは渋皮がむけにくいのが特徴であった。

3 伝統的生物的防除をとりまく情勢－生物多様性保護への配慮－

これまで紹介したチュウゴクオナガコバチの事例を含めて，導入天敵による生物的防除がさかんに試みられた時代は，生物多様性という概念がまだ十分に確立されていなかった。そのため，導入天敵の野外放飼による害虫以外の非標的生物に対する影響については，ほとんど考慮されていなかった。

しかし，海外で導入天敵による対象害虫以外の土着生物に対する深刻な影響例が報告され，また生物多様性保護への関心の高まりによって，日本でも1999年に環境省から「天敵農薬に係る環境影響評価ガイドライン」が公表された。また，2005年に施行された「特定外来生物による生態系等に係る被害の防止に関する法律（外来生物規制法）」によって，有用生物であっても外国産の生物を国内に持ち込む場合は，法的な規制を受けることになった。

現在では，導入天敵の野外放飼は，近縁種との交雑，ニッチが近似した天敵種との競争，希少種や地域固有種への影響など，生態系への影響の事前評価が必要である。また，2002年に農薬取締法が改正され，天敵の永続的利用(注7)にも農薬登録が必要になった。そのため，外来種のレンゲ害虫，アルファルファタコゾウムシ（*Hypera postica*）の防除用に永続的利用が検討されている，ヨーロッパトビチビアメバチ（*Bathyplectes anurus*）が2014年に農薬登録されている。

このように，導入天敵の永続的利用の手順は以前よりきわめて煩雑化している。しかし，グローバル化による国際的な物流の増加にともなって増えることが懸念される侵入害虫に対して，検討すべき有力な防除方法の1つであることにかわりはない

〈注7〉
非土着の導入天敵を野外に放飼・定着させて害虫の密度をおさえることを天敵の永続的利用という。

第6章 Ⅳ
物理的防除

1 物理的防除とは

物理的防除（physical control）法とは，捕殺，温度（加熱，冷却），湿度（加湿，乾燥），光（黄色光，青色光，紫外線，反射光），電流（高圧電流），音（音波，超音波，振動），気圧（加圧，減圧），放射線など，物理的手段を用いて害虫の被害を防ぐ，あるいは致死させる防除方法である。

また，作物の一部または全部を被覆したり，障壁を設けて害虫の侵入を回避するなど，障壁資材を利用して害虫の加害や被害を防ぐ方法もこのなかに含まれる。

これらの手段は単独で用いたり，組み合わせて用いたりする。これらの防除に必要な防除器具は，簡単な器具・装置もあれば大がかりな装置もある。防除資材も，安価なものもあれば高価なものもある。

2 圧殺・捕殺

圧殺は，害虫を素手でつまんで押しつぶしたり，ハエたたきなど簡単な道具を用いてハエやゴキブリなどをたたき殺したりする方法である。

卵を一カ所にまとめて産卵するチャドクガやイラガ類などは，孵化後しばらくは集団で摂食活動するため，この時期をみはからって枝葉ごと切って捕殺すると効果的である。

3 遮蔽

1 遮蔽の方法と特徴，注意点

農作物や人畜を物理的障壁資材で囲ったり覆ったりして，外部からの害虫の侵入を防止し被害を回避する方法である。物理的障壁資材には紙袋，寒冷紗，不織布（注1），網などがある。また，圃場の周辺に溝を掘り，地上徘徊性の害虫の侵入を防ぐ方法（明溝法，trenches）もある。

網を用いた身近な例には，屋外から屋内へのカやハエなどの害虫の侵入を防止する網戸がある。いずれはみかけなくなったが，蚊帳も，カの攻撃から人間を守るための障壁資材の1例である。

以下，いくつかの例を紹介する。

2 苗の保護

農作物が苗の時期に害虫に加害されると，その後の生育に大きく影響するだけでなく，収量にも大きく影響する。そのため，圃場に定植した苗を保護するため，使用ずみの肥料袋で苗の周囲をかこったり（図6-Ⅳ-1上段左），紙や透明なポリエチレン製の苗保護資材（図6-Ⅳ-1上段中）

〈注1〉
織ったり編んだりしない布で，繊維を融着や結合したり，からみ合わせてつくる。通気性，ろ過性，保温性などがよく，作物に直接被覆（べた掛け）しても障害がでにくい特徴がある。

で被覆するなどして害虫の侵入を防ぎ，被害を回避する。

3 作物の被覆，袋掛け

寒冷紗を用いてトンネル状に畝全体を被覆したり（図6-Ⅳ-1上段右），不織布で作物圃場全体に平面的に被覆（べた掛け）したり（図6-Ⅳ-1中段左），果樹園全体を8mm目の大きさ（目合い）の網で被覆して害虫や鳥の侵入を防ぐ（図6-Ⅳ-1中段右）方法もある。アザミウマ類の侵入を効果的に防ぐため，赤色のネットを用いている農家もある（図6-Ⅳ-1下段左）。

また，収穫物である果実に紙袋やパラフィン紙の袋で袋掛けして，害虫に加害されないようにすることもおこなわれている（図6-Ⅳ-1下段右）。袋掛けは，果実の表面を直射日光からさえぎってきれいにする効果もある。

図6-Ⅳ-1　遮蔽資材のいろいろ
上段　左：肥料袋による苗の保護，中：アクリル性苗保護資材，右：寒冷紗で被覆した畝
中段　左：不織布のべた掛け，右：防虫網でナシ園を被覆
下段　左：アザミウマ防除のため側窓に張った赤色ネット，右：ビワの果実の袋掛け

4 施設栽培の開口部の被覆

ビニルハウスなど施設栽培では，側窓，天窓，出入り口，換気口などの開口部があり，ここからアザミウマ類，コナジラミ類，有翅のアブラムシ類などの害虫が侵入してくる。そのため，目合いの細かい網（寒冷紗）で開口部を覆って害虫の侵入を防いでいる。網の目合いが小さいほど侵入防止効果があがるが，換気効率が悪くなるのでそのかねあいが重要である。

施設への侵入防止用として通常用いられるのは，コナジラミ類やアザミウマ類では0.4

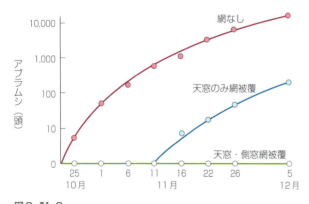

図6-Ⅳ-2
34メッシュの網被覆によるナスのアブラムシの防除効果
（野菜試験場，1975）

mm，ハモグリバエ類では0.6mm，有翅のアブラムシ類では0.8mm，コナガでは1mm，オオタバコガやヨトウムシ類では2～4mmの目合いのネットが用いられている。また，アザミウマ類では，侵入防止効果を高めるために赤色のネットが用いられている。

図6-Ⅳ-2は，施設の天窓と側窓をネットで被覆したときの，アブラムシ類の発生と増殖を示したものである。天窓や側窓をネットで被覆するとアブラムシ類の侵入を防止できることがわかる。

4 光を用いた害虫防除

1 誘因効果

害虫は種類によっては，ある領域の光の波長に強い正の走行性を示す。たとえば，アブラムシ類やコナジラミ類の成虫は，黄色の波長に強く誘引される。アザミウマ類の成虫は，青色の波長に誘引される。また，多くの夜行性昆虫は，短い波長の光（紫色や近紫外線）に誘引される。そこで，これらの誘引する光と他の防除資材を組み合わせて，害虫を誘殺する資材が各種考案されている。

有機合成農薬が開発されていなかった第二次世界大戦以前は，各所に誘蛾灯を設置して害虫を誘引し，その下に消毒水のはいった桶を置いて飛来してくる害虫を溺死させ，害虫密度の低減をはかった。

黄色粘着シートは，有翅のアブラムシ類やコナジラミ類の成虫の防除資材として，青色粘着シートはアザミウマ類の成虫の防除資材として市販されている。これらをハウス内に吊るして，害虫を誘引・接着して密度の低減をはかる（図6-Ⅳ-3左，中）。また，黄色粘着シートや青色粘着シートをハウスの周辺に張って，有翅アブラムシ類，コナジラミ類の成虫，アザミウマ類の成虫のハウスへの侵入を防いでいる（図6-Ⅳ-3右）。

2 忌避効果

有翅のアブラムシ類やアザミウマ類は太陽光の強烈な反射光を忌避する

図6-Ⅳ-3 黄色と青色の粘着シートを用いた害虫防除
左：ソソハウス内に設置した有翅のアブラムシ類，コナジラミ類，アザミウマ類防除のための黄色と青色の粘着シート
中：トマトハウス内に設置した黄色粘着シート
右：トマトハウスの側面に設置した黄色と青色の粘着シート

図6-Ⅳ-4
シルバーマルチによる害虫防除
有翅アブラムシの飛来から防除するためシルバーポリフィルムのマルチで被覆したネギ圃場

ため，これを応用した防除資材がある。シルバーポリフィルム製のシートを畝に被覆（マルチ）し，そこに苗を定植して有翅のアブラムシ類の飛来を防止している。

図6-Ⅳ-4は，有翅のアブラムシ類の飛来を防ぐために，ネギ圃場に設置されたシルバーポリフィルムのマルチである。マルチの場合，作物が小さいときは反射面積が広いため忌避効果が高いが，作物が生育して被覆したフィルムに覆いかぶさって反射面積が小さくなると，忌避効果が低下する。

キクやソラマメのように縦方向に生育する作物では，マルチだけでなくテープ状にしたもの（シルバーテープ）を畝に立体的に張って効果をあげている。

なお，シルバーポリフィルムによる飛来防止効果は，設置場所から遠くなるにつれて急激に低くなる（図6-Ⅳ-5）。

また，シルバーポリフィルムを設置した場合（図6-Ⅳ-5右）と設置しなかった場合（図6-Ⅳ-5中，裸地にトラップを設置）で，高さ別に有翅のアブラムシ類の捕獲数を比較すると，設置した場合は高い位置ほど，設置しない場合は低い位置ほど有翅のアブラムシ類の捕獲数が多くなる。ここから，有翅のアブラムシ類はシルバーポリフィルムをさけて飛翔していることがわかる。

3 行動抑制
❶電灯照明による行動抑制

黄色蛍光灯やナトリウム灯を照射して，害虫の行動を抑制する方法もおこなわれている。

中山間地の果樹園では，夜蛾とか吸蛾とよばれているアケビコノハ（*Eudocima tyrannus*）やアカエグリバ（*Oraesia excavata*）などが周辺から飛来し，果実を吸汁加害するため大きな被害が発生する。これらの害虫は，昼間は活動を停止し，夜間に活動する夜行性である。そこで，果樹園に黄色蛍光灯を設置して夜間に照射すると，これらの害虫が侵入しても眼が明適応化してしまうので，活動が鈍って吸汁加害できなくなる。

レタスでは，オオタバコガ（*Helicoverpa armigera*）の成虫がハウスや圃場に飛来して産卵し被害が発生するため，露地野菜ではナトリウム灯（図

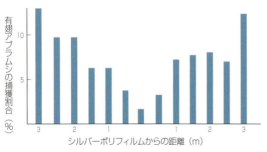
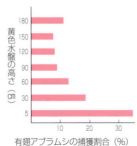
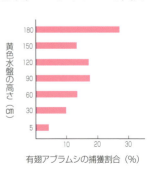

図6-Ⅳ-5　シルバーポリフィルムからの距離（左），高さ（中：裸地，右：フィルム設置）と有翅アブラムシの飛来
（合田，1981）

6-Ⅳ-6），施設野菜では施設内に黄色蛍光灯を設置し被害防止をはかっている。チャ園のチャノホソガ（*Caloptilia theivora*）でも，黄色ナトリウム灯による飛来防止効果が認められている。しかし，チャノコカクモンハマキ（*Adoxophyes honmai*）では飛来防止効果が認められず，害虫によって効果があるものとないものがある（図6-Ⅳ-7）。

❷紫外線除去フィルムの利用

昆虫の可視領域は人間とちがい，短波長側（近紫外線）にシフトしている。このため，近紫外線はみることができるが，長波長（赤）はみることができない。そこで，ハウスの被覆資材に紫外線を通さないフィルムを用いて可視領域を狭くし，昼行性の害虫の行動を抑制して被害を防ぐことができる。そのために，各種の紫外線除去フィルム（UVカットフィルム）がつくられている。

しかし，受粉媒介昆虫としてミツバチを利用しているイチゴ施設栽培では利用できない。また，ナスの果実の着色には紫外線が必要なので，ナスの施設栽培でも利用できない。

図6-Ⅳ-6
オオタバコガ成虫の産卵防止のためレタス圃場に設置したナトリウム灯

4 紫外線UVBの致死効果

紫外線（400nm以下）は生物にいろいろな形で影響する。紫外線にはUVA（315～400nm），UVB（280～315nm），UVC（100～280nm）の3つの領域がある。

UVBは成層圏のオゾン層にほとんど吸収されるので，地上に届くのはわずかであるが，生物に大きな影響を与えることが知られている。UVBをナミハダニ（*Tetranychus urticae*）に照射すると致死効果があることが確認されており，イチゴのナミハダニの防除に向けて実用化がすすめられている。

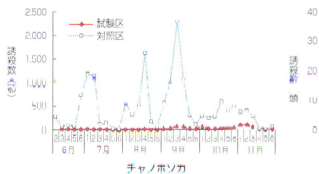 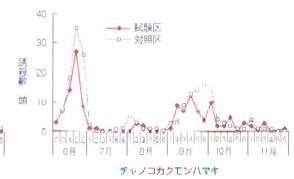

図6-Ⅳ-7　チャ園での黄色ナトリウムランプ照射による害虫防除の効果（鹿児島県農業総合センター，2009）
チャノホソガには大きな効果があったが，チャノコカクモンハマキには効果がない

表6-Ⅳ-1　熱水土壌消毒法によるイチゴ[1]の土壌センチュウの防除（鈴木，2007）

熱水土壌消毒の有無[2] 2003・2004	頂花房開花日 (月/日)	12/10 葉長[3] (cm)	4/11 茎葉重[4] (g)	ネコブセンチュウ発生程度[5]					収量		
				極激	激	多	少	極少（株）	個数（個）	重量（g）	1果重（g）
有・有	11/10	8.0	41.0	0	0	0	0	10	17.9	292	16.3
有・無	11/14	7.2	29.0	5	5	0	0	0	14.4	224	15.6
無・有	11/10	8.2	51.0	0	0	0	2	8	20.7	326	15.7
無・無	11/12	7.4	28.0	2	7	1	0	0	13.5	202	15.0

注　1）品種：「とちおとめ」，2004年9月定植，収量：1株当たり・3月末まで
　　2）2003年は3年作付け後，2004年は4年作付け後　　3）調査日：2004年12月
　　4）調査日：2005年4月　　5）2005年4月・10株調査

5　温度（加熱，冷却）を用いた害虫防除

図6-Ⅳ-8
太陽熱を用いた害虫防除

　昆虫は変温動物であり，温度によって生存が影響される。生存できる温度は，通常0～35℃くらいの範囲にかぎられているので，0℃以下の低温や35℃以上の高温を加えることで害虫を致死させることが可能である。
　たとえば，熱源に太陽熱を利用し，透明なビニルを土壌に被覆して地温を高め，土壌中の害虫を致死する方法がある（太陽熱土壌消毒法，図6-Ⅳ-8）。また，収穫終了後のハウスを密閉し，太陽熱でハウス内の温度を高温にして致死させたり（蒸しこみ法），ボイラーで熱水をつくり，それを灌水チューブで土中に注入し，土壌害虫を致死させる方法（熱水土壌消毒法，表6-Ⅳ-1）などもある。
　ダイズ，アズキなどマメ類の貯穀害虫に対しては，マメ類をシートに広げて太陽光にさらし，太陽の直射熱を加える（虫干し）と穀物の内部が高温になり，内部に生息する害虫を致死させることができる。

6　電流を用いた害虫防除

図6-Ⅳ-9　電気柵による野生
　　　　　有害動物の防除

　高圧電流に触れさせて侵入を防止したり，感電死させる方法である。イノシシやシカなどの野生有害動物の農耕地への侵入を防ぐために圃場周辺に設置される電気柵（図6-Ⅳ-9），ハウスのなかやコンビニエンスストアの出入り口に吊り下げて室内への昆虫の侵入を防止する電撃殺虫器（図6-Ⅳ-10）などがある。電撃殺虫器は害虫を積極的に誘引する近紫外光と感電死させる高圧電流を組み合わせた方法である。

7　音波，振動を用いた害虫防除

図6-Ⅳ-10
青色蛍光灯と高圧電流を組み合わせた害虫防除（電撃殺虫器）

　音波や振動を，種内や種間の交信手段として利用している動物がいる。コウモリは超音波をだして，エサであるガからの反射音を感知して捕獲することはよく知られている。また，ウンカの雌は腹部全体を雄は鼓膜器官を振動させてイネを振動させ，その振動が異性に伝わることによって交信している。マツノザイセンチュウ（*Bursaphelenchus xylophilus*）を媒介するマツノマダラカミキリ（*Monochamus alternatus*）も振動を利用していることが明らかにされている。

こうした動物による音や振動を利用した防除資材はまだ研究段階であるが，今後実用化の可能性はあると思われる。

8 気圧を用いた害虫防除

密閉できる箱や部屋に害虫が寄生していると思われる農産物をいれて，外部から高圧の力を加えて致死させる加圧法と，内部の空気を吸引し害虫を致死させる減圧法がある。貯穀害虫や木材などの内部に潜入している害虫の防除に利用されている。

9 放射線を用いた害虫防除

強い放射線を照射して直接害虫を殺す方法と，害虫の雄の生殖器にγ線を照射して不妊化させ，その雄を大量に野外に放飼して正常な雌との受精率を低下させ，害虫密度を下げる間接的な方法がある。

直接殺す方法は，貯穀類，果実類，木材などの害虫駆除に利用されている。

間接的な方法としては，1954年にベネズエラ沖のキュラソー島で家畜の害虫であるラセンウジバエ（*Cochliomyia hominivorax*）を大量に飼育し，これにγ線を照射して雄を不妊化し，その雄を大量に野外に放飼して絶滅させたのが最初である（ニップリング，1955）。

その後，日本でも沖縄群島や奄美群島のウリミバエ（*Bactrocera cucurbitae*）やミカンコミバエ（*Bactrocera dorsalis*），小笠原諸島のミカンコミバエに対して，不妊虫放飼による根絶事業が実施され成功している（図6-Ⅳ-11）。

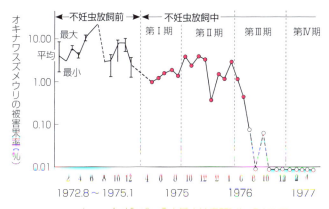

図6-Ⅳ-11　久米島でのウリミバエの大量不妊虫放飼による防除
（albah，1985）

1) 不妊虫放飼前は10月から4月より10月末まで年足月ごとに調査した
2) 毎月調査しているが，点線部分は調査していない
3) 1976年8月ごろから被害果率が急激に減少しているのは，不妊虫の数を増やしたため

第6章 V
生態的・耕種的防除

1 生態的・耕種的防除とは

　害虫が生存し繁殖するためには，それぞれの害虫の生存や繁殖に適した生息環境が必要である。そこで，害虫が生存や繁殖ができないように生息環境を人為的に操作（改変）し，被害を未然に防ぐ方法がおこなわれており，これを生態的・耕種的防除（ecological and cultural control）という。

　具体的な防除法として，輪作，混作，除草，清掃（圃場衛生），休耕，被害回避，抵抗性品種の利用，適正な栽植密度と施肥などがおこなわれており，IPM（総合的有害生物管理）の予防的措置としても活用されている。

2 作付け様式の改善

1 輪作

　農作物を同一圃場に連続して栽培する（単作，monoculture）と，しだいに収量や品質が低下することが多い。これを連作障害（injury by continuous cropping）といい，原因の1つに土壌中の病原菌や害虫の密度の高まりがある。連作障害を回避するには，発生している病害虫の寄主にならない農作物を栽培体系のなかに組み込んで，土壌中の病害虫の密度を低下させる輪作がおこなわれている。

　たとえば，土壌線虫は連作によって密度が高まり，被害が年々拡大するため，輪作体系（crop rotation system）を組んで被害を防いでいる。輪作作物は地域によってちがい，北海道ではテンサイ，ジャガイモ，コムギ，マメ類（またはトウモロコシ）の輪作体系がとられている。

　また，ドイツの伝統的農法である三圃式農業（注1）は，輪作による病害虫防除法の例でもある。

〈注1〉
中世のヨーロッパでおこなわれていた農法で，農地を3つに区分し，冬穀（秋まき小麦，ライ麦など）→夏穀（春まき大麦，燕麦，豆類など）→休耕地（放牧地）と3年循環で利用する農法。地力低下を防ぐことを目的におこなわれていたが，結果として輪作によって病害虫も防除されていた。

①タマネギをキャベツと混作すると同時にシロクローバを間作

②レタスを畝状にキャベツと混作すると同時にシロクローバを間作

図6-V-1
春キャベツ栽培での混作，間作の例
（写真提供：赤池一彦氏）

2 混作，間作

　収穫目的の作物（主作物）以外の作物や植物を，主作物と同じ圃場で同時に栽培することを混作や間作といい，病害虫の被害を減らす効果がある。

　混作は，作物間に主と副の区別がない作付け様式である。間作は，主作物の畝間に他の作物や植物を作付けることで，他の作物や植物は限られた期間に播種または作付けし，主作物を補完する作付け様式で栽培される。

　たとえば，キャベツ，ブロッコリーなどアブラナ科作物へのシロクローバーの間作や，ネギ類とレタスの混作によって，チョウ目害虫やダイコンアブラムシ（*Brevicoryne brassicae*）の被害が少なく

なる（図6-V-1）。

なお，混作や間作をすると主要作物の栽培面積が少なくなるほか，主要作物と間作や混作する作物との施肥条件や使用する農薬がちがうので，注意する必要がある。農薬のドリフトにはとくに注意が必要である。

3 田畑輪換

水田を畑地に，逆に畑地を水田に変換することによって，土壌中に生息する害虫密度が低下し，被害を減らすことができる。

4 休耕

圃場で一定の期間（1作かそれ以上の期間）作物栽培をやめることを休耕という。たとえば，休耕することによって土壌線虫の増殖源になる作物がなくなるため，土壌線虫密度が低下する。しかし，この方法は直接経営に影響するため，土壌病害虫の問題が深刻で，薬剤などの防除ではどうしても防げない場合以外は実施されることはない。

5 被害回避

害虫の発生時期は毎年ほぼ決まっているため，発生する時期にその害虫が寄生する作物を栽培しない，または前後に栽培時期をずらすことによって被害を回避する方法がある。

イネの害虫であるニカメイガ（*Chilo suppressalis*）は地域によって発生時期がちがうが，九州地方の平坦地では，越冬した幼虫が5月下旬〜7月中旬ころに成虫（越冬世代）になって産卵し，第1世代の成虫は8月上旬〜9月中旬に発生する。卵から孵化した幼虫はイネの茎に食入するが，幼苗を好む。そのため，通常の田植え時期より早めて（早期栽培），孵化した幼虫が出現したころには，食入できないところまでイネを成長させて被害を防止する方法がおこなわれている。逆に，田植え時期を遅らせて（晩期栽培），幼虫が孵化したときには水田にイネがない状態にして防ぐこともおこなわれている。

3 エサや生息・繁殖場所の除去

1 害虫のエサになる雑草の防除

害虫のなかには，寄主範囲が広く，農作物以外の植物に寄生して増殖するものがいる。圃場内やその周辺に各種の雑草が発生してくるが，これらのなかには害虫の生息場所や増殖源になるものもあり，そこで発生や増殖した害虫が圃場に移動し被害を引き起こすことがある（図6-V-2a）。したがって，圃場内や周辺の雑草防除は，害虫の生息場所や繁殖場所を除去することになるため，害虫防除の手段になる。

たとえば，イネの穂を加害して斑点米を発生させる斑点米カメムシ類（クモヘリカメムシ（*Leptocorisa chinensis*），ホソハリカメムシ（*Cletus punctiger*），アカヒゲホソミドリカスミカメ（*Trigonotylus*

図6-V-2
水田周辺の雑草（左）と水田畦畔のエノコログサを吸汁するクモヘリカメムシ（右）

caelestialium）など）は，メヒシバ，エノコログサ，ヒエなどの水田雑草の穂を吸汁して生存・繁殖することができる（図6-V-2右）。このため，水田の畦畔に発生する雑草防除は，斑点米の発生を未然に防ぐうえで有効な方法になっている。

また，河川の堤防に隣接する水田では，堤防に発生するイネ科雑草で生存・繁殖したアカスジカスミカメ（*Stenotus rubrovittatus*）による斑点米被害が発生しやすい。そのため，堤防法面の雑草防除は斑点米の被害を減らす有効な手段である。

2│圃場衛生

農作物を収穫した圃場に，病害虫が発生している作物や残渣を放置すると，病害虫の発生源になる可能性が高いので，収穫後はできるだけ圃場衛生に努め，作物残渣が残らないようにすることが重要である。

とくに，連作されることが多い，キャベツ，タマネギ，ニンジンなど野菜類の大産地では，圃場衛生に注意する必要がある。

また，圃場内ではないが，規格外の収穫物や病害虫に加害された農作物を圃場の近くに放棄すると，そこが発生源になって病害虫が圃場に侵入することも多い。そのため，こうした収穫物や農作物は圃場の外で埋設処理するか焼却する必要がある。

3│耕起

ニカメイガはイネの刈り株のなかで休眠態の幼虫で越冬し，翌春休眠覚醒して蛹化し羽化してくる。このため，冬の水田耕起は，イネの刈り株内で越冬するニカメイガの幼虫を土壌中に埋め込むことになり，越冬密度の低減がはかられるので翌年の発生量を減少させるうえで有効である。

また，畑での耕起は，土壌生息性害虫の生息環境を攪乱するとともに，害虫を地表面に出現させて鳥などの捕食者にさらすことになるので，土壌中に生息するヨトウムシ類やネキリムシ類などの害虫密度を低下させることができる。

4 対抗植物の利用

ネグサレセンチュウ類，ネコブセンチュウ類，シストセンチュウ類は，作物に寄生して大きな被害を引き起こす土壌害虫である。これらの線虫が作物の根に寄生すると，養水分の供給をつかさどる師管や道管の機能が抑制されるため，作物の生育が悪くなり収量が低下する。とくに連作してい

表6-V-1　ヘイオーツの播種による後作ダイコンの線虫防除効果（大分県農業技術センター，1995）

処理	線虫密度／土20g（ベルマン法）					ダイコン被害度	
	処理前	薬剤後／ヘイオーツ播種前	ヘイオーツすき込み前	ダイコン播種時	ダイコン収穫時	ダイコン被害度	無処理比
ヘイオーツ（10kg／10a）	262	208	23	8	16	25	44
堆肥（8t）＋ヘイオーツ（10kg／10a）	346	200	21	11	22	39	68
ネマトリン＋ヘイオーツ（10kg／10a）	444	105	18	7	24	23	39
ネマトリン	353	83	160	33	102	61	106
無処理	300	225	113	31	92	58	100
備考（処理日）	3/20	5/30	8/12	9/1	11/11		

注）ネマトリン処理5月30日，ヘイオーツ播種6月7日（10a当たり10kg）

る圃場では，土壌線虫の密度がしだいに高まるので，年々被害が激しくなっていく。

しかし，作物を植える前にイネ科のギニアグラス（図6-V-3左），ヘイオーツ（エンバク野生種），モロコシ（ソルゴー），マメ科のクロタラリア，ハブソウ，キク科のマリーゴールド（図6-V-3右）などを

図6-V-3　センチュウ防除として植栽された対抗植物
左：ギニアグラス，右：マリーゴールド

植えると線虫の密度を低減できる（表6-V-1）。こうした作物や植物を対抗植物という。

なお，対抗植物は土壌線虫の種類によって効果がちがうので（表6-V-2），事前に被害を与えているセンチュウの種類を確認する必要がある。

5 抵抗性品種の利用

植物と害虫の関係は，長い歴史のなかでつくられた関係である。そのなかで，植物は害虫の加害を回避するため，物理的，化学的手段で防御方法が発達させてきた。しかし，人間による植物の利用は，人間に都合のよい形質のみを選抜して多くの品種をつくり，作物として栽培してきた。この過程で，植物が本来もっている，害虫や病気に対する抵抗性遺伝子を失ったものも少なくない。

そこで，害虫の寄生や繁殖を抑制する遺伝子をもった野生種や品種と，人間が望む形質がもった品種などを交配育成して，害虫に抵抗性をもった品種の作出もおこなわれている。新品種を作出する方法には，選抜育種，交雑育種，遺伝子組み換えなどの方法がある。

病害抵抗性については，各種の抵抗性品種や抵抗性台木が作出されている。しかし，害虫では国際稲研究所（International Rice Research

〈注2〉
国連環境計画（UNEP）と農林水産業の技術発展推進国際機関・国際農業研究協議グループ（CGIAR）傘下の農業研究機関でフィリピンにある。

表6-V-2　主要線虫の対抗植物（岩堀・上杉，2013）

植物名	対象線虫[1)	植物名	対象線虫
イネ科		Cajanus cajan	Mi
ギニアグラス	Mi, Mj, Mh	Centrosema pubescens	Mi
グリーンパニック	Mi, Mj, Mh	Clitoria sp.	Mi
ダリスグラス	Mi, Mj, Mh, Ma	Crotalaria brevifrola	Mi
バヒアグラス	Mi, Mj, Mh, Ma	Crotalaria incana	Mi, Mj, Mh, Pc
ペレニアルライグラス	Mi, Mh	Crotalaria juncea	Mi, Ma, Mh, Hg
パールミレット	Mi, Mj, Mh	Crotalaria lanceolata	Mi, Mj, Mh, Pc
ウィーピングラブグラス	Mi, Mj, Mh, Ma	Crotalaria mucronata	Mi, Mj, Mh, Ma
パンゴラグラス	Mi, Mh	Crotalaria nubica	Mi, Mj
ローズグラス	Mj, Mh	Crotalaria retusa	Mi, Mj, Mh, Pc
カーペットグラス	Mi, Mh	Crotalaria spectabilis	Mi, Mj, Mh, Ma, Pc, Pv, Hg
レスクグラス	Mi, Mj, Mh, Ma	Crotalaria striata	Mi
コースタルバーミューダグラス	Mi, Mj, Mh, Ma	Desmodium tortuosum	Mi, Mj, Ma
スイッチグラス	Mi, Mj, Mh, Ma	Glycine wightii	Mi
ビッグブルーテム	Mi, Mh	Pueraria phaseoloides	Mi
ブッフェルグラス	Mi, Mh	Stizolobium deeringianum	Mh
ベイズイグラス	Mi, Mh	キク科	
エンバク[2)]	Mi	アフリカンマリーゴールド	Mi, Mj, Ma, Pp
野生エンバク	Pp	フレンチマリーゴールド	Mi, Mj, Mh, Ma, Pc, Pp, Pv
Agropylon trachycaulum	Mi, Mh	メキシカンマリーゴールド	Mi, Mj, Mh
Bromus ciliatus	Mi, Mh	ベニバナ	Mi, Mh
Calamagrostis purpurascens	Mi, Mh	バラ科	
Cenchurus fulua	Mi, Mj, Mh	イチゴ	Mi, Mj, Ma
Cenchurus grahamiana	Mi, Mj, Mh	ナス科	
Digitaria exilis	Mi, Mh	トウガラシ	Mj
Digitaria sanguinalis	Mi, Mh, Ma	ピーマン	Mj
Eragrostis lehmanniana	Mi, Mj, Ma	Lycopersicon peruvianum	Mi
Panicum deustum	Mi, Mh	アオイ科	
Pennisetum spicatum	Mi, Mj, Mh	ワタ	Mi, Mj, Mh, Ma
Sorghum vulgare	Mi, Mh, Ma	ヒルガオ科	
Trisetum spicatum molle	Mi, Mh	サツマイモ[3)]	Mj, Mh, Ma, Pp
マメ科		ウリ科	
ラッカセイ	Mi, Mj, Pc, Pp	スイカ	Mh
サイラトロ	Mi, Mj, Mh, Pp	ヒユ科	
ハブソウ	Mh, Pp	アオゲイトウ	Mh
アカクローバー	Hg	ユリ科	
クリムソンクローバー	Hg	アスパラガス	Mh, Pc, Pp, Tr

1) Mi＝サツマイモネコブセンチュウ，Ma＝アレナリアネコブセンチュウ，Mj＝ジャワネコブセンチュウ（古い文献によるものでは Ma の可能性あり），Mh＝キタネコブセンチュウ，Pc＝ミナミネグサレセンチュウ，Pp＝キタネグサレセンチュウ，Pv＝クルミネグサレセンチュウ，Hg＝ダイズシストセンチュウ，Tr＝ユミハリセンチュウ
2) 販売品種では「たちいぶき」のみ
3) サツマイモネコブセンチュウに対しては，品種や生息する線虫のレースによって抵抗性が異なる

Institute：IRRI）(注2) で育種されたトビイロウンカ (*Nilaparvata lugens*) 抵抗性品種，IR1号が育成されている。クリではクリタマバチ (*Dryocosmus kuriphilus*) の抵抗性品種として '銀寄' '岸根' '石槌' などの品種がある。

　しかし，抵抗性品種による害虫の加害からの回避は恒久的に維持されるわけではない。抵抗性品種を寄生する系統が，回避されている集団のなかに出現することもある。

6 適正な栽植密度と施肥

　作物は圃場に植えられると，隣り合う作物間で光や養水分をめぐって競争がおこる。栽植間隔がせまいほど競争が激化し，生育に支障をきたすので，作物や品種ごとに適正な栽植密度が決められている。

　栽植密度が過密になると，十分な養水分を吸収できないばかりでなく，株内への日射が遮られるので光合成能力が低下し，軟弱になって害虫への耐性が弱くなる。また，風通しが悪くなるため，病害も発生しやすくなる。また，農薬を散布しても薬液が株全体にかかりにくくなるので，散布むらがでて害虫が発生しやすくなる。したがって，作物や品種ごとに適正な栽植密度で栽培することは，健全で頑強な作物をつくることになり，害虫の被害を減らすことができる。

　また，作物によって必要な肥料成分と適正な施肥量が決まっている。窒素肥料の過剰施用は，害虫にとって有利になる。

　一方，イネにケイ酸カルシウムを施用すると茎葉が頑丈になり，ニカメイガの若齢幼虫の摂食を抑制することが知られている。

第6章 Ⅵ
総合的害虫管理

1 IPMと総合的害虫管理

　農業生産者はもとより消費者にも，環境に配慮した持続的農業の推進への関心が高まっている。そのなかで，農作物の害虫防除についても，生産性と品質を低下させることなく，環境への負荷をできるだけ小さくした防除技術が強く要望されている。それにこたえる技術として，「IPM」（integrated pest management の略称）の重要性が研究者や行政関係者だけでなく，農業生産者にも徐々に認識されるようになってきた。

　IPM の "integrated" は「総合的」と和訳されるが，その意味は，1種類の防除手段にたよるのでなく，複数の防除手段を調和的に用いるということである。"pest" は，広義には人間にとって有害なあらゆる生物を意味し，その場合は IPM は「総合的有害生物管理」と和訳される。

　農業では，"pest" は病害虫，雑草，害鳥，害獣などを意味することになる。したがって，たとえば病害虫と雑草を対象にすれば，IPM は「総合的病害虫・雑草管理」と和訳される。本書ではおもに害虫防除について述べるので，IPM は「総合的害虫管理」と和訳することにする。

2 IPMの歴史と基本的概念

1 アメリカでの歴史
❶総合防除，害虫管理から IPM へ

　IPM につながる理念が明確に提唱されてから，すでに 60 年ほど経過している。原点になる考え方は，1959 年にアメリカのカリフォルニア州の害虫研究者によって "integrated control"（総合防除）という概念で提唱された。その基本的な考え方は，①土着天敵（indigenous natural enemy, native natural enemy）など，害虫の自然制御要因の働きを十分に活用する，②殺虫剤は害虫密度が経済的被害をもたらすレベル（経済的被害許容水準，economic injury level）をこえるおそれがあるときだけ使用する，であった。

　当時は化学農薬の全盛期でもあり，害虫の防除は，おもに，対象害虫以外の多種類の昆虫をまきぞえにする，殺虫スペクトル（注1）の広い殺虫剤の使用によっておこなわれていた。殺虫剤による防除は，防除効果が高い，使いやすい，安価であるというメリットはあった。その反面，①殺虫剤抵抗性（insecticide resistance）の発達，②防除対象以外の二次性害虫（secondary insect pest）（注2）の発生，③対象害虫のリサージェンス（resurgence，誘導異常発生）（注3）による散布回数の増加，④食用・飼料作物への残留，⑤散布をおこなう人への直接的な有害性だけではなく，人間，家畜，野生生物に悪影響をおよぼすドリフト（注4）による汚染，

〈注1〉
一般にはプリズムによる分光のことをいうが，ここでは農薬が効果を発揮する病害虫や雑草の種類のことをいう。

〈注2〉
通常は問題にならないが，ある条件で顕在化してくる害虫のことをいう。主要害虫の防除のために使用された殺虫剤が天敵を減少させることによって，新たにあらわれる害虫はその例である。なお，森林害虫では，なんらかの原因で樹木が衰弱したときにはじめて問題となる害虫を二次性害虫と総称している。

〈注3〉
害虫防除のために農薬を散布すると，対象にした害虫が防除前より増える現象のこと。

〈注4〉
防除を目的にした作物や圃場以外に農薬が飛散すること。

⑥上記の問題に関係する訴訟での法律上の紛争，などが問題になっていた。

その当時の農薬による生態系への悪影響については，1962年にレーチェル・カーソンの名著『沈黙の春 (Silent Spring)』が出版されることによって，世界的に波紋が広がった。害虫の総合防除は，殺虫剤への過度の依存が原因で発生した問題を解決するために提唱されたのである。

その後，1960年代に総合防除にかわる言葉として，"pest management"（害虫管理）が提案され，しばらくのあいだどちらがよいか論争がつづいた。しかし，1970年代中ごろまで，両方の言葉はほぼ同義語として使われていた。

概念としては中身が同じまま，総合防除や害虫管理にかわってIPMという用語が研究者に受け入れられるようになったのは，1972年にアメリカ政府の環境諮問機関である，CEQ (Council on Environmental Quality) が "Integrated Pest Management" というタイトルで報告書を提出したのがきっかけだといわれている。

❷ IPMの概念

ただし，IPMの考えにいたるまでに多くの議論がなされ，①IPMでは個別防除技術として，化学農薬，土着天敵だけではなく利用可能なあらゆる技術を活用する，②IPMは害虫だけではなく病害微生物や雑草などあらゆる有害生物に適用できる，③IPMは1種類の主要有害生物の防除だけでなく，対象農作物を加害するすべての有害生物群の管理を目的とする，などが広く認識されるようになった。これらの考え方は現在のIPMの基本になっている。

さらに1990年代にはいって環境問題がクローズアップされるにつれ，IPMでも減農薬による環境負荷の低減や，生態系の撹乱の回避という役割が重視されるようになった。

2 日本での歴史

わが国でも，10年ほどの遅れはあるが，前述のアメリカと同様，最初は害虫研究者によって総合防除が用いられたが，その後IPMが使われるようになり，現在ではIPMは病害や雑草分野も含めて定着してきた。

現在でも総合防除という言葉が，たとえばコナガ (*Plutella xylostella*) の総合防除というように，1種類の害虫の防除で用いられることがある。しかし，IPMは，たとえばキャベツのIPMというように，1種類の作物で問題になるすべての害虫を対象にした体系技術である。

農林水産省は，2005年9月に「総合的病害虫・雑草管理 (IPM) 実践指針」（以下「IPM実践指針」）を公表した。これを契機に，都道府県でのIPMの推進に向けた取り組みが強化された。

なお，1990年代までのわが国の総合防除とIPMの研究状況は，深谷昌次・桐谷圭治編『総合防除』（1973年刊）と中筋房夫『総合的害虫管理学』（1997年刊）を参照されたい。

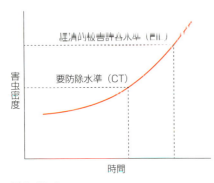

図6-Ⅵ-1
経済的被害許容水準と要防除水準

表6-Ⅵ-1　水稲害虫に対する要防除水準の例

・ニカメイガ第1世代	・性フェロモントラップの累積誘殺数200頭
	・被害株率6％
・ツマグロヨコバイ	・穂ばらみ期〜出穂期の密度で40頭/株
・セジロウンカ	・穂ばらみ中期までは50頭/株
・トビイロウンカ	・出穂期前で20頭/100株，出穂期後で5頭/株
・イネドロオイムシ	・越冬成虫25頭/100株
	・卵塊密度80個/100株
・イチモンジセセリ	・第2世代の1齢幼虫3頭/株
・斑点米カメムシ類	・乳熟期における20回すくい取り虫数1頭

3▎経済的被害許容水準と要防除水準

　害虫の密度が低いときは，作物の被害も少なく防除の必要はないが，高密度になると被害が大きくなるので，防除によって害虫の密度を下げなければならない。しかし，防除にも費用がかかるので，害虫の密度がどの程度になったら防除をすれば，経済的に損をしないのかを考えることが合理的である。

　総合防除のキーワードである経済的被害許容水準（密度）（economic injury level：EIL）は，こうした考え方にもとづいており，害虫防除にかかる費用と無防除での被害額が同じになる害虫密度のことである。つまり，防除をしたほうが経済的にとくになる害虫の最低密度を意味する。

　実際には，害虫がこの密度になる前に防除の要否を判断しなければ手遅れになるので，そのための害虫密度として要防除水準（密度）（control threshold：CT）が設定されている（図6-Ⅵ-1）。

　EILとCTの考え方や決め方にはむずかしい問題も残されているが，現在のIPMでも重要な概念であり，わが国でも主要作物の重要害虫にはCTが大まかに設定されている（表6-Ⅵ-1）。CTを適用するためには圃場の害虫密度を知る必要があり，そのためには害虫の発生予察（pest forecasting）が重要になる（発生予察については本章Ⅶ-A項参照）。

4▎IPMの定義

❶ 1990年代の定義

　IPMにはおよそ60年の歴史があり，その考え方や技術は多様化している。立場のちがいによって重点のおき方がちがい，それによってIPMの定義や目的も少しずつちがいがある。

　1970年代以降は，IPMが化学農薬の使用量削減にはたす役割が注目され，化学農薬の使用をできるだけおさえることを明文化した定義もされるようになった。たとえば，FAO（国連食糧農業機関）(注5)のIPMの定義では，「防除が必要とされる際には，化学農薬の使用を決める前に，化学的ではない防除方法を検討すべきである。適切な防除方法を総合的なやり方で用いるべきであり，化学農薬はIPMの方策における最終手段として，必要とされる根拠がある場合にのみ使用されるべきである。」(1992

〈注5〉
Food and Agriculture Organization of the United Nationsの略で，世界の農林水産業の発展と農村開発に取り組む国連の専門機関の1つ。

年）と書かれている。化学農薬の使用を可能なかぎりおさえて、生物的防除法や耕種的防除法などを優先する IPM は，"biologically intensive IPM (biointensive IPM)" や "ecologically based IPM" とよばれ，現在も１つの流れになっている。

❷ 2000 年代の定義

FAO の IPM の定義はその後修正され，FAO 委員会第 131 回会議（2002年）で採択された「農薬の流通及び使用に関する国際行動規範」での定義は，「IPM とは，あらゆる利用可能な防除技術を慎重に検討し，それに基づき適切な防除手段を統合することを意味する。その際に，病害虫個体群の増殖を妨げるだけではなく，化学農薬やその他の防除資材の使用を経済的に正当化される水準に抑え，かつ人間の健康や環境に対する危険を減少あるいは最小化させるようにしなければならない。」となった。

この定義では，化学農薬を特別視するのでなく，他の防除手段も含めて人間の健康や環境への悪影響を減少しなければならないとしている。この背景には，過去に使われた毒性や残留性の強い化学農薬とはちがい，現在使われている化学農薬は，適正な使い方をすれば，人間や環境などへの影響は比較的小さいと考えられていることがある。

しかし，化学農薬の使用を最終手段と考えなくても，EIL と CT の設定によって不必要な散布はおこなわれず，また代替防除技術の活用によって使用場面も少なくなるなど，化学農薬の使用量は結果的に減っていくと予想される。

❸ 日本での定義

わが国では，農林水産省が 2005 年 9 月に公表した「IPM 実践指針」のなかで，病害虫・雑草を対象にして次のように定義されている。IPM とは，「利用可能なすべての防除技術を経済性を考慮しつつ慎重に検討し，病害虫・雑草の発生増加を抑えるための適切な手段を総合的に講じるものであり，これを通じ，人の健康に対するリスクと環境への負荷を軽減，あるいは最小の水準にとどめるものである。また，農業を取り巻く生態系の撹乱を可能な限り抑制することにより，生態系が有する病害虫及び雑草抑制機能を可能な限り活用し，安全で消費者に信頼される農作物の安定生産に資するものである」としている。

このように，IPM の考え方は時代とともに少しずつ変化してきたが，現在でも通用する定義は，複数の防除技術の適切な選択，生産者ならびに社会への経済的利益，環境への負荷の低減，防除をおこなうときの意思決定基準，複数の有害生物を対象とすることが必要など，基本部分はほぼ共通している。

3 個別防除技術と IPM 体系

1 個別防除技術の組み合わせが IPM 体系

❶ 化学農薬だけに依存しない

　IPM は単独の技術ではなく体系技術である。そのため，複数の個別防除技術を，経済性を考慮しながら調和的に組み合わせて，発生予察にもとづき適期に使用することになる（図6-Ⅵ-2）。また，環境への負荷をできるだけ軽減するため，化学農薬だけに依存するのではなく，農薬代替技術が利用できる場面では，積極的に活用していくことも重要になる。

　わが国では，1970〜1980年代に，総合防除やIPMで利用できる化学農薬以外の防除技術は，病害虫抵抗性品種（resistant variety）の利用や栽培環境の改善程度しかなかった。そのため，化学農薬の散布回数や量を減らして確実に防除効果をあげるためのCTの設定と発生予察が，総合防除やIPMの実施にきわめて重要な技術であった。

❷ 1990 年代からすすむ代替防除技術の開発

　1981年に微生物農薬（microbial pesticide）としてはじめてBT剤（本章Ⅲ-3-4-❷項参照）が農薬登録されたが，微生物農薬を含む生物農薬（biological pesticide, biotic pesticide, biopesticide）が多数登録されるようになったのは，1990年代になってからである。

　さらに，ハスモンヨトウ（Spodoptera litura）を大量誘殺（mass trapping）するための性フェロモン（sex pheromone）剤が農薬登録されたのが1977年である。また，交信撹乱（communication disruption）を引き起こすはじめての性フェロモン剤が，チャノコカクモンハマキ（Adoxophyes honmai）とチャハマキ（Homona magnanima）を対象に登録されたのが1983年である。しかし，防除用のフェロモン剤の登録が増えたのは1990年代以降である（フェロモンについては第3章8項参照）。

　現在では，作物によっては，さまざまな有力な化学農薬代替技術が開発され，IPMでの利用が可能になっている。それらの技術をどのように化学農薬と組み合わせて体系化するかが大切になっている。

❸ 天敵や非標的生物に影響の小さい化学農薬の開発

　化学農薬は IPM の重要な個別防除技術である。しかし，殺虫剤は天敵やミツバチ，マルハナバチなどの有用昆虫へ悪影響をおよぼすものが多いので，使用には十分注意する必要がある。

　1980年代以降，昆虫成長制御剤（insect growth regulator：IGR）（注6）など，成分的に有用昆虫などへの影響が小さい，IPM向きの選択性殺虫剤（注7）も登録されている。また，成分的には非選択性殺虫剤であっても，処理方法や処理時期などを適切におこなうことにより，非標的生物に対する悪影響

〈注6〉
昆虫の成長や発育を制御するホルモンや，それと類似の働きをする昆虫成長制御物質を利用した殺虫剤（第3章7-2項参照）。

〈注7〉
対象とする害虫に対して高い毒性（殺虫活性）を示すが，有用昆虫など非標的生物に対して低毒性の殺虫剤。

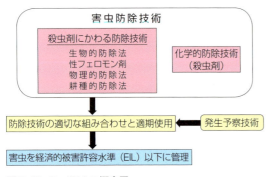

図6-Ⅵ-2　IPM の概念図

を少なくすることができるので，IPM 体系では使用を工夫することも大切である。

❹ IPM は地域や圃場，その年の状況に合わせて体系化

現在の IPM は過去のものとはちがい，たんに CT にもとづく化学農薬の合理的な使用法だけが求められるのではない。化学農薬と化学農薬代替技術の最適な組み合わせとともに，化学農薬の使用・不使用の判断を適宜おこなって実施されている。しかも，個別防除技術が複数ある場合は，その組み合わせも多数あるので，害虫の種類や発生状況によって最適な組み合わせの選択が可能である。

したがって，ある作物の具体的な IPM 体系も固定したものではなく，地域や圃場のちがいやその年の発生状況などによってかわる。

2 施設栽培野菜の IPM
❶ 多様な個別防除技術を利用

施設栽培の果菜類（ナス，ピーマン，トマト，イチゴ，メロンなど）では，化学農薬にかわる個別防除技術は多様である。

抵抗性台木を利用する耕種的防除（cultural control）法，防虫ネットによる施設開口部の被覆，近紫外線除去フィルムやシルバーポリフィルムの利用，黄色蛍光灯によるヤガ類の行動制御，熱水土壌消毒などの物理的防除（physical control）法，天敵農薬や微生物農薬による生物的防除（biological control）法などを組み入れた IPM 体系をつくることができる。

❷ 高知県の例
● 対象害虫と個別防除技術

高知県の施設栽培ナスでは，アザミウマ類（ミナミキイロアザミウマ（*Thrips palmi*）など），アブラムシ類（ワタアブラムシ（*Aphis gossypii*），モモアカアブラムシ（*Myzus persicae*）など），ハモグリバエ類（マメハモグリバエ（*Liriomyza trifolii*），トマトハモグリバエ（*Liriomyza sativae*）など），ハスモンヨトウ，オオタバコガ（*Helicoverpa armigera*）などの害虫が問題となる。

IPM 体系では，まずこれらの害虫が施設内へ侵入するのを防ぐために，施設開口部に防虫ネット（目合い1mm以下）を設置し（図6-Ⅵ-3），シルバーポリフィルムにより全面マルチをおこなうとともに，夜間には防蛾灯（黄色蛍光灯）（図6-Ⅵ-4）を点灯する。定植時にはネオニコチノイド系殺虫剤の粒剤を処理し，これに天敵農薬（タイリクヒメハナカメムシ剤，コレマンアブラバチ剤など）を導入する（図6-Ⅵ-5）。さらに，天敵農薬に影響の少ない選択性殺虫剤を組み合わせている。

● IPM による各害虫の防除法（図6-Ⅵ-6）

アザミウマ類は，定植約1カ月後以降の発生初期にタイリクヒメハナカメムシを放飼することで，栽培期間を通して低密度におさえられる。しかし，アザミウマ類の密度が高くなったときは，選択性殺虫剤（ピリプロキ

図6-Ⅵ-3
防虫ネットで施設内への害虫の侵入を防ぐ（写真提供：山下泉氏）

図6-Ⅵ-4　防蛾灯
（写真提供：山下泉氏）

図6-Ⅵ-5
ミナミキイロアザミウマを捕食中のタイリクヒメハナカメムシ
（写真提供：山下泉氏）

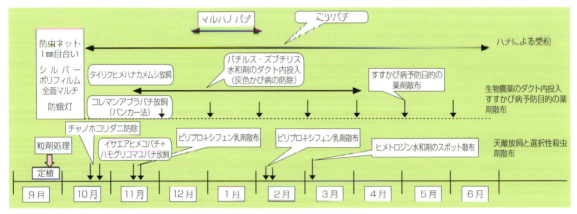

図6-Ⅵ-6 促成栽培ナスでのIPM体系の1例（高橋, 2008を改変）
注） ↓：化学合成農薬の散布を示す

シフェン乳剤, ピリダリルフロアブルなど）を併用する。

アブラムシ類は, 定植時の粒剤処理, 防虫ネット, シルバーポリフィルム, コレマンアブラバチ剤の利用で, 年内の発生を抑制する。なお, コレマンアブラバチの放飼には, バンカー法（本章Ⅲ-5-2-❸項参照）を活用している。また, コレマンアブラバチ剤ではおさえられないヒゲナガアブラムシ類が発生した場合には, ピメトロジン水和剤のスポット散布をおこなう。

ハモグリバエ類は, 発生初期はイサエアヒメコバチ・ハモグリコマユバチ剤の利用によっておさえる。その後は, ハモグリミドリヒメコバチなどの土着天敵の働きにまかせる。

ハスモンヨトウとオオタバコガは, 防虫ネットと夜間の防蛾灯の点灯によって施設内への侵入を防ぐ。防虫ネットに産みつけられた卵から孵化した幼虫が侵入した場合は, BT剤や選択性殺虫剤（ピリダリルフロアブルなど）で防除する。

こうした防除法で, 主要害虫の発生を慣行防除体系と同じ程度におさえ, 殺虫剤の使用回数（薬剤数）は約40％削減することができているという。なお, 殺虫剤の使用回数の減少により, 従来は問題にならなかったチャノホコリダニ（*Polyphagotarsonemus latus*）が顕在化することがあり, その対策としてキノキサリン系水和剤の処理が必要になっている。

3 露地栽培野菜, 果樹, 茶のIPM
❶利用できる個別防除技術

露地栽培の葉菜類（キャベツ, ハクサイ, レタスなど）, 果樹（リンゴ, モモ, ナシなど）, 茶では, 施設野菜にくらべ利用可能な個別防除技術は少ない。

しかし, 殺虫剤にかわる有力な防除資材として, 交信撹乱剤（性フェロモン剤）が開発されている。これを活用したIPM体系を組み立てることができ, 選択性殺虫剤と組み合わせることで, 土着天敵の働きが活発になることも期待されている。

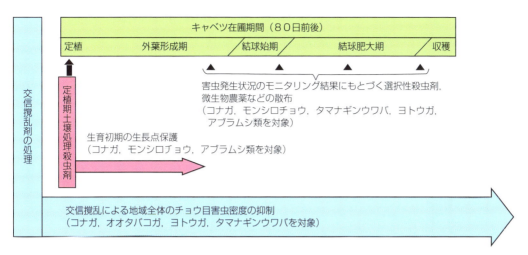

図6-Ⅵ-7　キャベツ，レタス栽培地域でのキャベツのIPM体系の1例（豊嶋，2008を改変）
注）▲：殺虫剤の散布を示す

　天敵農薬は，ハダニ類に対してミヤコカブリダニ剤が農薬登録されている。また，微生物農薬は，BT剤のほかに，土壌害虫の防除に昆虫病原性線虫剤（スタイナーネマ・カーポカプサエ剤など），コナガ，コナジラミ類，アブラムシ類などの防除に昆虫病原性糸状菌剤（ボーベリア・バシアーナ剤），チャハマキ，ハスモンヨトウなどの防除に昆虫ウイルス剤が農薬登録されている。

❷ **長野県のキャベツ栽培の例**（図6-Ⅵ-7, 8）

　長野県のキャベツ栽培では，コナガ，モンシロチョウ（*Pieris rapae crucivora*），タマナギンウワバ（*Autographa nigrisigna*），ヨトウガ（*Mamestra brassicae*），アブラムシ類（モモアカアブラムシ，ダイコンアブラムシ（*Brevicoryne brassicae*），ニセダイコンアブラムシ（*Lipaphis erysimi*）など）がおもな害虫である。
　キャベツ栽培地域は，ハクサイやレタスの圃場がモザイク状に混在している場合が多い。このような地域でのキャベツのIPM体系では，コナガ，タマナギンウワバ，ヨトウガとともにレタスの害虫であるオオタバコガに効果のある複合交信攪乱剤を基幹防除技術として，定植期の殺虫剤土壌処理と生育期間中のBT剤，ボーベリア・バシアーナ剤，選択性殺虫剤（ピリダリルプロアブルなど）の散布で，モンシロチョウとアブラムシ類も含めて害虫密度を下げることができている。
　このIPMで，殺虫剤は慣行防除の3分の1程度に減っているが，ほぼ同じ防除効果が得られているという。

図6-Ⅵ-8
キャベツ圃場に設置した交信攪乱剤

❸ **福島県のモモ栽培の例**

　福島県のモモ栽培でも，モモハモグリガ（*Lyonetia clerkella*），モモシンクイガ（*Carposina sasakii*），ナシヒメシンクイ（*Grapholita molesta*），ハマキムシ類を対象に，複合交信攪乱剤を基幹防除技術にしたIPMが実

施され，殺虫剤の散布回数の削減が可能になった（図6-Ⅵ-9）。
このIPM体系では，殺虫剤の散布回数を減らすとともに，モモシンクイガへのスタイナーネマ・カーポカプサエ剤の利用や，土着天敵に影響の少ない選択性薬剤を優先的に使っている。その結果，とくに，ハダニ類の天敵である，カブリダニ類などの土着天敵相が豊かになる例が確認されているという。

図6-Ⅵ-9
モモの樹に設置した交信撹乱剤
（写真提供：荒川昭弘氏）

❹ チャ栽培の例

チャ栽培では，チャハマキとチャノコカクモンハマキへの交信撹乱剤が，30年以上前から利用されている。しかし，殺虫剤にくらべて効果が不安定なので，交信撹乱剤を利用しても殺虫剤を減らさないことが多い。また，両種に有効な顆粒病ウイルス剤も実用化しているが，あまり普及がすすんでいない。

そのため，今後，交信撹乱剤の効果を安定化させる技術を開発し，選択性殺虫剤などと組み合わせて土着天敵を活用するようなIPM体系を開発していくことが求められている。

4 土地利用型作物のIPM

土地利用型作物の水稲，バレイショ，ダイズなどでは，有力な化学農薬代替技術は少なく，依然として化学農薬と抵抗性品種の利用がIPM体系を組み立てるときの中心的な防除技術である。ダイズにおいては，ダイズシストセンチュウ（*Heterodera glycines*）の耕種的防除法として，非寄主作物との輪作や対抗植物（antagonistic plant）（マメ科緑肥作物）の栽培がおこなわれることもある。また，ハスモンヨトウに対して核多角体病ウイルス剤が農薬登録されている。ただし，水稲においては，早くから主要害虫に対する化学農薬の使用を合理的におこなうためにCTを設定する研究が進んでいたため，それと発生予察を組み合わせたIPM体系が現場に普及している。

4 IPMの普及と研究の課題

IPMの普及を促進するためには，慣行防除にくらべてコストや労力面で優るようにすること，IPM体系の構築のための個別防除技術の組み合わせ方法をできるだけ容易にすること，IPMを広く消費者に理解してもらうこと，などが今後の課題として残されている。

IPMの研究では，2つの取り組みが必要である。1つは，すでに開発されている個別防除技術を適切に組み合わせて，普及可能なIPM体系の構築をめざす研究である。

化学農薬に依存した慣行の防除体系では，新しく開発された化学農薬を既存の防除体系に導入するのはとくにむずかしいことではない。それに対して，天敵農薬や土着天敵を活用する生物的防除技術を導入したIPM体系の構築には，多くの場合，既存の防除体系を大幅に変更したり，まった

く別の新しい防除体系を組み立てなければならない。このような体系技術の開発は，試験研究機関などの研究者が，現地実証試験をおこないながら取り組むことによってはじめて可能になる。

もう1つは，よりすすんだIPM体系を構築するために必要な，新しい個別防除技術の開発研究である。これは基礎的研究といわれるもので，必ずしも数年で実用的技術が開発されるとはかぎらない。しかし，IPMの将来に向けたレベルアップのためには，ぜひ取り組まなければならない研究である。

5 IPMと生物多様性

1 IPMと生物多様性の関係

IPMと生物多様性（biodiversity）の関係は，現在，2つの方向で検討する必要がある。1つは，生物多様性がIPMにおよぼす影響，すなわち生物多様性を活用したIPMの可能性である。もう1つは，逆にIPMが生物多様性におよぼす影響である。

❶生物多様性がIPMにおよぼす影響
●植生の多様性は有害生物全体への影響が問題

生物多様性を活用したIPMでは，圃場内や周辺の植生の多様性を高めることによって，土着天敵を強化する技術開発が多数取り組まれてきた。これは，収穫目的の作物以外の植物が加わることで，土着天敵へエサ資源（代替エサ昆虫，花粉，花蜜など）や生息場所（とくに作付け時や越冬時の生息場所）が提供されると考えられているためである。しかし，植生の多様化は，害虫の増殖にも有利に作用することもあるので，この関係は単純に一般化することはできない。

さらに，植生の多様性は，害虫だけでなく病原体やその他の有害生物への影響も考慮しなければならない。しかし，これまでの取り組みのほとんどが，昆虫を中心とする節足動物にかたよっていたことも問題である。当然のことであるが，植生の多様性をIPMで利用するには，昆虫などの節足動物だけでなく，すべての有害生物への影響を考慮する必要がある。

また，植生の多様性と有害生物の抑制との関係は，単純な一般化ができないので，個々のケースを慎重に評価しながら適用していくことが求められる。

●天敵温存植物

特定の土着天敵を長期間維持できる植物は天敵温存植物（insectary plant）とよばれ，施設や露地で土着天敵を温存・強化するために利用できる。

たとえば，オクラ，スイートアリッサム，スイートバジル，スカエボラ，ソバは，アザミウマ類，コナジラミ類，アブラムシ類などの天敵であるヒメハナカメムシ類を温存する効果が認められている。スイートアリッサム，スイートバジル，ソバの花には，幼虫がアブラムシ類の天敵であるヒラタ

アブ類の成虫が集まることが知られている。また、クレオメ、コマ、バーベナ・タピアンは、アザミウマ類やコナジラミ類の天敵であるタバコカスミカメを温存できることが明らかになっている。

❷ IPM の生物多様性への影響

IPM が生物多様性におよぼす影響として、IPM の実践によって環境への負荷が従来の防除体系より小さくなるので、農業生態系内の生物相は豊かになることが期待できる。しかし、IPM によって土着天敵の種数や密度が増えたという調査報告はあるが、それ以外の生物種にまで広げた影響についての調査研究は皆無にちかい。

この方向で研究をすすめていくと、理念的には、1998年に桐谷が提唱した総合的生物多様性管理（integrated biodiversity management：IBM）に到達すると考えられる。

2 総合的生物多様性管理

生物多様性の保全は、21世紀の最重要課題の1つであり、自然生態系（natural ecosystem）だけではなく農業生産がおこなわれる農業生態系（agroecosystem）でもさけてとおれない問題である。わが国の農耕地がおもにある里地・里山は、水路やため池、里山林などもあり、人間の生活と深いかかわりをもちながら成立してきた。そのためもあり、絶滅危惧種も含め、生物多様性がきわめて高いことが明らかにされている。したがって、農耕地の IPM と生物多様性の保全の関係を考えることが重要になっている。

農業生態系での IPM の最終目的は害虫の密度が EIL をこえないように管理することなので、おもに作物、害虫、天敵だけに注目すれば十分である。しかし、生物多様性の保全は、絶滅危惧種の密度が絶滅危険閾値を下まわらないように管理することなので、害虫、天敵以外に、農業生産に直接関係しない「ただの虫」など、その他の生物を含めたより高次の IBM を確立することが必要となる。そのためには IPM の考え方と自然保護・保全にかかわる保全生態学の考え方を両立させることが重要となる（図6-Ⅵ-10）。

IBM は、農業生態系内の生物が大発生も絶滅もしないように管理して、生物多様性を保全するために提案された概念である。そのため、害虫も根絶することはせずに、「ただの虫」状態になるように管理することになる（図6-Ⅵ-11）。したがって、IBM を具体的に実行するためには、これまでの IPM よりも時間的・空間的により大きなスケールで取り組むことが求められる。

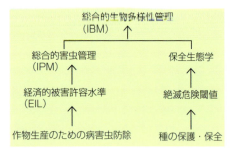

図6-Ⅵ-10 IBM と IPM、保全生態学との関係
（桐谷, 2004）

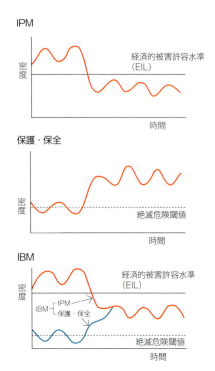

図6-Ⅵ-11
時間を軸にした場合の IBM と IPM および保護・保全との関係（桐谷, 2004）

IPM では害虫の密度を経済的被害許容水準以下に管理するのに対し、保護・保全では希少種の密度を絶滅危険閾値以上の密度に保持することを目的とする。IBM はこの両者の立場を総合したものである

第6章 VII
法令にもとづく害虫防除

A 発生予察

1 害虫の発生予察とは

　害虫の発生は地域ごとにちがうだけでなく，同じ地域でも季節や年次ごとに大きく変動するため，いつも同じような防除をすることはできない。また，害虫が発生していないのに防除をするのは，労力や費用のむだである。逆に害虫の発生に気づかず防除が手遅れになると，農作物に被害が出てしまう。

　したがって，害虫防除を効率的かつ効果的におこなうには，害虫の発生時期と発生量を事前に予測することが重要になる。このような，害虫の発生を予測することを発生予察（pest forecasting）といい，害虫の現在の発生状況，作物の生育状況，害虫の発生に影響を与える気象要因などの調査にもとづいておこなわれる。これによって，農作物の被害量も予測できるので，防除の要否を含めて最適な防除を計画することが可能になる。

　このように，発生予察は害虫防除にとってきわめて重要な役割をになっている。

2 病害虫発生予察事業

1 発生予察事業のはじまり

　農林水産省は都道府県と協力して，農作物に重大な被害を与える主要病害虫の発生予察を全国的におこない，情報を農業者などに提供する「病害虫発生予察事業」（Pest Prevalence Reconnaissance Business）を全都道府県で実施している。

　発生予察が国の事業として取り組まれるようになったのは，1941年（昭和16年）からである。その前年に，北日本を中心にイネのいもち病が，また西南日本ではイネの害虫のウンカ類（セジロウンカ（*Sogatella furcifera*）とトビイロウンカ（*Nilaparvata lugens*））が大発生し，米の生産量が大きく低下した。これが契機になって，農林省（現在の農林水産省）が，1941年に「病害虫発生予察および早期発見に関する事業」を開始したのがはじまりである。なお，都道府県がこの事業に加わったのは，1951年（昭和26年）からである。

2 発生予察の重点の変化－早期発見から発生時期・量へ

　発生予察事業をはじめた当初は，害虫の早期発見にポイントがおかれていて，発生時期とか発生量の予測まではできなかった。しかし，第二次世

世界大戦後、有機合成殺虫剤の登場によって殺虫剤中心の防除になり、適期防除の問題が重要になった。それにともない、害虫の発生時期の予測に重点がおかれるようになった。

1960年代の半ばごろから、殺虫剤に過度に依存した防除への批判が高まり、害虫防除に対する考え方も大きく変化し、本章Ⅵ項で解説した総合的有害生物（害虫）管理（integrated pest management：IPM）の考え方が広がった。IPMの基本は、害虫は根絶するのでなく、農作物に経済的被害を出さない密度での管理である。その実現のためには、害虫の発生時期とともに発生量の予測が不可欠であり、発生予察の重要性はますます大きくなった。

今後めざすべき環境保全型農業にとってもIPMは欠かせないので、発生予察事業はより大きな役割をはたすことが期待されている。

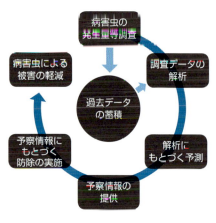

図6-Ⅶ-A-1　発生予察事業の流れ
（農林水産省ホームページ「発生予察事業とは」より）

3┃発生予察事業の流れと推進体制

発生予察事業は、図6-Ⅶ-A-1に示したように、病害虫の発生、気象、農作物の生育状況などの調査→調査データの解析→病害虫の発生の予測→予察情報を農業者などに提供、という流れでおこなわれている。予察情報にもとづく適切な防除によって、病害虫の被害軽減につながることになる。

現在、国の発生予察事業は、指定有害動植物（注1）に対しておこなわれている。都道府県の発生予察事業は、それ以外の有害動植物に対しておこなわれ、対象病害虫は各都道府県が独自に定めている。国では農林水産省消費・安全局植物防疫課、都道府県では病害虫防除所（注2）が中心になり、試験研究機関や植物防疫所などの協力を得ながら推進している（図6-Ⅶ-A-2）。

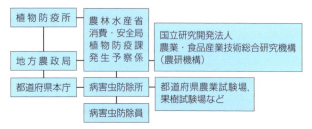

図6-Ⅶ-A-2　発生予察事業の推進体制

〈注1〉
国内での分布が局地的でなく、かつ、急激にまん延して農作物に重大な損害を与える傾向がある有害動植物として農林水産大臣が指定する。

〈注2〉
「植物防疫法」にもとづき都道府県が設置する、地方での植物の検疫と防除のための機関で、発生予察事業に関する業務もおこなう。

3┃発生予察における調査

1┃害虫発生状況の調査

❶定点調査と巡回調査

発生予察には、圃場での害虫の発生状況を知る必要がある。この調査は病害虫防除所の職員がおこない、定点調査と巡回調査の2つの方法がある。

定点調査は、毎年発生して大きな被害を与える可能性の高い害虫を対象に、特定の地点を予察圃場と定めて定期的に実施している。巡回調査は、広範囲に多くの地点を調査するもので、その地域全体の害虫の発生状況をおおまかにとらえることを目的にしている。そのほか、各地の病害虫防除員、農業協同組合（農協）職員、農業共済職員などによる調査データも集められる。

表6-Ⅶ-A-1　予察灯調査での調査日用語とその意味

用語	意味
初飛来日	対象害虫がはじめて予察灯に誘殺された日
最盛日	連続する5日間の合計誘殺数が最多になった期間の中心日
最盛半旬	誘殺数の合計が最多の半旬
50％誘殺日	初飛来日からの累積誘殺数がその世代の総誘殺数の50％をこえた日
終息日	その世代の最終の誘殺が認められた日

図6-Ⅶ-A-3　予察灯
(写真提供：平江雅宏氏)

❷発生量，発生時期の調査方法

　調査方法は，害虫の種類や発育ステージ，調査目的などによってちがうが，発生量，発生時期を調べるのには次のような方法がよく用いられる。

●予察灯による方法

　予察灯（light trap for forecasting）（図6-Ⅶ-A-3）に誘殺される害虫数を，種類別，雌雄別に調べる。この調査を毎日おこなうことで，初飛来日，最盛日，最盛半旬，50％誘殺日，終息日，世代別総誘殺数，世代別性比などを知ることができる（各日の意味は表6-Ⅶ-A-1参照）。

●水盤トラップ（water pan trap）による方法

　水を張った水盤に飛び込んだ害虫数を調べる方法である。初飛来日や日（半旬）別飛来数などを知ることができる。ウンカ類成虫には直径60cm，深さ7cm，アブラムシ類の有翅虫には直径30cm，深さ7〜10cmの，いずれも黄色い円形水盤を使う。

●フェロモントラップによる方法

　合成性フェロモン（synthetic sex pheromone）を誘引源にした，フェロモントラップ（pheromone trap）（図6-Ⅶ-A-4）に誘殺される害虫数を調べる方法である。

　誘殺される害虫数を自動的に集計するトラップも開発されており，携帯電話や無線データ送信機と併用すれば，遠隔地の誘殺データの入手が可能である。

　調査を毎日おこなうことによって，予察灯による調査と同様に，初飛来日，最盛日，最盛半旬，50％誘殺日，終息日，世代別総誘殺数などを知ることができる。予察灯より誘引効率はよいが，ほとんどの種は雄個体にかぎられる。また，予察灯でもいえるが，誘殺数と圃場での実際の発生量の関係は明確でないことが多い。

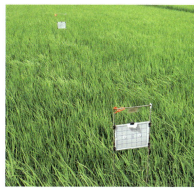

図6-Ⅶ-A-4
フェロモントラップ
(写真提供：平江雅宏氏)

●ネットトラップ（net trap）による方法

　地上高く設置された布製の円錐形ネット（口径100cm，深さ150cm）に捕獲された害虫数を調べる。おもに，ウンカ類の飛来調査に用いられる。

●バンドトラップ（band trap）による方法

　果樹の幹や枝にバンド（布や藁製など）を巻きつけ（図6-Ⅶ-A-5），そのなかで越冬した害虫数を調査する。おもにカイガラムシ類の調査に用いられる。

図6-Ⅶ-A-5
バンドトラップ
(写真提供：井原史雄氏)

●粘着トラップ（sticky trap）による方法

　昆虫には特定の色彩に誘引される習性をもつ種類がいるので，色のついた粘着テープや粘着板を設置して，それに付着した害虫数を調べる（図6

図6-Ⅶ-A-6　粘着トラップ
(写真提供：武田光能氏)

図6-Ⅶ-A-7　捕虫網によるすくい取り
(写真提供：平江雅宏氏)

Ⅶ-A-6)。アブラムシ類, コナジラミ類, ハモグリバエ類は黄色, アザミウマ類は青色によく誘引される。

●見取り法（visual counting）
　株（あるいは樹など）当たりの害虫数を, 直接目でみて調べる。
●枠（コドラート）法（quadrat method）
　一定の大きさの枠をおき, そのなかに含まれる害虫数を調べる。枠の大きさは対象害虫の種類によって適宜かえる。
●捕虫網によるすくい取り法（sweeping method）
　柄の長さ1m, 口径36cmの捕虫網で害虫をすくい取り, 捕獲された害虫数を調べる（図6-Ⅶ-A-7）。
●払い落とし法（beating method）
　害虫を作物から水面あるいは布などの上に払い落とし, 害虫数を調べる。おもに, ウンカやヨコバイ類の調査に用いられる。

❸その他の調査

　害虫の発生量, 発生時期のほかに, 加害状況（加害時期, 加害程度など）や作物の被害状況の調査もおこなわれる。
　また, 害虫によっては, 殺虫剤抵抗性（insecticide resistance）の発達程度や, 天敵の発生状況も調査される。ウイルス病を媒介する害虫ではウイルス保毒虫率を調べることもある。

2┃気象情報の収集

　害虫の発生は, 温度や降水量など気象要因の影響を強く受けるので, 気象観測データも収集される。気象観測は自動計測ができるので, 害虫よりデータが得やすい。
　気象観測には, 露場観測と圃場観測がある。露場観測は, 一定地点に百葉箱を設置して継続的に観測をおこなう。近隣の気象官署や農業気象観測所, 気象庁のアメダスの観測データを利用してもよい。圃場観測は, 害虫の発生調査をおこなっている圃場内でおこなうもので, どの気象要因を観測するかは害虫の種類などによって適宜決める。

3┃農作物の栽培方法と生育状況の調査

　農作物の栽培方法や生育状況は, 害虫の発生に大きく影響するので, 発生予察には不可欠の調査である。栽培されているおもな農作物（品種別）の生育状況, 耐虫性の強弱, 施肥の概要（肥料の種類, 施肥量, 施用時期）, 栽培様式, 病害虫防除の概要（農薬散布の時期, 回数, 農薬の種類など）などの調査がおこなわれる。

4 調査データの解析にもとづく予測

1 発生時期の予測

❶ 平年値や前年との比較による予測

昆虫は変温動物なので，発育や活動は温度に強く影響され，低温では抑制，高温では活発になるのが普通である。わが国の国土の大部分は温帯から亜寒帯なので，冬は気温が低く，ほとんどの害虫は発育や活動を停止している。春になり，気温が上昇するとともに発育や活動を開始するが，気温は年次変動が大きいので，害虫の発生時期も年によって早くなったり，遅くなったりする。

発生時期の予測は，調査で明らかにされた圃場での害虫の発生状況を，平年値（基本的には過去10年間の平均値）や前年値と比較しながら，気象予報を考慮して，例年よりも発生が早くなるとか，前年よりも遅くなるとかというような形でおこなわれることが多い。

❷ 数式モデルによる予測

害虫の発生時期の予測をもう少し正確におこなうために，個々の害虫の発育速度（developmental rate）と温度の関係をあらわす数式モデルが利用されている。

昆虫の発育速度と温度の関係は，一般に図6-Ⅶ-A-8の実線のような曲線になる場合が多い。すなわち，発育速度は低温域では温度の増加とともにゆるやかに指数的に増加し，中間温度域ではほぼ直線的に増加する。そして，高温域では発育阻害がおこり発育速度が低下するのが普通である。

第4章1項で解説されているように，温度T（℃）でのある発育ステージの発育速度V（発育日数Dの逆数）は，温度の一次関数として近似的に次式であらわすことができる。

$$V = 1/D = (T - t_0)/K$$

Kは有効積算温度定数（thermal constant），t_0は発育零点（lower thermal threshold）とよばれている。この関数は，図6-Ⅶ-A-8に破線で描いた直線をあらわしており，発育速度と温度の関係がほぼ直線となる中間温度域に対する数式モデルになっている。Kとt_0を推定するには，Vを目的変数，Tを説明変数とする回帰直線をあてはめればよい。ただし，データとしては直線関係が想定できる中間温度域のものだけを用いなければならない。この図からわかるようにt_0は厳密な意味でこれ以下では発育が進行しないという温度ではないことに注意する必要がある。この直線モデルは，いわゆる積算温度法則（temperature summation law）に対応したものである。

各発育ステージに対して，ある日の気温の予測値（たとえば平年値など）に対する発育速度Vは，その日の発育量をあらわすので，毎日のVの値を積算することによりその発育ステージを完了する日を予測できる。すなわち，この積算した値が1をこえ

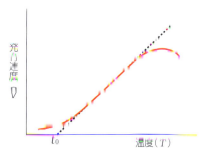

図6-Ⅶ-A-8
昆虫の発育速度と温度の関係
注）t_0は発育零点を示す

る日に，その発育ステージを終えるものとする。このことを利用して，かなり精度の高い害虫の発生時期の予測が可能になる。なお，発育ステージは，たとえば卵，1齢幼虫，蛹など個別のステージだけではなく，卵・幼虫期，幼虫・蛹期などのように複数のステージをまとめて1つのステージとしてあつかうこともできる。

　図6-Ⅶ-A-8からわかるように，発育速度と温度の関係をこのような直線で近似すると，中間温度域ではあてはまりはよいが，低温域や高温域でのあてはまりは悪い。これは，発育零点以下の温度でも実際には発育がすすむし，また高温域では発育阻害が生じるためである。この点を改善するためにいろいろな数式モデルが提案されているが，実用的にはこの単純な直線モデルが有用である場合が多い。

　ここで注意しなければならないことは，発育速度と温度のこのような関係は休眠状態にある個体では成立しないことである。わが国の害虫には休眠状態で冬を越す種が多いが，このような種で発生時期を発育速度から予測するためには，休眠がいつ覚醒するかが解明されていなければならない。

　また，実験室内での飼育データを用いて得られた数式モデルを，野外での害虫の発育の予測に適用する場合，あまり適合がよくないこともある。

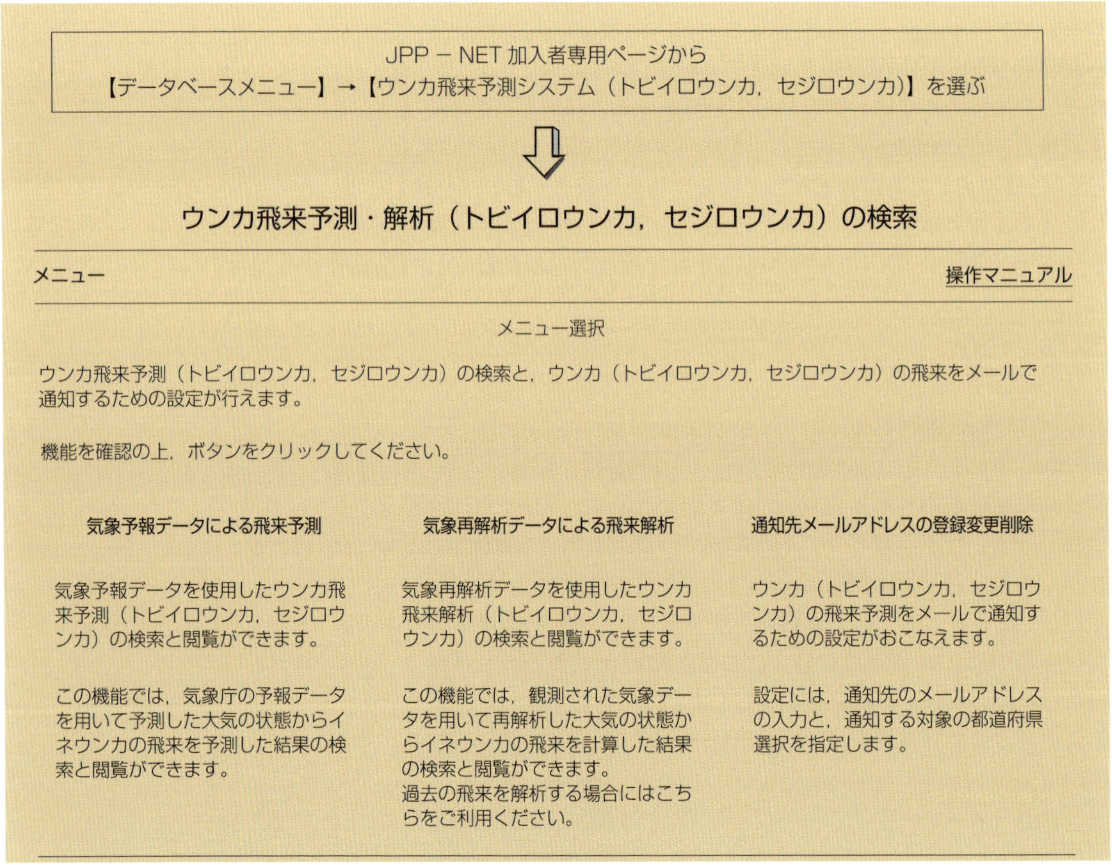

JPP－NET 加入者専用ページから
【データベースメニュー】→【ウンカ飛来予測システム（トビイロウンカ，セジロウンカ）】を選ぶ

ウンカ飛来予測・解析（トビイロウンカ，セジロウンカ）の検索

メニュー　　　　　　　　　　　　　　　　　　　　　　　　　　　　　　　　操作マニュアル

メニュー選択

ウンカ飛来予測（トビイロウンカ，セジロウンカ）の検索と，ウンカ（トビイロウンカ，セジロウンカ）の飛来をメールで通知するための設定が行えます。

機能を確認の上，ボタンをクリックしてください。

気象予報データによる飛来予測	気象再解析データによる飛来解析	通知先メールアドレスの登録変更削除
気象予報データを使用したウンカ飛来予測（トビイロウンカ，セジロウンカ）の検索と閲覧ができます。	気象再解析データを使用したウンカ飛来解析（トビイロウンカ，セジロウンカ）の検索と閲覧ができます。	ウンカ（トビイロウンカ，セジロウンカ）の飛来予測をメールで通知するための設定がおこなえます。
この機能では，気象庁の予報データを用いて予測した大気の状態からイネウンカの飛来を予測した結果の検索と閲覧ができます。	この機能では，観測された気象データを用いて再解析した大気の状態からイネウンカの飛来を計算した結果の検索と閲覧ができます。過去の飛来を解析する場合にはこちらをご利用ください。	設定には，通知先のメールアドレスの入力と，通知する対象の都道府県選択を指定します。

図6-Ⅶ-A-9　JPP－NETによるウンカ飛来予測・解析の検索
注）JPP－NETは（一社）日本植物防疫協会がおこなっている，農作物の病害虫防除に関する情報を総合的に提供する有料の情報提供サービス

この理由としては，予測に用いる気温が実際に害虫の感じている温度とは異なっているとか，あるいはエサ条件がちがうなどが考えられる。このような場合には，なんらかの補正が必要になる。

❸ 海外からの飛来侵入害虫の予測

害虫には海外から飛来侵入してくる，長距離移動性のものがいる。こうした害虫では，成虫の飛来侵入時期の予測が重要になるが，発育速度の数式モデルは役に立たないので，別の方法でおこなう。

たとえば，イネの重要害虫であるトビイロウンカやセジロウンカは，下層ジェット気流を利用して，梅雨の時期に中国大陸から東シナ海をこえてわが国の西南暖地に飛来してくる。現在，これらのウンカの飛来を予測するシミュレーションモデル（simulation model）が開発され，（一社）日本植物防疫協会運営の「植物防疫情報総合ネットワーク（JPP－NET）」では，このモデルを利用して梅雨時期の毎日の飛来を予測し，都道府県単位でメールによる情報提供をおこなっている（図6-Ⅶ-A-9）。

2 発生量の予測
❶ コンピュータ以前の予察式

コンピュータが普及する以前は，害虫の発生量を予測するための予察式として，おもに単回帰式（直線回帰式）が適用されてきた。

たとえば，1年に2世代発生する害虫に対して，第1世代と第2世代の発生量のデータが何年か蓄積されていれば，目的変数を第2世代の発生量とし，説明変数を第1世代の発生量とする単回帰式を求めることができる。調査によって第1世代の発生量がわかった時点で，単回帰式を使って第2世代の発生量の予測がおこなわれてきた。

❷ 現在の予測式

ある時点での害虫の発生量は，それ以前の時点での発生量にさまざまな生物・物理的要因が作用して決まる。そのため，前後の時点での発生量の関係を，こうした要因を考慮しない単回帰式で予測をおこなうことには限界がある。

これに対する改善策として，コンピュータの普及とともに，気象条件や天敵の発生など，複数の要因を説明変数に加えた重回帰式を利用して予察式がつくられるようになってきた。たとえば，ミカンの害虫ヤノネカイガラムシ（Unaspis yanonensis）の第2世代雌成虫数を，第1世代雌成虫数と気温，降水量などから予測する重回帰式がつくられている。

また，害虫の発生動態を明らかにするために，害虫個体群だけでなく，天敵，作物，気象条件，殺虫剤散布などの要因を含む大きなシステムを考え，これを微分方程式や差分方程式などを用いてモデル化することがおこなわれるようになってきた。

このようなシステムモデル（system model）を利用して，適当な初期値を与えてシミュレーションをおこない，害虫の発生量を予測すること

ができる。たとえば，シミュレーションによりミカンの害虫ミカンハダニ（*Panonychus citri*）の発生量を予測するシステムモデルがつくられている。

3 発生予察情報の提供と課題
❶ 発生予察情報の種類と提供

前述したように，都道府県の病害虫防除所は発生予察事業によって，害虫の発生状況などを調査・解析し，発生予察情報を提供している。発生予察情報は，表6-Ⅶ-Ａ-2に示したように，目的と内容により発生予報，警報，注意報，特殊報に分けられている。そのほか，適宜，月報や技術情報などが都道府県の判断で発表されている。

病害虫防除所は，これらの発生予察情報をファクシミリなどで都道府県の普及指導センター，市町村，農業協同組合（農協）などに提供したり，ホームページやメールなどで農家に発信している。

農林水産省は，各都道府県から提供された予察情報にもとづいて，全国的な病害虫の発生動向を解析し，全国予報を年10回発表している。

❷ 今後の課題

現行の発生予察事業は，都道府県による広域的かつ中・長期的な発生予察情報の提供が中心になっている。こうした情報は，イネのように広い地域で長期間栽培されている作物で，しかもウンカ類のように地域による発生変動が大きくない場合には意味がある。しかし，露地野菜や施設栽培のように栽培期間が比較的短く，圃場ごとに病害虫の発生状況が大きくちがう場合は役立たないことが多い。

将来的には，市町村や農協支所単位などせまい地域を対象にしたり，生産者が圃場ごとにおこなう発生予察などの推進が重要になる。

表6-Ⅶ-Ａ-2　発生予察情報の種類

名称	情報の内容
発生予報	「病害虫発生予察事業の調査実施基準」（農林水産省消費・安全局植物防疫課）にもとづいて得られた調査資料に，農作物の栽培条件や病害虫の生態，気象予報などを考慮して作成される基本的情報であり，おおむね月に1回発表される。病害虫名，発生時期，発生面積，発生程度，発生地域およびそれらの平年比，前年比，予報の根拠，防除上の注意事項などが記載されている
警報	重要病害虫が大発生すると予想され，早急に防除措置の必要が認められる場合に発表される。記載事項は，病害虫名，発生が予想される地域と時期，発生程度，防除時期と防除法などである
注意報	警報を発表するほどの大発生ではないが，重要病害虫が多発すると予想され，早めに防除措置をする必要が認められる場合に発表される。記載事項は警報と同じである
特殊報	新しい病害虫が発見された場合や，重要病害虫の発生消長に特異な現象が認められた場合に発表される。新病害虫の場合は特徴，生態，防除法などが記載され，発生消長の特異現象の場合はその問題の重要性や意義などが解説される

B 植物検疫

1 植物検疫とは

　植物の病害虫は，自然分散や人や物の流れなど人為的経路で分布を広げるが，このうち人為的経路を公的に規制して侵入・まん延を防ぐのが植物検疫（plant quarantine）である〈注1〉（表6-Ⅶ-B-1）。

　国によって，病害虫の種類や発生状況，生産する農産物の種類，自然の植生やその他の環境はさまざまである。このため，侵入を警戒する病害虫の範囲や侵入を防止する方法も国によって異なる〈注2〉。

2 植物検疫の歴史

1 植物検疫のはじまり

　世界ではじめて植物検疫が登場したのは，19世紀半ばである。フランスで，アメリカから輸入したブドウ苗についていたブドウネアブラムシ（別名：ブドウフィロキセラ，*Viteus vitifoliae*）が国中に広がり，ブドウ園に大きな被害が出た。隣国のドイツは，この害虫の侵入を防ぐため，繁殖用のブドウ苗の輸入を禁止した。これが植物検疫のはじまりといわれている。

　日本では，江戸時代の終わりに200年以上にわたる鎖国を廃止して開国したが，明治時代には，侵入害虫の防除に悩まされ，新たな侵入への懸念も高まった。20世紀の初めに日本は農産物を輸出していたが，害虫が発見されたとの理由で，アメリカに到着した船荷のミカンやコメが焼却・積み戻しになったり，国際親善のため寄贈したサクラの苗木が焼却されたり，ということがおきてしまった。こうした事態を受け，1914年に「輸出入植物取締法」が制定され，日本の植物検疫制度が創設された（図6-Ⅶ-B-1）。

2 貿易の広がりと国際的な検疫の動向

　植物検疫制度の創設当時のおもな貿易・旅行手段は船舶だったので，輸送には多くの日数がかかり病害虫の侵入リスクは小さかった〈注3〉。しかし，その後，航空機による作物輸送，冷蔵機能やコンテナの普及，コンテナ専用船の大型化・高速化な

〈注1〉
植物防疫法の目的は「輸出入植物及び国内植物を検疫し，並びに植物に有害な動植物を駆除し，及びそのまん延を防止し，もつて農業生産の安全及び助長を図ること」と規定されている。なお，本稿では，「有害な動植物」を「病害虫」としている。

〈注2〉
経路のリスクや重要度には国ごとにちがいがある。たとえば，隣国との境界に，海洋，国際大河川，砂漠，厳寒の高地・山脈などがあるか否か，人や物の動きについて経済社会的な制限があるか否か，などによって異なる。

〈注3〉
新鮮な品目の輸送が技術的に困難であったため，その結果病害虫自身が「生きのびる」こともきわめてまれであった。

表6-Ⅶ-B-1　病害虫が侵入する経路の例

自然・人為の別	経路
◇自然分散	・昆虫自身や媒介生物の飛翔などによる移動・分散 ・台風や季節風，流木などによる移動
◇人為的な経路	・農作物や植物などの貿易 ・船舶やコンテナなど輸送機関への付着 ・旅行者による持ち込み（病害虫そのもの，植物や靴，木箱などへの付着） ・郵便物（インターネットショッピングなどで利用される国際宅配便を含む）

図6-Ⅶ-B-1
植物検疫制度発足当初の輸出検査

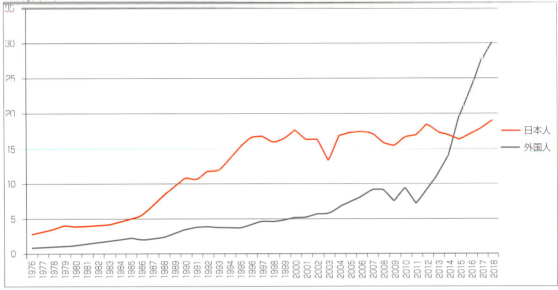

図6-Ⅶ-B-2　入国者数の推移（法務省「出入国管理統計」にもとづき作成）
注）2018年は速報値

ど，輸送技術が飛躍的に改善されることによって，新鮮な農産物の輸出入が可能になり，それに付着する病害虫も短時間で新天地に到着できるようになった。また，貿易量だけでなく旅行も増え，植物が国境を越えて移動する機会も多くなった（図6-Ⅶ-B-2）。

こうした社会・経済状況の変化は「自然の防波堤」を低くし，さらに近年のグローバリゼーションが拍車をかけ，病害虫の侵入リスクは著しく大きくなっている。

国際的な自由貿易推進の動きのなかで，植物検疫に関する国際ルールは大きくかわった。1995年に世界貿易機関（WTO）が設立され，「衛生植物検疫措置の適用に関する協定」（SPS協定：Agreement on the Application of Sanitary and Phytosanitary Measures）が発効すると，食品安全や動物検疫とともに植物検疫の措置が各国間で調和されるよう，関連国際機関に国際基準の策定を促すことになった（注4）。

なお，植物検疫分野の国際基準を策定することになったのは，「国際植物防疫条約」（IPPC：International Plant Protection Convention）である。SPS協定の交渉の進捗にあわせてIPPCの条約改正がおこなわれ，1993年には最初の「植物検疫措置に関する国際基準」（International Standard for Phytosanitary Measures）（注5）が採択されており，以降も順次さまざまな基準が策定・採択されている。

〈注4〉
WTO（World Trade Organization）では，貿易紛争がおこった場合の解決手続を明確にしたので，裁定結果の法的な拘束力が前身の関税貿易一般協定（GATT（General Agreement on Tariffs and Trade））にくらべて大きく強化された。

〈注5〉
病害虫リスク分析，病害虫無発生地域の確立，殺虫処理，同定診断手続などの国際基準が採択されている。

3 日本の植物検疫

1 植物防疫法と検疫体制

日本の植物検疫は，1914年の輸出入植物取締法の制定後，情勢の変遷のなかで法の制定や改正がおこなわれ，現在の植物防疫法（Plant

コドリンガ（*Cydia pomonella*）
　codling moth
リンゴやナシなどの大害虫。成虫が熟していない果実や葉の表面に卵を産み，幼虫は果実にはいり食害する。日本以外の温帯気候地域に広く生息している。

ウリミバエ（*Bactrocera cucurbitae*）
　melon fly
おもにメロン，カボチャ，キュウリなどウリ類の大害虫。東南アジアのほか，ハワイや東アフリカに生息している。かつては日本にも生息していたが，懸命な防除により根絶した。

図6-Ⅶ-B-3　侵入を警戒する害虫の例

図6-Ⅶ-B-4
植物防疫法による植物検疫の仕組み

表6-Ⅶ-B-2　植物検疫に関した法律の推移

1914年：輸出入植物取締法の制定
1948年：輸出入植物検疫法の制定（日本国憲法の制定に関連）
1950年：植物防疫法の制定（国内防除の「病害虫駆除予防法」と一体化）
1951年：植物防疫法の改正（発生予察の法制化）
1996年：植物防疫法の改正（検疫病害虫の範囲，栽培地検査，手続の電算化）

Protection Act）にいたっている（表6-Ⅶ-B-2）。

　植物防疫法には，植物検疫に関する規定（輸出入の禁止・制限，検査，証明，処分，国内移動制限等），緊急防除（emergency control）や発生予察の規定があり，それにもとづいた検疫，防除などがおこなわれている〈注6〉。また，関連する規則で侵入を警戒し制限する病害虫が定められている〈注7〉（図6-Ⅶ-B-3）。

　また，植物防疫法では農林水産省に植物防疫官を置くこととされており，植物防疫官は以下に紹介する輸出入植物の検査などをおこなっている〈注8〉（図6-Ⅶ-B-4）。

2 国際検疫
❶ 輸入検疫

　輸入される植物や植物の生産物は，病害虫の侵入リスクや輸入検査による発見の難易に応じて，①輸入を禁止するもの（輸入禁止植物），②検査が必要なもの（合格すれば輸入可），③検査を必要としないもの，に分けられる。なお，輸入禁止品であっても，試験研究用などの場合には，農林水産大臣の特別許可をあらかじめ得ることにより，条件つきで輸入することができる。

　輸入の形態には，船舶や航空機による貨物，旅行者の携帯品〈注9〉，郵便物があり，港，空港，郵便局で検査がおこなわれる（図6-Ⅶ-B-5）。輸入検疫では，書類審査，目視検査のほか，必要に応じて精密検査などがおこなわれる。

〈注6〉
植物防疫所では，このほか「遺伝子組換え生物等の使用等の規制による生物の多様性の確保に関する法律」（通称「カルタヘナ法」）による遺伝子組換え生物（現在は，おもに種子や苗が検査対象）や，「外来生物法」にもとづく検査もおこなわれている。

〈注7〉
「植物防疫法施行規則」の別表にリストが示されている。

〈注8〉
2018年10月現在，植物防疫所は，全国に5本所，16支所，36出張所があり，約1,000人の職員（うち検査をおこなう権限をもつ植物防疫官は約900人）が勤務している。

〈注9〉
近年，旅行客の到着ロビーで荷物を嗅ぎわける検疫犬が導入され，動物検疫・植物検疫に活躍している。

貨物の検査

旅客携帯品の検査

郵便物の検査

図6-Ⅶ-B-5　輸入検査

〈注10〉
港や空港での検査に加え、輸入後、隔離された特別な施設で栽培をおこない、病害虫の付着や感染がないかどうか確認する検査。

　また、病害虫の侵入リスクなどに応じて、輸出国に栽培中の検査や精密検査を求めたり、日本に到着後一定期間の隔離検疫（post-entry quarantine）（注10）をおこなったりすることもある。

　輸入時の検査で検疫対象の病害虫がみつかれば不合格になるが、くん蒸処理などをおこなって輸入が認められるものもある（注11）。くん蒸など

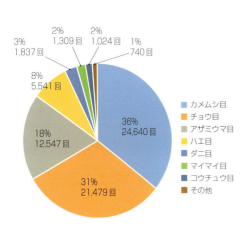

図6-Ⅶ-B-6
貨物の輸入検査で野菜からみつかった害虫
（発見回数と割合）
（2007〜2016、植物検疫統計）

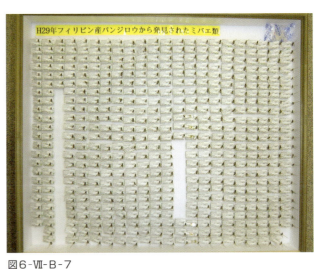

図6-Ⅶ-B-7
空港の旅客携帯品からみつかったミバエ類
フィリピン産バンジロウ（グアバ）5個計約300ｇから発見された、ミカンコミバエ種群約450頭、フタスジフトモモミバエ約50頭

輸入時の検査等で発見される害虫　　コラム1

　港や空港の検査でみつかる害虫は、植物検疫統計で知ることができる。輸入検査でさまざまな害虫が発見される野菜について、2007〜2016年の10年間の状況を図6-Ⅶ-B-6に示した。

　野菜では、カメムシ目（36%）、チョウ目（31%）、アザミウマ目（18%）の発見が多く、次いでハエ目（8%）、ダニ目（3%）、コウチュウ目（2%）の多様な害虫に加えて、ナメクジなどのマイマイ（柄眼）目（2%）も発見されている。野菜に付着して侵入する害虫は、潜葉性や、葉と葉の隙間で棲息する性質をもっているものが多い。

　ここで示す野菜以外に、果実やほかの多くの植物も害虫の侵入経路になる。果実につくミバエ類などは、そもそも対象植物の輸入が禁止されているため、貨物検査で数字にあらわれることはほとんどない。しかし、空港でおこなわれる旅行客の携帯品検査では、しばしば輸入禁止植物が発見され、その後の保管調査で多くの害虫が確認されることがある。

　図6-Ⅶ-B-7は、フィリピン産のバンジロウ（グアバ）5個計約300グラムからみつかった、約500頭のミバエ類である。

の殺虫処理は，大量の貨物であってもむらなく確実におこなうことが必要であり，加えて処理の時間やコスト，処理対象品目（果実など）の品質維持も重要である。

〈注11〉
農薬取締法にもとづいて，処理対象品目と薬剤の組み合わせによって，時間や薬量が定められている。

❷ 輸出検疫

輸出される植物や植物の生産物は，輸出先の国の植物検疫規則に適合していることを確認するため，検査とその証明がおこなわれる。輸出時の目視検査に加え，種子や苗類の栽培地での検査，病原体や線虫を対象にした室内検定が必要になることもある。

輸入検疫では，参照すべき規則が日本の法令だけであるが，輸出検疫では，それぞれ輸出相手国の規則に適合していることを証明しなければならない。このため，しばしば変更される世界各国の関連規則の最新情報を，的確に把握しておくことが必要である。なお，検査は，港や空港にかぎらず，内陸の集荷場でおこなわれることもある（図6-Ⅶ-B-8）。

農産物の輸出は今後も大きな伸びが期待されており，輸出検疫は輸出国に対して，植物検疫上の問題がないことを証明する重要な役割をになっている。

3 国内検疫

❶ 移動規制

南西諸島や小笠原諸島では，国内のそれ以外の地域にはいない病害虫が発生しているので，未発生地域へのまん延を防ぐため，その病害虫と寄主・宿主植物（寄生部位）を定め，これらの地域からの持ち出しを法令で禁止や制限する，移動規制がおこなわれている。

❷ 侵入警戒調査・緊急防除

台風などによる害虫の飛来や，港湾付近での荷物などからの侵入のおそれがあるため，侵入リスクが高い地域を中心に侵入警戒調査（detection survey）がおこなわれている。

ミバエ類などの害虫は，雄を対象にした誘引剤付きのトラップを設置して定期的に巡回し，警戒している害虫が捕捉されていないことを確認している。また，都道府県の機関（病害虫防除所など）や生産者と連携し，みなれない病害虫を発見したときにはすみやかに国に報告することになって

図6-Ⅶ-B-8
輸出検査（リンゴの集荷地検査）

不妊虫放飼による根絶　　　　　　　　　　　　　　　　　　　　　　　　　　　コラム2

1970年代に奄美・沖縄の南西諸島ではウリミバエが発生していたが，関係者の努力により世界でもまれな根絶に成功した。この根絶には，雄の誘引除去に加えて不妊虫放飼の技術が用いられた（手法の詳細については本章Ⅳ-B「放射線を用いた害虫防除」参照）。すなわち，人為的に増殖した害虫を放射線により不妊化し，野外に大量放飼する，という手法である（不妊雄虫と野生の雌虫との交尾は次の世代につながらず，徐々に生息数が減る）。22年の歳月，200億円超の防除経費，のべ40万人超の関係者，そして約626億頭の不妊虫放飼により根絶にいたった。同技術は，沖縄県久米島でのアリモドキゾウムシの根絶にも用いられた。

図6-Ⅶ-B-9
トラップによる侵入警戒調査

〈注12〉
過去に緊急防除の対象となった害虫には，アリモドキゾウムシ（*Cylas formicarius*），イモゾウムシ（*Euscepes postfasciatus*），ミカンコミバエ（*Bactrocera dorsalis*）などがある。

〈注13〉
卵や幼虫での判定が困難なときは，荷物の所有者がくん蒸処理をおこなうことで迅速な輸入を選ぶこともある。また，対象害虫の種がある程度想定される場合は，遺伝子的手法で診断をおこなうこともある。

〈注14〉
病害虫の発生状況の変化に加え，技術開発や関係国間の協議によって規制措置が変更されることもある。

いる。

重要な害虫が発見された場合は，トラップの増設や，寄主植物の採集による寄生の有無の調査がおこなわれ，状況に応じて集中的な防除をおこなう。この場合，対象の害虫が最後に発見されて以降，「発見なし」の状態が一定期間経過することをもって，防除の成功が確認されている（図6-Ⅶ-B-9）。

しかし，ある程度の範囲で定着が認められた場合は，植物防疫法にもとづいた緊急防除（emergency control）をおこなうこともある〈注12〉。

4 検査をささえる活動

❶同定診断

検査でみつかった病害虫の特定は，合格・不合格の判定に直結するため，正確さを要求されるが，貿易への影響を最小限にするために，同定に過剰な時間をかけることはできない。現場の検査官による同定が困難な場合は，専門性の高い同定官などの支援を得て同定がおこなわれる。

植物検疫での同定診断は，幼虫や卵など形態のちがいがわかりにくい発育ステージを対象にすることが多く，また迅速な判断を求められるなど，研究目的での分類・同定とのちがいも多い〈注13〉。

❷調査研究

植物検疫の調査研究は，日本にいない病害虫を対象にすることが多い。農林水産大臣の特別許可を得て病害虫を海外から入手し試験をおこなうこともあるが，おもな情報源は海外の文献などである。また，植物検疫では，殺虫効果に求められる水準が「密度の低減」ではなく「無発生の確保」なので，完全に殺虫するための温度処理やくん蒸処理の開発など，特徴ある調査研究が必要になっている（表6-Ⅶ-B-3）。

調査研究の成果は，植物検疫の検査現場などで活用されるほか，貿易相手国との協議や国際基準の策定での議論の裏付けや途上国への技術協力などに利用されている。

❸リスク分析

世界各国で病害虫の新たな侵入や定着，まん延は継続しており，病害虫の発生状況は変化しつづけている。また，各国の規制内容もしばしば改正される〈注14〉。したがって，こうした情報の収集をつづけ，日本への影

表6-Ⅶ-B-3　植物検疫のおもな調査研究

調査研究	内容・課題
検査手法の開発	迅速さ，正確さ，簡易さなどが求められる
消毒処理方法の開発	不合格になった荷物の処理や，条件つき輸出入解禁の手法の開発・検討（相手国からの提案の検討を含む。たとえば，植物検疫の殺虫処理でおもに使われてきた臭化メチル剤は，オゾン層を破壊する物質に指定され，現在は植物検疫での使用が例外的に認められているが，今後これに代わる方法が必要とされている）
適切な防除法の開発	新たな病害虫の侵入がみつかった場合の対応

響や対応の改善を検討することが重要である。さらに，病害虫やその侵入経路のリスクを評価し，重要な病害虫の侵入を防止するための，適切な植物検疫措置を決めるというリスク分析（risk analysis）もおこなわれている。

4 国際社会とのかかわり

1 二国間協議，国際会議

　おもな貿易国とは，必要に応じ，輸出入の条件，輸出入が禁止されている品目の条件つき解禁の可能性などについて協議がおこなわれている。また，日本でも農産物の輸出への関心が高まっており，相手国に輸出の解禁を要請したり，植物検疫条件を定めるための技術的な協議を二国間でおこなっている。

　国際社会での植物検疫の議論は，おもに前出の国際植物防疫条約（IPPC）の会議などでおこなわれており，国際基準の策定，技術支援，報告や情報共有の促進を目的としてさまざまな活動がすすめられている。

2 国際協力

　日本の植物検疫は高い技術水準にあり，他国への技術支援が数多くおこなわれている。たとえば，（独）国際協力機構（JICA：Japan International Cooperation Agency）による支援では，途上国を直接支援するプロジェクトや，途上国の技術者が日本国内で受ける研修があり，また国際機関による支援では，国連食糧農業機関（FAO：Food and Agriculture Organization of the United Nations）への資金拠出，専門家派遣によるプロジェクトなどがある。このほか，海外からの専門家などの来訪受け入れもおこなわれている。

　また，調査研究に用いるため日本にいない病害虫を海外の研究者に依頼してとりよせる，特定分野の専門家を招聘し講演を依頼する，という交流もおこなわれている。

第7章 昆虫機能の利用

1 広がる昆虫機能の利用

1 古くから学術の進展にも大きく貢献

　昆虫綱（Class Insecta）には，学名がつけられているだけでも約100万種が知られている。1つの綱でこれだけの種を含む生物群は，植物，動物と比較しても例をみない。この多様性は目まぐるしくかわる地球の環境変動の歴史のなかで，昆虫がきわめて高い適応力もって生息域を拡大してきた結果といえる。

　そのような特徴から，昆虫は古くから研究の対象として，進化の過程で獲得されたデザインと巧みな機能の解明などについて注目されてきた。具体的には，ショウジョウバエの染色体解析から遺伝学への貢献（モーガン），ミツバチのダンス言語の解読による行動学への貢献（フォン・フリッシュ）などノーベル賞をもたらした研究をはじめ，概日リズムなどの体内時計による測時機構，休眠のメカニズム，表現型多型（注1），記憶と学習を中心とする脳機能，などがあげられ，学術の進展にはたした役割ははかりしれない。

2 ますます高まる昆虫機能活用への関心

　近年では，急速なバイオテクノロジーの進歩を背景に，昆虫のもつ卓越した機能の遺伝子レベルでの解析や，それを利用した製品の開発など，社会実装化する試みが具体的になされている。

　さらに，世界人口の急速な増加にともなう食料需要の増大について，おもにタンパク質の安定供給の対策の1つとして，国際連合食糧農業機関（FAO：Food and Agriculture Organization of the United Nations）が「食用昆虫」を提案するようになっている。また，ミツバチなどの送粉昆虫（注2）を農作物の受粉に活かした食料増産，地球規模での生態系サービスなど，持続可能な人類の活動における昆虫機能の活用について，2015年9月の国連サミットで採択されたSDGs（Sustainable Development Goals）の観点からも国際的に関心が高まっている。

〈注1〉
生物の表現型が変化することを表現型可塑性といい，そのなかでも表現型が不連続に変化する場合を表現型多型という。昆虫に多く，チョウの季節型，ハチやアリのカースト制などがその例である。

〈注2〉
植物の花粉をはこんで（送粉）受粉させる動物のことを送粉者（花粉媒介者，受粉者，ポリネータともいう）といい，昆虫を送粉昆虫という。

2 昆虫を利用した技術と物質生産

1 昆虫ミメティクス (insect mimetics)

バイオミメティクス（biomimetics, 生物模倣学）は，自然界に生存している生物のさまざまな機能を模倣して人間社会で利用できる製品などを形づくっていく，工学的観点をもっている。とくに進化の過程で大きく適応放散(注3)した昆虫は，生息環境や捕食者などに対応する驚くべき機能を備えており，昆虫の構造と機能を模倣した製品開発が試みられている。

〈注3〉
さまざまな環境に適応して，1つの祖先からはなはだしく多様な形質の子孫が出現することをいう。

❶ デザイン－色彩

昆虫のデザインは千差万別であるが，そのなかでも色彩はきわだっている。昆虫が生きるうえで色彩は，①体温の調節，②有害な波長のカット，③配偶者や捕食者への信号，④外骨格の素材のもつ色，などに分けられる。

これらの色彩の創出には，体表に分布する物質による「色素色」と体表にあたる光の干渉，回折，散乱などによる「構造色」の2つの仕組みがあげられる。

色素色は，食物として摂取したフラボノイドやカロチノイドがそのまま流用されたり，昆虫自身が合成するメラニンやプテリジン系の色素などが知られている。これらは色彩に起因する物質の分解とともに退色する。

図7-1　ヤマトタマムシ
クチクラ構造の多層膜干渉によって体色が創出されており，千年以上の歴史をもつ法隆寺の玉虫厨子（タマムシの翅で装飾されていることで有名）でも部分的に色が保持されている

一方，構造色は，体表のクチクラや鱗粉の微細構造によるもので，ヤマトタマムシの鞘翅（図7-1）やコムラサキ，モルフォチョウの鱗粉（図7-2）に代表される。これらは，紫外線などに長時間暴露されつづけても色彩があせることがないので，自動車などの外装への利用も期待されている。

図7-2　コムラサキ（左）とモルフォチョウ（右）
翅の表面に配置された，小さな鱗粉の1つ1つの表面微細構造によって生じる光の干渉作用による呈色のため，見る角度によって色が変化する

❷ クチクラの表面構造
　－無反射性と超撥水性

夜行性のガ類（図7-3左）の複眼表面は，ナノパイルとよばれる直径50nm，高さ200nm程度の構造で覆われ，これによって無反射状態を獲得し，わずかな光をロスすることなく取り込んでいると考えられており，「モスアイ構造」とよばれている。この構造を模倣した無反射フィルムを使うと照明の映り込みを防ぐことができるため，絵画の額の保護ガラスや液晶などのディスプレイ表面などに利用

図7-3　多機能性のナノパイル構造をもつガ（オオケバコガ）の複眼（左の組み写真）と同様の構造を翅にもち早朝に羽化するエゾハルゼミ（右）
（左の組み写真提供：針山孝彦氏，山濱由美氏）

図7-4　カイコの幼虫（左），桑葉を食べる幼虫（中），繭（右）（品種：黄白）

されている。

水面で羽化するカの複眼や，朝露が発生する時間帯に羽化するエゾハルゼミの翅（図7-3右）にもこの構造が認められており，微小水滴を処理する実験によって，超撥水性があることも示されている。また，この構造の表面には汚れがつきにくい（自浄作用）うえ，セミの翅の表面のナノパイル構造の上では，捕食者であるアリが歩行できないことや，抗菌効果も報告されている。

このように，ナノパイル構造は「反射低減」，「超撥水性」，「自浄性」，「滑面性」，「抗菌性」など，多岐にわたる機能を併有していることが明らかにされている。

2 カイコを利用した物質生産

カイコ（*Bombyx mori*）（図7-4）は，飼育技術が確立され家畜化がすすんでおり，長年にわたりシルクの生産によって，人の経済活動に大きな貢献をしてきた。学術面でも，遺伝学や生理学の実験材料として利用されてきた。また，ミツバチとともにゲノムの解読されたモデル生物でもあり，遺伝子組み換え技術を活かして，その機能をさらにのばせる産業動物として注目されている。

❶遺伝子組み換えカイコによる機能性タンパク質の生産

カイコは繭糸として大量のタンパク質を生産する能力をもっているが，その機能を活用して，抗体など機能性をもつタンパク質を効率よく生産する技術開発がすすめられている。

カイコの終齢幼虫が，蛹になるまえに体外に吐き出すシルクの約98％がセリシンやフィブロインといったタンパク質で構成されている。これらの繭を形成するタンパク質は幼虫体内の絹糸腺で合成される。そのため，目的とするタンパク質をコードする塩基配列（遺伝子）を種々のベクターによって組み込んだカイコ（遺伝子組み換えカイコ，transgenic silkworm）を作製することで，モノクロナール抗体，化粧品用コラーゲン，医療用タンパク質など，目的に応じた機能性タンパク質の大量生産が可能になる。将来「昆虫工場」の実現が期待されている。

❷蛍光シルクの作製

トランスポゾンをベクターとして，オワンクラゲの緑色蛍光タンパク質（green fluorescent protein：GFP）遺伝子をカイコのフィブロイン遺伝子の領域に組み込み，さらにそれが絹糸腺のフィブロイン合成領域で発現するように整えたカイコの作製がなされた（農研機構＝国立研究開発法人農業・食品産業技術総合研究機構）。この遺伝子組み換えカイコから得ら

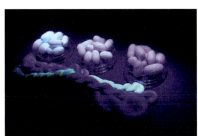

図7-5 励起光を当てると蛍光を発して光る遺伝子組み換えカイコの繭（左）とそのシルクでつくられたドレス（国立科学博物館 特別展「昆虫」で撮影）

図7-6 オオスズメバチワーカーと肉団子（上），多様なアミノ酸を含む唾液を分泌する幼虫（下）

れた繭によるシルク製ドレスも試作され，注目を集めている（図7-5）。

3 スズメバチ幼虫の唾液成分を模倣したスポーツ飲料

　スズメバチのワーカーは，鋭い大顎でチョウ目の幼虫やコウチュウ目の成虫の外骨格をもかみ砕いて肉団子にするが，腹部の第一，二節目が細くくびれているため，固形物を食料として利用することができない（図7-6上）。肉団子は巣にもち帰り幼虫のエサにし，それを摂食して消化した幼虫が唾液として分泌し成虫に与える（図7-6下）。この現象は「栄養交換」とよばれ，成虫と幼虫の相互依存からなりたつスズメバチの社会構造をささえる基盤になっている。

　幼虫が分泌する唾液には17種類のアミノ酸が含まれており，それを摂取すると脂肪を呼吸基質としてATPを生産する代謝系が活性化される。この場合，ブドウ糖を基質として激しい運動をしたときに副産物として生産される乳酸の蓄積が生じないため，筋肉疲労がしにくいとされ，スズメバチのワーカーの高い運動能力をささえる原動力になっていると考えられている。

　この効果は，マウスを使用した実験でも確認されており，さらに国内の多くのスポーツ・アスリートもスズメバチ幼虫の唾液に含まれるアミノ酸を模倣した混合液（vespa amino acid mixture：VAAM）を飲んでトレーニングを積み，高成績をあげているという。

4 昆虫食

❶世界の昆虫食

　国際連合食糧農業機関（FAO）は，昆虫食を促進する理由として，①健康食材として，家禽，豚，牛や海洋で獲れる魚などにかわりうる栄養素が含んでいる。②環境にやさしく生産でき，家畜を生産するさいに問題になる糞尿の問題が回避される。また，昆虫はゴミとして廃棄されるようなものをエサとして増殖することができ，さらにエサからタンパク質の転換効率が他の家畜とくらべてきわめて高い。③生計という観点からも生産や飼育への投資が少なくてすみ，女性を含めて土地柄に依存せずに多くの人が参画できる，ことをあげている。

　世界で1,900種以上の昆虫が食材として利用されていることが報告されており，昆虫を伝統的な食材の一部にしている世界人口は，少なく見積も

図7-7　日本の食用昆虫の代表格
左から：イナゴとその甘露煮，ヒゲナガトビカワゲラの幼虫，クロスズメバチの蜂児とその甘露煮

図7-8　オオスズメバチの蛹（左）とその素揚げ（中，右）

少なくとも20億人はいるとしている。食材として最も消費されている昆虫は，コウチュウ目（31％），チョウ目の幼虫（18％），ハチ目（14％）の3目で，それにつづいてバッタ目（13％），カメムシ目（10％），シロアリ目とトンボ目（各3％），ハエ目（2％），そして他の目（5％）となっている。

❷日本の昆虫食

日本では，古くから昆虫を食する文化が根付いており，1919年の調査では，カゲロウ目，トンボ目，トビケラ目，カワゲラ目，バッタ目，カメムシ目，チョウ目，コウチュウ目，ハチ目の8目約50種が食用にされていたとの記録がある。

戦後の有機リン剤系の農薬の使用などによってこれらの昆虫が減少したことと，それにかわる作物や家畜の増産によって，食用としての昆虫のニーズは急減している。時代の変遷のなかで使用される農薬も低毒性のものにかわったが，現代では日常的な食材というよりは，イナゴ，ザザムシ（ヒゲナガカワトビケラの幼虫），ハチの子（クロスズメバチの蜂児）（図7-7）の甘露煮や缶詰が郷土品として，道の駅などで販売あるいは郷土料理店で提供されているのが現状である。

一方，長野県や岐阜県などでは，餌付けしたスズメバチのワーカーに目印をつけて追跡し，その巣を探してハンティングする風習が残っている。成人男性が数人のチームで役割を分担し，収穫した巣を公平に分けるという独特の形態でおこなわれている。得られたハチの子は，タンパク質を豊富に含んでおり，素揚げや煮付けなどにして食べられる（図7-8）。

3 送粉昆虫の利用

1 植物と送粉昆虫

多様な形態，生活史を進化させている昆虫のなかでも，雄しべの花粉を雌しべに送粉して，顕花植物の種子繁殖をになう送粉昆虫の存在は，豊かな生態系の維持に必須である。昆虫側にとっても，花粉や花蜜は効率のよいエネルギー源や栄養として重要である。植物も，受粉をになう昆虫への

報酬として，余剰な花粉や直接必要のない花蜜を生産している。

このように，植物と送粉昆虫はギブアンドテイクの相利共生（注4）の関係にある。この関係は自然の生態系で，植物の種子や果実を食べるさまざまな動物の生存を可能にしており，生物多様性をささえてもいる。

2 ミツバチの生活様式と採蜜活動

送粉昆虫のなかでもハナバチ類の送粉機能は卓越したものがあり，送粉昆虫の代表格である。とくに，ミツバチ属（*Apis*）やマルハナバチ属（*Bombus*）が含まれる，真社会性（注5）ハナバチ（eusocial bees）の機能はとりわけ大きいと考えられている。

❶ 女王とワーカー

真社会性（eusociality）の生活様式を営むミツバチやマルハナバチの雌には，女王とワーカーという階級（カースト）がある。そこには，女王が産卵（生殖），ワーカーが造巣，採餌，育児，外敵防御などの労働をおこなうという分業制がある。単独性の昆虫であれば，生殖と個体維持は1つの個体が備えている能力であるが，2種類の表現型の異なる雌が分担しているのである。

セイヨウミツバチ（*Apis mellifera*）の巣内には，1頭の女王とその娘であるワーカーが数万頭おり，繁殖期にはそれに雄（無精卵から発生する）が加わり，巨大なコロニーが生存の単位（超個体（super organism）とよばれている）になっている（図7-9）。

❷ ワーカーによる採蜜活動

女王は最盛期には1日に1000個以上の卵を産み，巣内にはおびただしい数の蜂児（卵から蛹）と内勤ワーカーが生活している。そうした巣外に出ない個体の食物の調達は，外勤ワーカー（採餌蜂）にゆだねられている。

そのため，単独性の昆虫は，食物を十分に摂取すればエサの探索をやめてほかの行動に移るが，ミツバチの採餌蜂は花から花蜜と花粉を集めて巣内にもち帰ると，荷下ろしして再び花へ食料を求めて飛び立つという行動をひたすらくり返す。

採餌蜂は，個体としての飢えでエサを集めるのではなく「コロニーの飢え」のために働いており，きわめて高いエサ集め能力が求められている。そのためには，ミツバチ的ワーカーの形質（蜜を吸う口吻，花粉を集める際の構造，虫を運ぶ嗉嚢など）は特化しており，記憶，学習（色，形，匂いなど）能力も高い。さらには良質なエサ場をみつけると，花，までの距離と方向をコード化したダンスで仲間に伝達するとい

<注4>
複数の生物種が相互関係をもって生活することを共生といい，相利共生は互いに利益を得る共生のことをいう。そのほか，片利共生（片方のみ利益を得る），片害共生（片方のみ害をうける），寄生（片方が利益を得，もう一方が害をうける）の関係がある。

<注5>
以前は，動物が社会的な集団をつくるという意味で社会性とよばれたが，その意味が見直され，現在は新たな概念として真社会性とよばれており，集団のなかに不妊の階級があることが重視されている。

上：女王（左），ワーカー（雌，右），下：雄

図7-9 真社会性ハチ類としてのセイヨウミツバチ

う，コミュニケーション能力まで進化させているのである。

とくに，長い冬のある温帯地域に分布するミツバチの種は，日々の生活のためだけではなく，春～夏のうちに越冬に必要な蜜を巣内に十分蓄えることも加わるので，すぐれた採餌能力が要求される。ミツバチのコロニーが越冬するために，1つの巣で20kg以上のハチミツを貯蔵しているとの報告もある。

❸ミツバチと植物の共進化

ミツバチの巣内の貯蜜量の多さは，ハチミツの原料が花蜜と考えると，そのまま訪花頻度の高さと読みかえることができる。このような働き者を受粉のパートナーにすることは，結実に受粉が必要な植物側にとっても大きなメリットになる。

年間を通じてコロニーを単位として生活を営むミツバチは，温帯地域では早春から晩秋までつぎつぎと変遷する植物に訪花して，花蜜と花粉を収集できるジェネラリストであり，多種多様な植物の送粉に寄与している。植物の側にも良質な花蜜，花の色や形，香りなどに自然選択が働き，送粉する側とされる側で共進化（coevolution）（注6）したのである。

〈注6〉
複数の生物が相互に影響しあいながら進化すること。

ミツバチが進化の過程で獲得した，真社会性という性質に端を発するワーカーの能力を，ハチミツをはじめさまざまな付加価値ある食料を得たいヒトがみのがすはずはなかった。イギリスには「ハチミツの歴史は人類の歴史（The history of honey is the history of mankind.）」という古いことわざがあり，それはまさに「養蜂」の歴史になっている。

3 ミツバチがささえる養蜂
❶ハチミツと人間

生物の活動にはエネルギー源が必要であり，そのおもなものは糖である。単糖類（グルコースとフルクトース）を豊富に含むハチミツは，最適なエネルギー源である（図7-10）。

活動というと身体を動かすことを思い浮かべるが，人脳でおこなわれる思考にも多大なエネルギーが消費される。とくに，複雑で卓越した高度な情報処理機能をもっている大脳を進化させたヒトは，その能力をいかんな

規格化された可動枠式巣箱での管理

巣板の貯蜜

ビン詰め作業

図7-10　広大な自然にセイヨウミツバチの巣箱を並べハチミツを収穫する養蜂

く発揮させるために，相応な糖分を確保する必要があったと考えられる。

脳を構成する細胞は，エネルギー物質を貯蔵する機能を十分に備えていない。そのため，即効性ある単糖類を豊富に含むハチミツを摂取することは，ヒトの知的な活動をささえるのに有効であったはずである。

現代人の生活にはケーキ，チョコレート，金平糖など，糖分を含む多種多様な食物が豊富にあるが，過去にさかのぼると，人間の生活のなかでつくられたものはつぎつぎと消えていく。そして，最終的に残るのは，ミツバチが自然界に点在する零細資源である花蜜をあつめて加工し，巣に貯めたハチミツである。それは，地球上に人類があらわれる前から存在していた天然資源である。

私たちの祖先がはじめて口にしたハチミツと，いま私たちがパンに塗っているハチミツは本質的に同じものである。「養蜂」とは，自然界の未利用の天然資源を，ミツバチという昆虫を介して，人間の生活に有用で付加価値の高い生産物を確保する産業である（図7-11）。

❷養蜂の起源と歴史
●ヨーロッパ

養蜂の起源は，野生のミツバチの巣をみつけて採集する狩猟的要素（ハニーハンティング）が強かった。最古の記録は，紀元前6000年ごろに描かれたという，スペイン東部のバレンシア地方にあるアラーニャ洞窟内に残された「ハチミツの採集風景」の壁画である（図7-12）。そこには，岩場にぶら下げたはしごにつかまり，多数のミツバチにとりまかれながら，蜜巣の採集を試みているハニーハンターが描かれている。危険をおかしても手にいれたいほど，ハチミツは魅力的なものであったことがうかがえる。

紀元前5000年ごろになると，樹木の空洞につくられた巣を生け捕りしたり，分蜂したハチを捕獲して飼育したりするようになり，採集・捕獲から飼育へのきざしが認められる。さらに，古代エジプトでは紀元前2500年ころの神殿などの壁に，ミツバチを水瓶のような容器で飼育したり，煙をかけてハチを追いやりハチミツを採集しているようすなどが描かれており，養蜂の専門家がいたことが示唆される。ヨーロッパでもギリシャ神話に養蜂神が登場するほどで，かなり古くからミツバチが飼われていたことが推察される。

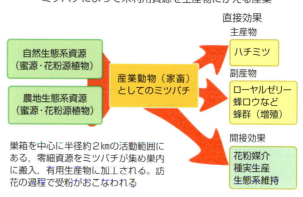

図7-11　養蜂産業のイメージ（中村, 2006を改変）

図7-12　アラーニャ洞窟内の壁画（B.C.6000年）にみられるハニーハンティングのようす（Crane, 1979）

表7-1 近代養蜂発達の基礎になった発明

発明年	発明の内容	発明国
1851	実用可動枠式巣箱	アメリカ
1857	巣礎	ドイツ
1865	遠心力利用採蜜器	オーストリア
1875	燻煙器	アメリカ
1889	人工王椀による女王養成	アメリカ
1926	人工授精器	アメリカ

中世ヨーロッパの養蜂は、スケップとよばれるわらを巻いてつくったドーム型のかごでミツバチを飼育していた。しかも、ハチミツだけでなく、巣がロウでできているのを利用して、教会で使われるロウソクの原料も得ていたようである。

採蜜の方法は、19世紀中ごろまでは、巣を圧搾してハチミツをしぼりだすという、紀元前の方法と基本的にかわらないものであった。

● 日本

現在、世界の養蜂ではセイヨウミツバチが利用されている。日本にはセイヨウミツバチは分布していないが、「蜜蜂」という文字が最初に記載された文献は『日本書紀』（720年完成）とされている。記載は643（皇極2）年で、ニホンミツバチの飼養化が試みられていたことがうかがえる。

平安時代になると、ハチミツが献上品に使われた記録や、飼育についての記事（『今鏡』1170年）もでてくる。江戸時代には日本各地で飼育がさかんになり、ハチミツを採取する目的での飼育（『大和本草』1709年）や、ミツバチの生態記録（『家蜂畜養記』1791年）、ハチミツの生産地（『本草綱目啓蒙』1805年）、ハチミツの相場取引（『公益国産考』1859年）などの記事もでてきており、養蜂の産業化がすすんだ。

江戸時代末期から明治時代（1858～1903年）にかけて、定型化した巣箱におさめた数百群ものニホンミツバチを大量飼育し、在来種による養蜂の体制を築きあげ、「蜜市」とよばれた篤養蜂家が和歌山県有田市に登場している。当時の養蜂のようすは、1873年にウィーンで開催された万国博覧会で、日本の物産を紹介するために制作された「蜂蜜一覧」（1872年）(注7)に、ニホンミツバチの生態、採蜜などを含めて詳しく描かれている。

● 近代養蜂の基礎はアメリカでつくられる

アメリカは養蜂大国の1つであるが、在来種ミツバチは分布していないので、養蜂の歴史は1621年にセイヨウミツバチが導入された以降とされている。しかし、近代養蜂の基礎になっている発明のほとんどはアメリカでされており、在来種ミツバチがいてミツバチとの長いつきあいのあったヨーロッパ、中近東、そして日本を含むアジア諸国ではない（表7-1）。

❸ 日本での近代養蜂の展開

● 近代養蜂とセイヨウミツバチの導入

日本にセイヨウミツバチが輸入されたのは、1877（明治10）年である。そのときには、巣板を1枚ずつ木枠におさめて移動できる「可動枠式巣箱」、巣をこわさずにハチミツを遠心分離できる「巣礎と遠心分離器」、蜂をしずめて刺害を抑制する「燻煙器」など、近代養蜂産業の創出に貢献した道具は、すでに発明されていた。

セイヨウミツバチは、ニホンミツバチより集蜜力が高く、飼養しやすいなどの性質が評価され、急速に利用が広がった。そして、1951（昭和21）年施行の「家畜伝染病予防法」で、家畜伝染病（法定伝染病）と届出伝染

〈注7〉
絵図資料として編集された『教草』の24番目に紹介されているのが「蜂蜜一覧」である。『教草』には「稲米一覧」、「養蚕一覧」、「製茶」、「畳」、「こんにゃく」など全国から30種の産物が紹介されている。

病にミツバチの病気が記載された。さらに，1955（昭和30）年には「養蜂振興法（2013年改正）」が施行され，昆虫であるが「産業動物：家畜」としての「ミツバチ」と「養蜂」の地位が法制度として確立された。

●広まる送粉昆虫としての利用

その後，高度経済成長をむかえて，健康食品であるハチミツやローヤルゼリーが大ブームになった。しかし，都市開発などによる蜜源植物の減少や海外からの輸入品との競合で，日本の専業養蜂家は経営的に苦しい局面におかれるようになった。

そうした状況のなかで，野生の送粉昆虫の激減によって，ポリネーション（受粉）へのミツバチの期待が高まり，現在では農作物の受粉になくてはならない存在になった。とくに，野生昆虫の活動が鈍る低温期に，外部と遮断された環境で栽培される施設果菜では，おもにトマトの受粉に利用されているマルハナバチとともに，イチゴの受粉にほぼ100％利用されている。

ミツバチの高い受粉能力は，労働力の削減，高品質作物の生産だけでなく，天敵などを組み合わせた総合的有害生物管理（integrated pest management: IPM）の普及にも大きく貢献しており，日本の環境保全型農業の発展に大きく寄与している。

4 ハナバチ類の受粉利用

❶農業生産に重要な役割

送粉昆虫のなかでもハナバチ類は，農作物の生産でも重要な役割をはたしている。開花・受粉によって実を結ぶ農作物の生産には，人間がおこなう受粉作業が不可欠なものも少なくない。アメリカなどの広大な果樹園では，ハナバチ類による送粉は，生産性の維持・向上になくてはならないものになっている。

事実，受粉による農作物の生産効果は，アメリカだけでも年間50〜100億ドルと試算されている。受粉によるミツバチの経済効果は，養蜂による生産物（ハチミツ，ローヤルゼリー，蜂ロウ）の100倍以上といわれている。

❷ハナバチの種類と農作物の組み合わせ

受粉をになっているハナバチ類には，ミツバチを筆頭に，マルハナバチ，マメコバチ，ツツハナバチなどいつかのグループがある（図7−13）。そして，グループごとに，花の構造，開花時期などとの関係で，訪れる農作物と相性のよい組み合わせがあり，以下の例のように作物によって使い分けられている。

たとえば，イチゴの受粉にはミツバチが非常に高い効果を発揮する。ミツバチは，イチゴの花の上で互いに体をクルクルと回転させながら花粉をあつめるが，その過程で雌しべが均等に受粉され，形のよい果実ができる。日本では，冬にハウス栽培されるイチゴの受粉にミツバチは欠かせない存在になっている。2009年におきたミツバチ不足では，受粉用のミツバチ

　セイヨウミツバチ　　　　トラマルハナバチ　　　　マメコバチ　　　　　　クマバチ

図7-13　作物の受粉に利用されているハナバチ類

が入手できないイチゴ栽培農家が続出して深刻な問題になり，4月に農林水産大臣によって緊急の全国調査の方針が表明されたほどである。

　青森県などのリンゴ園では，ミツバチよりも小型なツツハナバチの一種であるマメコバチが珍重される。また，マレーシアなどで栽培されているトケイソウの仲間のパッションフルーツには，大型のクマバチが受粉に適しているとされている。

　さらに，花に蜜腺がないうえ，花粉も葯という袋のなかに収納されているナス科作物のトマトやナスの受粉には，マルハナバチが大貢献している。マルハナバチは，葯に大きな顎で嚙みついて，細かな振動を与えて花粉を落として採集し（これを振動採粉（buzz foraging）という），このときトマトやナスも受粉する。

5 ミツバチとマルハナバチの行動と生態

　有史以前から人類とかかわりをもってきた産業動物ミツバチと，総合的有害生物管理の推進とともに，施設栽培の受粉用生物資材として商品化されたマルハナバチの行動と生態について概要を紹介する。

○ミツバチ

❶世界のミツバチの種

●ヨーロッパのミツバチ

　世界中で養蜂に利用されているのはセイヨウミツバチ（*Apis mellifera*）で，欧州，アフリカ，中近東に24亜種が知られている。そのうち，ヨーロッパ北部のクロバチ（*A. m. mellifera*，dark bee），イタリアのイタリアン（*A. m. ligustica*，italian bee），オーストリア南部とユーゴスラビアのカーニオラン（*A. m. carnica*，carniolan bee），ロシア，コーカサス地方のコーカシアン（*A. m. caucasica*，caucasian bee）の4亜種は，主力養蜂種として飼養されている。

　おもに日本に輸入されているのは，体色が黄褐色のイタリアンであるが，カーニオランなども輸入されており，亜種間の交雑系統も利用されている。

●アジアと日本のミツバチ

　アジア地域では，少なくても8種のミツバチ属の分布が確認されている。

なかでも，トウヨウミツバチ（*A. cerana*）は，日本，中国，韓国，タイ，マレーシア，インドなどで，地域養蜂種として独自の飼育法で活用されてきた歴史がある。日本には，前述のようにトウヨウミツバチの北限の1亜種である，ニホンミツバチ（*A. c. japonica*）が在来種として知られており，1877年にセイヨウミツバチが輸入される前まではこの一種が養蜂に利用されていた。

オオミツバチの巣（畳1枚分くらいの大きさ）　　　コミツバチの巣（手のひらサイズ）

図7-14　東南アジアの熱帯に分布する1枚巣板の巣を開放空間につくるミツバチ

そのほか，東南アジアの熱帯には，オオミツバチ（*A. dorsata*），コミツバチ（*A. florea*）が知られている。この2種は，1枚の巣板を開放空間に垂直にぶら下げて営巣するので飼養には向かないため，現在も野生の巣を採集してハチミツをしぼるという，狩猟的な利用がつづけられている（図7-14）。

● 世界で9種の独立種―今後増える可能性も

1980年代まで，世界のミツバチは上記の4種とされていた。しかしその後，行動学，生態学，DNAの塩基配列を含めた系統分類学的な解析などにより，トウヨウミツバチのグループからマレーシアのボルネオ島のサバミツバチ（*A. koschevnikovi*）とキナバルヤマミツバチ（*A. nuluensis*），インドネシアのスラウェシ島のクロオビミツバチ（*A. nigrocincta*）の3種が独立種として認められた。

また，オオミツバチのグループからはネパールの山岳地帯に生息しているヒマラヤオオミツバチ（*A. laboriosa*），コミツバチのグループからも中国南部からクロコミツバチ（*A. andreniformis*）が独立種とされた。

以上のように，合計9種の独立種がミツバチ属で記載されているが，アジア地域に分布するミツバチ属のさらに詳しい研究がすすむことで，今後も増える可能性が高いとされている（表7-2，図7-15，図7-16）。

表7-2　ミツバチ属に含まれる9種

☆ セイヨウミツバチ *Apis mellifera*
★ トウヨウミツバチ *Apis cerana*
　サバミツバチ *Apis koschevinikovi*
　キナバルヤマミツバチ *Apis nuluensis*
　クロオビミツバチ *Apis nigrocincta*
　コミツバチ *Apis florea*
　クロコミツバチ *Apis andreniformis*
　オオミツバチ *Apis dorsata*
　ヒマラヤオオミツバチ *Apis laboriosa*

☆：セイヨウミツバチは，アフリカ，中近東，ほかの8種はおもにアジアに分布
☆★：養蜂種として飼養化されている
------：破線より上は複数巣板，下は1枚巣板をつくる

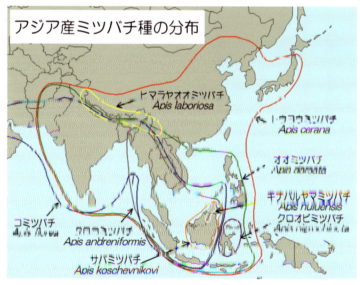

図7-15　アジアで種の分化がすすんだミツバチ

上左からオオミツバチ,トウヨウミツバチ,サバミツバチ
下左からコミツバチ,クロコミツバチ,セイヨウミツバチ
（目盛は1mm）

図7-16　ミツバチ属の6種

❷生活史の概略

ミツバチは，1頭の女王蜂と数万頭のワーカー，繁殖期に生産される数千頭の雄，さらに数万の卵から蛹まで，血縁個体で形成されるコロニーが生活の基本単位である。それらが，ワーカーから分泌されるロウでつくられた巣を拠点に，営巣活動をしている。

●繁殖様式

繁殖期には，新しい女王蜂が育てられる王台が数個つくられ，内部で育つ雌性幼虫にはワーカーの分泌するローヤルゼリーが与えられる（図7-17）。

原則的に，受精卵から雌，無精卵からは雄が発生する，半数倍数性の性決定（第5章参照）様式という特徴をもち，受精卵から育つワーカーの性はすべて雌である。新女王が王台から羽化する数日前に，母親の女王はワーカーとともに離巣してほかの場所に移動して営巣する，「分蜂」という繁殖様式をとるため，周年にわたり社会生活が継続する（図7-18）。

女王の幼虫が育つ王台（右はその内部）

ワーカーが育てられる巣房

図7-17　セイヨウミツバチの女王とワーカーの育房の比較

●ワーカーの採集能力

ワーカーは，色，匂い，形，時刻などすぐれた記憶・学習能力をもつだけでなく，「同じ，ちがう」などの抽象概念ももっていることが報告されている。それらの能力を駆使して，野外に点在する零細資源である花蜜や花粉などを効率よく採集する。

良質のエサ場をみつけたワーカーが巣内で示す「ダンス言語」は有名で，

図7-18
セイヨウミツバチの分蜂

レンゲの花蜜をあつめるワーカー

花の場所を巣内の仲間へダンスで伝達
（矢印の個体がダンサー）

図7-19　セイヨウミツバチのワーカーの採餌とその場所の伝達

その行動のなかに，距離と方角の情報がコード化されていることが明らかになっている（図7-19）。このダンスコミュニケーションによる情報伝達の発見は，ノーベル生理医学賞の受賞対象になっており，言語学の教科書にも「記号言語」の例として紹介されている。

マルハナバチ
❶世界で約250種が知られている

マルハナバチは，冷涼な気候に適応し，前述のような振動採粉という行動形質をもっている。マルハナバチ属（Bombus spp.）は，機能的な送粉者として多くの植物の有性生殖を助け，遺伝的多様性を維持するにない手になっている。

マルハナバチ属は世界で約250種が知られており，日本には16種の在来種がいる。高山や亜高山帯のお花畑や白夜のある高緯度地域など，冷涼で天候の急変などで生息環境が不安定な地域で優占種として認められている，真社会性ハナバチである（図7-20）。

図7-20
北海道大雪山のエゾナガマルハナバチ

❷マルハナバチの行動と生態的特徴
●生活史は1頭の女王蜂からはじまる—早春〜秋

生活史は，早春，越冬を終えた1頭の女王蜂によって開始される。女王蜂は前年の秋に新女王蜂として羽化し，越冬にはいる前にほかの巣の雄と交尾し，腹部の受精嚢に多量の精子を蓄えている。そのため，越冬後，1頭で齧歯類（注8）の廃巣など地中の空洞を利用して巣をつくるが，蓄えた精子を使って受精卵(2n)をつぎつぎに産卵することが可能である。

女王蜂は，花からあつめた蜜を原料に，腹部のロウ腺からロウを分泌して巣をつくり，小さな卵室に花粉を貯め込んで数個の受精卵を産む。孵化した幼虫は，花粉を摂食しながら若齢期は集団で，老熟期には独房で育てられ，吐糸して繭をつくり蛹化する。

最初の産卵から約1カ月で，ワーカーが羽化すると小さな家族になる。やがて，母親の女王蜂が産卵（生殖）を担当し，娘のワーカーがその他の労働をになうという分業が成立し，コロニーは夏から秋にかけて大きく成長する（図7-21）。

〈注8〉
リス，ハツカネズミなど，かたい物をかじるのに適した歯と顎をもつ哺乳類で，土の中や倒木の穴に巣をつくる種類も多い。

●生殖個体の羽化と新女王蜂の越冬—秋〜越冬

秋になると女王蜂は無精卵(n)を産みはじめ，それが雄になる。同時期に育てられる雌幼虫には多量のエサが与えられ，新女王蜂として羽化する。雄と新女王蜂が羽化するころには，ワーカーは急速に減少して，コロニーは解散へと向かっていく。このころには，交尾をしていないワーカーによる無精卵の産卵もみられるようになり，多数の雄が生産される。こうして羽化した雄と新女王蜂が，次世代を生産する生殖個体である。

生殖個体は成熟するとつぎつぎに離巣していき，ほかの巣で育てられた生殖個体と交尾する。1つのコロニーから

図7-21
トラマルハナバチの成長したコロニー
（中央が女王蜂）

生産される生殖個体の数は，種やコロニーによって大きく異なるが，おおよそ新女王蜂で十数頭から百頭，雄はその2～3倍程度のことが多い。

巣を創設した女王蜂はやがて死に，ワーカーや雄も役割を終え死ぬ。交尾した新女王蜂は，1頭ずつ土や朽ち木のなかにもぐって，翌春までの長い越冬にはいる。

以上のようにマルハナバチの生活史は，分蜂で増殖するミツバチとは大きく異なっている。周年的に社会生活を営むミツバチの高次真社会性に対して，女王が単独で生活するステージのあるマルハナバチは低次真社会性とよばれている。

❸ 受粉用マルハナバチ巣箱の商品化
● 古くから受粉に利用―1980年代に商品化

ヨーロッパでは，ダーウィンの時代からマルハナバチの高い送粉能力が評価されている。1800年代後半にはレッドクローバーの送粉者として，イギリスからニュージーランドへ多数の女王蜂が移入・放飼され，レッドクローバーの種子生産が効率化し，酪農の生産性が向上したとの記録もある（注9）。

〈注9〉
レッドクローバーを先行移入したが，花の入り口から花蜜腺までの距離が長いため，ニュージーランドにはそれに適した在来種ポリネータがいなかった。そのため，マルハナバチの後発移入もおこなわれたという。

こうした野外放飼型のマルハナバチの利用が大きく転換したのが，1980年代の後半にベルギーで発明された，セイヨウオオマルハナバチ（*Bombus terrestris*）の工場内での大量増殖法である。これによって，ヨーロッパに広く分布しているセイヨウオオマルハナバチが，おもに施設栽培トマトの受粉用として商品化され，その巣箱が世界中に輸出されるようになったのである（図7-22）。

外観

整然とならぶセイヨウオオマルハナバチの巣箱

室内繁殖

振動受粉する働きバチ

トマト温室内の商品巣箱

図7-22　オランダの受粉用マルハナバチ生産会社と施設栽培トマトの受粉に活用されるセイヨウオオマルハナバチ

● 日本への輸入と普及

　日本にも，1991年にベルギー，1992年にオランダから巣箱が輸入され，本格的な利用がはじまった。

　商品化されたセイヨウオオマルハナバチは，施設栽培トマトの生産農家に，①労働力の軽減（従来人手をかけて実施していた植物ホルモン剤処理が不要になる），②収穫物の品質向上（受粉によって種子がつくられるので空洞果がなくなり秀品率が高まる），③減農薬栽培がおこなわれる（ハチに影響のある化学農薬の散布が減る），④生物農薬（天敵）などと併用することでIPMが実施できる，などの大きなメリットを提供し，またたくまに全国に広がった（図7-22）。

　さらに，ナス，イチゴ，メロンなどにも広がり，日本国内でセイヨウオオマルハナバチの増殖・生産をおこなう企業もあらわれた。輸入開始後わずか10年ほどで，日本国内でのセイヨウオオマルハナバチ巣箱の年間利用数はじつに70,000箱に達している。

　世界的には，ベルギーやオランダで生産された受粉用の巣箱が各国に輸出されており，その総生産数は数十万箱をこえていると見積もられている。

❹「外来生物法」と日本在来種マルハナバチの活用
● セイヨウオオマルハナバチの生態系への懸念

　1990年代にはいり，「環境保全型農業」の推進とともにマルハナバチの利用が注目されはじめたとき，生態学の立場から日本に土着していないセイヨウオオマルハナバチの移入への危惧が指摘された。高い増殖力と送粉能力は，受粉用コロニーの生産と受粉利用の両面ですぐれた性質であり，卓越した生物資材であったが，日本ではセイヨウオオマルハナバチが分布していないため，逃げ出したときの生態系への負の影響が懸念されたのである。

　とくに，セイヨウオオマルハナバチと生態的地位が重なる在来種マルハナバチにとっては，競争が激化し，最悪の場合には絶滅のリスクさえも危惧された。さらに，パートナーシップを結んで共進化してきた植物の繁殖への悪影響もさけられないと，保全生態学の側から問題点が強く指摘された。そして，1996年に北海道で，野生化したセイヨウオオマルハナバチのコロニーが発見された。コロニーはその後急速に増えており，北海道のほぼ全域にまん延しているのが現状である。

　2005年になって日本政府は，外来生物による生態系などへの被害を防ぐための「外来生物法（Invasive Alien Species Act）」（注10）を制定した。この法律で「特定外来生物」に指定されると，その生物の移動・飼育に法的規制がかけられることになったのである。セイヨウオオマルハナバチは2006年9月1日に「特定外来生物」に指定され，受粉巣箱の使用も許認可制になるなど，生態系への逸出を防ぐ法的な規制が加えられるようになった。

● 日本在来マルハナバチの商品化と課題

　こうした状況のなかで，日本の生物産業にかかわる企業は，日本在来種

〈注10〉
「この法律の目的は，特定外来生物による生態系，人の生命・身体，農林水産業への被害を防止し，生物の多様性の確保，人の生命・身体の保護，農林水産業の健全な発展に寄与することを通じて，国民生活の安定向上に資すること」（環境省ホームページ）とうたわれている。

　　　営巣を開始した女王　　　　　　成長したコロニー　　　　　　　　室内での交尾

図7-23　商品化に成功した日本在来種クロマルハナバチ

図7-24
室内増殖が試みられている北海道在来種エゾオオマルハナバチ

　マルハナバチの商品化に取り組み，1996年から日本在来種のクロマルハナバチが商品化され，トマトやイチゴなどの施設栽培で活用されている（図7-23）。また，クロマルハナバチが分布していない北海道では，在来種のエゾオオマルハナバチの施設内増殖と商品化への試みが検討されている（図7-24）。すみやかに在来種の利用へと切り替わることが期待される。

　その一方で，同じ日本国内に分布する在来種であっても，地理的な遺伝的固有性がある可能性も指摘され，また工場生産的に大量増殖された個体群の遺伝的変異の低さなどの懸念もある。在来種であっても，野外に放任するのは慎重であるべきとの考えは強い。したがって農業への利用も，施設内に限定するとともに，開口部はマルハナバチが通過できない細かい網目のネットで覆い，施設外へ逃げださないようにするなど，きめ細やかな生態系への配慮が求められている。

6 送粉昆虫を作物の受粉に利用するときの留意点

　農業生産者が，とくに施設内で，安全，安心で高品質な農作物の生産にむけて，送粉昆虫のパフォーマンスを効率よく引き出すためのおもな留意点を，マルハナバチとミツバチを例に示す。

❶殺虫剤の種類を選択し散布後は日数をあけて利用

　マルハナバチやミツバチも昆虫なので，殺虫剤が体に付着すれば悪影響がでるので細心の注意が必要である。昆虫成長制御剤（IGR，第3章7-2項参照）の場合には成虫への影響は少ないが，ワーカーによって巣内に持ち込まれた薬剤が幼虫や蛹に付着すると変態を阻害してしまう。散布してからハチへの影響がなくなるまでの影響日数については，殺虫剤の種類ごとに公表されているので調べておき適切な使用を心がける。

　隣接する圃場で散布された薬剤が，施設の換気部などからはいり込み影響をおよぼす事故もおきている。周囲の農家との情報共有も事故の予防には重要であり，近隣での農薬散布では吸気ダクトを止めるなどの対策をおこなう。

❷ 紫外線カットの被覆材はさける

　ハチは太陽からの紫外線を感知できる能力をもっており，その波長をカットするフィルムで被覆してしまうと，活動が著しく抑制されてしまう。施設内では，太陽の光が直接差し込むネット展張部などにワーカーが密集して，肝心の送粉活動が認められないなどの状況もおこりうる。紫外線をカットする被覆材の使用は基本的にさけたい。

❸ 巣箱に高温と振動は禁物

　マルハナバチもミツバチも高温は苦手である。巣箱はできるだけ風通しのよい場所に設置し，直射日光が当たらないように必ず屋根などで日陰をつける。巣はハチの体から分泌されるロウでできているため，巣箱内に熱がこもると柔らかくなりくずれてしまうこともある。

　振動もきらい，振動を与えると騒いで落ち着くことができないため，訪花行動もおきにくいだけではなく，刺傷事故の可能性を高めてしまう。

❹ 巣箱設置後の巣門の開口は落ち着いてから

　マルハナバチもミツバチも性質はおとなしく，通常施設内で作業している人が刺傷事故にあうことはない。しかし，施設内へ持ち込まれて設置された当初は，運搬中の振動などの影響で巣箱のなかは大騒ぎになっていることが多い。そのような状態のときに巣門を開けると，多数の興奮したワーカーがいきなり飛び出してくるので危険である。巣箱を設置したら，巣箱内から聞こえるハチの羽音がおさまるまで様子をみてから巣門を開けると安全である。

　また，ハチは匂いに敏感に反応するので，施設内で作業するときは，香りの強いものは身につけないようにするのが無難である。

❺ 施設内の温度管理はハチの活動と花粉の稔性の両方で重要

　送粉昆虫も農作物も生物であり，活動や生育に温度や湿度などの環境条件が影響する。環境条件を，施設内で送粉をになわせるハチと，栽培作物の花粉の稔性や着果などの許容範囲に保持することが重要である。

　マルハナバチとミツバチでは，訪花活動の最適条件に少しちがいがあるので，その両方を施設に導入して受粉効率を高める効果も期待できる。

❻ 巣箱内の幼虫数と作物の開花数のバランスが大切

　花粉は送粉昆虫にとっておもにタンパク質源であり，マルハナバチやミツバチにとって幼虫の成長に必須な食物である。したがって，導入する受粉用の巣箱のなかの幼虫の数や女王蜂の産卵状態が，ワーカーの訪花頻度に大きく影響する。

　マルハナバチでは，産卵旺盛な女王蜂とワーカーが80頭程度いて，巣内に卵から蛹までの発育ステージがそろっている巣箱1箱で，20 a 程度の規模の温室で一般的な密度で定植されているイチゴへの受粉を十分にまかなうことは可能とされている。巣箱のなかにエサとしての花粉を要求す

る幼虫が多数いる状態の強群を，対象作物の開花の少ない温室に導入すると，1つの花への過剰訪花がおこって，その花全体を傷めてしまい結実しないので，要注意である。

❼法制度の遵守－生態系への配慮

現在，日本で商品として流通している送粉昆虫のなかで，セイヨウオオマルハナバチは「特定外来生物」である。そのため，使用についての規則が法令できびしく定められており，取り扱いには十分な注意が必要である。

日本在来種であるクロマルハナバチについてはそのかぎりではない。しかし，受粉用に商品化された系統は遺伝的な多様性が低く，施設から逸出した場合，地域の野生個体群と交雑し地理的な遺伝的固有性を損なうリスクがある。また，クロマルハナバチは北海道には分布していないので，その地域への持ち込みは保全生態学的に好ましいとはいえない。そのため，クロマルハナバチの使用についても，施設をクロマルハナバチが逃げられない目合いのネットで覆い，野生個体群との接触防止に努めることが求められている。そのように管理された施設内での使用が適切におこなわれれば，外部に飛び出すことができないワーカーの訪花を標的作物に集中させることが可能になるので，効率的な受粉がなされる。

参考文献

〈1章-1, 2章-1〉

Chapman, R. F. (1982) The Insects: Structure and Function, third ed. Hodder and Stoughton
Gullan, P. J. and P. S. Cranston (2014) The Insects: an Outline of Entomology, fifth ed. Wiley Blackwell
日本応用動物昆虫学会 (2000) 応用動物学・応用昆虫学学術用語集 (第3版)
Snodgrass, R. E. (1935) Principles of Insect Morphology. McGraw-Hill

〈1章-2, 3〉

Baker, E. W. et al. (1958) Guide to the Families of Mites. The Institute of Acarology, University of Maryland, No. 3
江原昭三・後藤哲雄編著 (2009) 原色植物タニ検索図鑑. 全国農村教育協会
江原昭三・真梶徳純 (1975) 農業ダニ学. 全国農村教育協会
草野忠治ら (1981) 応用動物学. 朝倉書店
水久保隆之・二井一禎編著 (2014) 線虫学実験. 京都大学学術出版会
三枝敏郎 (1993) センチュウ―おもしろ生態とかしこい防ぎ方―. 農文協

〈2章-2〜4〉

Ehara, S. (1982) Appl. Entomol. Zool. 17：40-45.
江原昭三・真梶徳純編著 (1996) 植物ダニ学. 全国農村教育協会
岩槻邦男・馬渡俊輔監修 (2008) 節足動物の多様性と系統. 裳華房
Krantz, G. W. and D. E. Walter eds. (2009) A Manual of Acarology, 3rd. ed. Texas Tech University Press
Meldel, B. H. M. et al. (2007) Mol. Phylogenet. Evol. 42：622-636.
島野智之 (2012) ダニ・マニア. 八坂書房

〈3章, 6章-Ⅱ〉

河野義明・田付貞洋編著 (2007) 昆虫生理生態学. 朝倉書店
浜島書店編集部編著 (2007) ニューステージ生物図表. 浜島書店
日本植物防疫協会 (2013) 農薬作用機構分類一覧.
農薬工業会 (2017) 殺虫剤の作用機構分類 (IRACによる) (Ver. 8.3)
桑野栄一・首藤義博・田村廣人 (2004) 農薬の科学―生物制御と植物保護―. 朝倉書店
佐藤仁彦・宮本徹編 (2003) 農薬学. 朝倉書店
厚生労働省 (2006) 食品に残留する農薬等に関する新しい制度 (ポジティブリスト制度) について
鈴木芳人 (2012) 植物防疫 66：700-704
日本植物防疫協会 (2017) 農薬要覧 2017
藤崎憲治他 (2014) 昆虫生態学. 朝倉書店

〈4章〉

Bayu, M. S. Y. I. et al. (2017) Exp. Appl. Acarol. 72：205-227.
Begon, M. et al. (1996) [堀道雄監訳 (2003) 生態学 個体・個体群・群集の科学― 原著第3版]. 京都大学学術出版会

Chi, H. (1988) Environ. Entomol. 17：26-34.
Danks, H. V. (1987) Insect Dormancy: an Ecological Perspective. Biological Survey of Canada
Dixon, A. F. G. (1985) Aphid Ecology. Blackie
藤崎憲治・田中誠二編著 (2004) 飛ぶ昆虫、飛ばない昆虫の謎. 東海大学出版会
Gotoh, T. et al. (2011) J. Asia-Pacific Entomol. 14：173-178, 195-200.
Gotoh, T. et al. (2014) Exp. Appl. Acarol. 63：205-215.
Grimaldi, D. and M. S. Engel (2005) Evolution of the Insects. Cambridge Univ. Press.
日鷹一雅・中筋房夫 (1990) 自然・有機農法と害虫. 冬樹社
Huffaker C. B. (1958) Hilgardia 27：343-383.
桐谷圭治 (1991) インセクタリゥム 28：212-223.
岸本良一 (1975) ウンカ海を渡る. 中央公論新社
久野英二編著 (1996) 昆虫個体群生態学の展開. 京都大学学術出版会
Lawo, J.-P. and N.-C. Lawo (2011) J. Appl. Entomol. 135：715-725.
MacArthur, R. H. and E. O. Wilson (1967) The Theory of Island Biogeography. Princeton Univ. Press
Magalhães, S. et al. (2005) Oikos 111：47-56.
松香光夫ら (2000) 昆虫の生物学 第2版. 玉川大学出版部
松村正哉 (2017) ウンカ〜防除ハンドブック. 農文協
Montserrat, M. (2011) Behaviour and community ecology of competing predators that feed on each other. PhD thesis, University of Amsterdam
中筋房夫ら (2000) 応用昆虫学の基礎. 朝倉書店
日本生態学会編 (2012) 生態学入門 第2版. 東京化学同人
Pianka, E. R. (1978) Evolutionary Ecology. Harper & Row, Publ.
Price, P. W. (1984) Insect Ecology, 2nd ed. John Wiley & Sons, Inc.
田付貞洋・河野義明編著 (2009) 最新応用昆虫学. 朝倉書店
Tauber, M. J. et al. (1986) Seasonal Adaptation of Insects. Oxford Univ. Press
Vaz Nunes, M. et al. (1990) J. Biol. Rhythms 5：47-57.
Wanibuchi, K. and Y. Saito (1983) Res. Popul. Ecol. 25：116-129.
鷲谷いづみ (2017) 大学1年生のなっとく！生態学. 講談社

〈5章〉

Esvelt, M. K. et al. (2014) eLife 2014；3；e03401
藤崎憲治ら (2014) 昆虫生態学. 朝倉書店
久留公一 (1998) 日本農芸化学誌 48：319-326.
石川統編 (2000) アブラムシの生物学. 東京大学出版会
松浦健二 (2013) シロアリ―女王様、その手がありました。岩波書店
斎藤哲夫ら (1986) 新応用昆虫学 三訂版. 朝倉書店
鈴木芳人 (2012) 植物防疫 66：380-384.
田付貞洋・河野義明編 (2009) 最新応用昆虫学. 朝倉書店

〈6章-Ⅰ〉

上遠野冨士夫 (2013) 関東東山病害虫研究会報 60：1-9.

参考文献

桐谷圭治（2004）「ただの虫」を無視しない農業―生物多様性管理―．築地書館
日本植物防疫協会（1993）農薬を使用しないで栽培した場合の病害虫等の被害に関する調査報告．日本植物防疫協会
農林水産省生産局農業環境対策課（2016）環境保全型農業の推進について．
　http://www.maff.go.jp/j/seisan/kankyo/hozen_type/pdf/suisin_280401.pdf
農林水産省消費・安全局植物防疫課（2012）総合的病害虫・雑草管理（IPM）実践指針．
　http://www.maff.go.jp/j/syouan/syokubo/gaicyu/g_ipm/

〈6章-Ⅲ〉

深谷昌次・桐谷圭治編著（1973）総合防除．講談社
農文協編（2016）天敵活用大事典．農文協
農業・食品産業技術総合研究機構中央農業研究センター編（2016）土着天敵を活用する害虫管理 最新技術集／土着天敵を活用する害虫管理技術 事例集．
　http://www.naro.affrc.go.jp/publicity_report/pub2016_or_later/laboratory/narc/manual/069415.html

〈6章-Ⅳ〉

合田健二（1981）栃木農試研報 27：93-98．
Ichikawa, T.（1976）Appl. Etomol. Zool. 11：8-21．
石井象二郎・桐谷圭治・古茶武男（1985）ミバエの根絶―理論と実際―．全国農村教育協会
岩橋 統（1979）沖縄農試特別研究報告 1：1-72
Knipling, E. F.（1955）J. Econ. Entomol. 48：459-462．
滋賀県農業総合センター（2004）チャにおける黄色高圧ナトリウムランプによる害虫防除 研究成果情報．
　http://www.pref.shiga.lg.jp/g/nogyo-chashi/result/files/8.pdf
鈴木雅人（2007）茨城県農業総合センター園芸研究所研究報告 15：17-22．
宮武頼夫編（2011）環境Eco選書5・昆虫の発音によるコミュニケーション．北隆館

〈6章-Ⅴ〉

岩堀英晶・上杉謙太（2013）有害線虫総合防除技術マニュアル．九州沖縄農業研究センター
三浦重典（2010）農業および園芸 85：177-182
水久保隆之（2005）対抗植物．天敵微生物等を利用した線虫防除技術．
　https://www.naro.affrc.go.jp/training/files/2005_1 06.pdf
武田 藍ら（2011）千葉農林総研研報 3：78-84．
山本泰由（2005）作付様式 環境保全型農業事典．丸善

〈6章-Ⅵ〉

安部順一朗（2016）技術と普及 53：19-21．
深谷昌次・桐谷圭治編（1973）総合防除．講談社
化学工業日報社編（2008）植物保護の明日を考える―IPMの現状と今後の展望―（「今月の農業」特別増大号）．化学工業日報社

桐谷圭治（1998）農林水産技術研究ジャーナル 21（12）：33-37．
桐谷圭治（2004）「ただの虫」を無視しない農業―生物多様性管理―．築地書館
中筋房夫（1997）総合的害虫管理学．養賢堂
Norris, R, F, et al.（2003）［小山重郎・小山晴子 訳（2006）IPM総論―有害生物の総合的管理―］．築地書館
農林水産省消費・安全局植物防疫課（2012）総合的病害虫・雑草管理（IPM）実践指針．
　http://www.maff.go.jp/j/syouan/syokubo/gaicyu/g_ipm/ index.html
安田弘法・城所隆・田中幸一編（2009）生物間相互作用と害虫管理．京都大学学術出版会

〈6章-Ⅶ-A〉

「植物防疫講座 第3版」編集委員会編（1998）植物防疫講座 第3版―害虫・有害動物編―．日本植物防疫協会
日本植物防疫協会編（2018）農薬概説．日本植物防疫協会
日本植物防疫協会（2019）JPP-NET．
　http://www.jppn.ne.jp/jpp/info/index.html
農林水産省消費・安全局植物防疫課（2019）発生予察事業とは．
　http://www.maff.go.jp/j/syouan/syokubo/gaicyu/pdf/yosatu_kaisetu.pdf

〈6章-Ⅶ-B〉

沖縄県農林水産部病害虫防除技術センター（2012）ウリミバエ根絶防除事業概要
横井幸生（2015）国連研究 16：209-234．
横井幸生（2016）化学と生物 54（10）：762-767．

〈7章〉

Crane, E.（ed.）（1979）Honey. Heinemann
木野田君公ら（2013）日本産マルハナバチ図鑑．北海道大学出版会
小沼明弘・大久保悟（2015）日本生態学会誌 65：217-226．
松香光夫（1996）ポリネーターの利用．サイエンスハウス
光畑雅宏（2018）マルハナバチを使いこなす．農文協
岡田一次（1981）畜産昆虫学．文永堂
小野正人（2015）日本農学アカデミー会報 24：43 54．
小野正人・和田哲夫（1996）マルハナバチの世界―その生物学的基礎と応用―．日植防
Rutter, F.（1988）Biogeography and Taxonomy of Honeybees. Springer-Verlag
佐々木正己（1994）養蜂の科学．サイエンスハウス
下澤楯夫・針山孝彦監修（2008）昆虫ミメティックス―昆虫の設計に学ぶ―．エヌ・ティー・エス
Van Huis, A. et al.（2013）Edible Insects: Future Prospects for Food and Feed Security. FAO, Rome
吉田忠晴（2000）日本ミツバチの飼育法と生態．玉川大学出版部

和文索引

[あ]
r-K 選択⋯⋯⋯⋯⋯⋯⋯⋯⋯70
r 選択⋯⋯⋯⋯⋯⋯⋯⋯⋯⋯70
青色蛍光誘蛾灯⋯⋯⋯⋯⋯⋯96
青色粘着シート⋯⋯⋯⋯⋯133
アクチノピリン⋯⋯⋯⋯⋯25
脚⋯⋯⋯⋯⋯⋯⋯⋯⋯⋯⋯10
肢⋯⋯⋯⋯⋯⋯⋯⋯⋯⋯⋯173
アセチルコリン⋯⋯⋯⋯⋯47
アセチルコリンエステラーゼ⋯47
圧殺⋯⋯⋯⋯⋯⋯⋯⋯⋯⋯131
アデノシン三リン酸⋯⋯⋯39
アデノシン二リン酸⋯⋯⋯39
アボット補正⋯⋯⋯⋯⋯⋯111
アポミクシス⋯⋯⋯⋯15, 81
アミノ酸⋯⋯⋯⋯⋯⋯⋯⋯173
アラタ体⋯⋯⋯⋯⋯⋯⋯⋯33
アラトトロピン⋯⋯⋯⋯⋯33
アリー効果⋯⋯⋯⋯⋯⋯⋯68
アルカロイド⋯⋯⋯⋯⋯⋯60
アレロケミカル⋯⋯⋯43, 77
アロモン⋯⋯⋯⋯⋯⋯⋯⋯44

[い]
胃⋯⋯⋯⋯⋯⋯⋯⋯⋯⋯⋯11
イチゴの受粉⋯⋯⋯⋯⋯179
一次寄主⋯⋯⋯⋯⋯⋯⋯⋯61
一次共生微生物⋯⋯⋯⋯⋯35
ブフネラ⋯⋯⋯⋯⋯⋯⋯⋯35
1 日摂取許容量⋯⋯⋯⋯⋯107
遺伝子⋯⋯⋯⋯⋯⋯⋯⋯⋯172
遺伝子組み換え技術⋯⋯⋯172
遺伝子組み換え昆虫⋯⋯⋯84
遺伝子組換え生物等の使用等の
　規制による生物の多様性の確保に
　関する法律⋯⋯⋯⋯⋯165
遺伝子地図⋯⋯⋯⋯⋯⋯⋯83
遺伝子ドライブ⋯⋯⋯⋯⋯84
遺伝的多様性⋯⋯⋯⋯⋯183
遺伝的雄の機能的雌化⋯⋯15
移動⋯⋯⋯⋯⋯⋯⋯⋯⋯⋯66
移動規制⋯⋯⋯⋯⋯⋯⋯167
咽頭⋯⋯⋯⋯⋯⋯⋯⋯⋯⋯11
インパルス⋯⋯⋯⋯⋯⋯⋯45

[え]
エアゾル⋯⋯⋯⋯⋯⋯⋯104
衛生植物検疫措置の
　適用に関する協定⋯⋯164
栄養交換⋯⋯⋯⋯⋯⋯⋯173
栄養段階⋯⋯⋯⋯⋯⋯⋯⋯74
AL 剤⋯⋯⋯⋯⋯⋯⋯⋯⋯104
液剤⋯⋯⋯⋯⋯⋯⋯⋯⋯104
益虫⋯⋯⋯⋯⋯⋯⋯⋯⋯⋯6
エクジステロイド⋯⋯⋯⋯34
エクジソン⋯⋯⋯⋯⋯⋯⋯33
SPS 協定⋯⋯⋯⋯⋯⋯⋯164
越冬世代⋯⋯⋯⋯⋯⋯⋯⋯59
エマルション（EW）⋯⋯104
遠心分離器⋯⋯⋯⋯⋯⋯178
縁毛⋯⋯⋯⋯⋯⋯⋯⋯⋯⋯21

[お]
黄色蛍光灯⋯⋯⋯⋯135, 149
応用昆虫学⋯⋯⋯⋯⋯⋯⋯6
大顎⋯⋯⋯⋯⋯⋯⋯⋯10, 19
黄色粘着シート⋯⋯⋯⋯133
オートミクシス⋯⋯⋯15, 81
オレイン酸ナトリウム⋯⋯103
オレウロペイン⋯⋯⋯⋯⋯60
温度処理⋯⋯⋯⋯⋯⋯⋯168

[か]
カースト⋯⋯⋯⋯⋯⋯⋯175
加圧法⋯⋯⋯⋯⋯⋯⋯⋯137
外因性休眠⋯⋯⋯⋯⋯⋯⋯63
外角皮⋯⋯⋯⋯⋯⋯⋯8, 32
階級⋯⋯⋯⋯⋯⋯⋯⋯20, 175
外勤ワーカー⋯⋯⋯⋯⋯175
外クチクラ⋯⋯⋯⋯⋯⋯⋯32
外骨格⋯⋯⋯⋯⋯⋯⋯8, 173
概日リズム⋯⋯⋯⋯⋯⋯170
害虫⋯⋯⋯⋯⋯⋯⋯⋯⋯⋯6
害虫管理⋯⋯⋯⋯⋯⋯⋯145
解糖系⋯⋯⋯⋯⋯⋯⋯⋯⋯39
外表皮⋯⋯⋯⋯⋯⋯⋯8, 32
外表皮外層⋯⋯⋯⋯⋯⋯⋯8
外表皮内層⋯⋯⋯⋯⋯⋯⋯8
外部寄生⋯⋯⋯⋯⋯⋯⋯⋯79
外部生殖器⋯⋯⋯⋯⋯⋯⋯10
開放血管系⋯⋯⋯⋯⋯⋯⋯11
外来生物法⋯⋯⋯⋯165, 185
カイロモン⋯⋯⋯⋯⋯⋯⋯43
ガウゼの法則（Gause の法則）⋯76
化学的防御⋯⋯⋯⋯⋯⋯⋯60
化学的防除⋯⋯⋯⋯⋯⋯101
化学農薬⋯⋯⋯⋯⋯⋯⋯184
学習⋯⋯⋯⋯⋯⋯⋯⋯⋯170
顎体部⋯⋯⋯⋯⋯⋯⋯⋯⋯19
核多角体病ウイルス剤⋯⋯152
隔離検疫⋯⋯⋯⋯⋯⋯⋯166
過剰訪花⋯⋯⋯⋯⋯⋯⋯188
下唇⋯⋯⋯⋯⋯⋯⋯⋯10, 19
下唇肢⋯⋯⋯⋯⋯⋯⋯⋯⋯9
過疎効果⋯⋯⋯⋯⋯⋯⋯⋯68
家畜⋯⋯⋯⋯⋯⋯⋯173, 179
家畜伝染病（法定伝染病）⋯178
家畜伝染病予防法⋯⋯⋯178
活動電位⋯⋯⋯⋯⋯⋯⋯⋯45
果糖⋯⋯⋯⋯⋯⋯⋯⋯⋯⋯35
可動指⋯⋯⋯⋯⋯⋯⋯⋯⋯13
可動枠式巣箱⋯⋯⋯⋯⋯178
花粉⋯⋯⋯⋯⋯⋯⋯⋯⋯174
過分極⋯⋯⋯⋯⋯⋯⋯⋯⋯45
花蜜⋯⋯⋯⋯⋯⋯⋯⋯⋯174
夏眠⋯⋯⋯⋯⋯⋯⋯⋯⋯⋯60
顆粒水溶剤（SG, WSG）⋯104
顆粒水和剤（WDG）⋯⋯104
顆粒病ウイルス剤⋯⋯⋯152
カルタヘナ法⋯⋯⋯⋯⋯165
カロテノイド⋯⋯⋯⋯37, 38
カンキツグリーニング病⋯22
環境収容力⋯⋯⋯⋯⋯⋯⋯67
環境保全型農業⋯⋯⋯97, 185
間作⋯⋯⋯⋯⋯⋯⋯⋯⋯138
幹子⋯⋯⋯⋯⋯⋯⋯⋯⋯⋯62
感受性⋯⋯⋯⋯⋯⋯⋯⋯⋯86
関節丘⋯⋯⋯⋯⋯⋯⋯⋯⋯19
完全顕性⋯⋯⋯⋯⋯⋯⋯⋯88
完全潜性⋯⋯⋯⋯⋯⋯⋯⋯88
完全変態⋯⋯⋯⋯⋯⋯19, 32
完全変態類⋯⋯⋯⋯⋯⋯⋯19
灌注法⋯⋯⋯⋯⋯⋯⋯⋯105
幹母⋯⋯⋯⋯⋯⋯⋯⋯61, 83
γ-アミノ酪酸⋯⋯⋯⋯⋯47
寒冷紗⋯⋯⋯⋯⋯⋯⋯⋯132

[き]
記憶⋯⋯⋯⋯⋯⋯⋯⋯⋯170
記憶・学習能力⋯⋯⋯⋯182
気管⋯⋯⋯⋯⋯⋯⋯⋯⋯⋯12
気管系⋯⋯⋯⋯⋯⋯⋯⋯⋯12
偽気門器官⋯⋯⋯⋯⋯⋯⋯11
記号言語⋯⋯⋯⋯⋯⋯⋯183
偽産雄単為生殖⋯⋯⋯⋯⋯16
寄主転換⋯⋯⋯⋯⋯⋯⋯⋯61
基節⋯⋯⋯⋯⋯⋯⋯⋯⋯⋯10
基礎昆虫学⋯⋯⋯⋯⋯⋯⋯6
キチナーゼ⋯⋯⋯⋯⋯⋯⋯35

191

和文索引

キチン……………………………………35
キチン分解酵素……………………………35
基底膜…………………………………8, 32
気嚢……………………………………12
機能的顕性………………………………88
機能的潜性………………………………88
忌避効果…………………………………134
忌避剤……………………………………103
気門………………………………………12
気門板……………………………………14
気門封鎖型薬剤…………………………103
休耕………………………………………139
休止………………………………………62
吸収式口器………………………………91
急性参照用量……………………………107
急性毒性…………………………………105
吸入毒性…………………………………105
休眠…………………………………62, 170
休眠消去…………………………………63
鋏角………………………………………13
共進化……………………………………176
胸部神経節………………………………44
局所個体群………………………………72
局所施用法………………………………111
巨大細胞…………………………………28
魚毒性……………………………………106
ギルド……………………………………76
緊急防除……………………165, 167, 168
近紫外線除去フィルム…………………149

[く]

空洞果……………………………………184
駆除………………………………………98
クチクラ……………………………32, 171
グリシノエクレピン A……………………28
グルコース……………………………35, 176
グルタールアルデヒド様構造…………60
燻煙器……………………………………178
くん煙剤…………………………………104
くん蒸・くん煙剤………………………103
くん蒸くん煙法…………………………105
くん蒸剤…………………………………104
くん蒸処理…………………………166, 168
群生相……………………………………69

[け]

経口毒性…………………………………105
経済的被害許容水準………98, 144, 146
脛節………………………………………10
経皮毒性…………………………………105

警報………………………………………162
鯨油駆除法………………………………96
K 選択……………………………………70
劇物………………………………………105
血縁度……………………………………82
齧歯類……………………………………183
血体腔……………………………………11
血リンパ液………………………………11
減圧法……………………………………137
検疫犬……………………………………165
顕花植物…………………………………174
繭糸………………………………………172
絹糸腺……………………………………172
顕性………………………………………84
減農薬栽培………………………………184
原表皮………………………………8, 32

[こ]

小顎…………………………………10, 19
光温図表…………………………………64
恒温動物…………………………………57
交感神経系………………………………11
耕起………………………………………140
高級脂肪酸………………………………37
後胸………………………………………10
交差抵抗性………………………………114
後翅………………………………………10
高次真社会性……………………………184
光周期……………………………………63
耕種的防除…………………………149, 152
後食………………………………………29
口針………………………………………13
交信撹乱…………………………………56
交信撹乱剤……………………56, 150, 151
交信手段…………………………………55
合成性フェロモン……………………56, 157
梗節………………………………………9
交接刺……………………………………17
構造色……………………………………171
後体節……………………………………9
後腸………………………………………11
交尾………………………………………80
口吻…………………………………13, 175
剛毛………………………………………8
高薬量／保護区戦略………………88, 114
ゴール……………………………………24
個眼………………………………………9
呼吸基質…………………………………173
国際稲研究所……………………………141

国際協力機構……………………………169
国際植物防疫条約……………………164, 169
国際連合食糧農業機関…………………170
国内検疫…………………………………167
黒皮症……………………………………28
国連食糧農業機関………………………169
個体群の成長……………………………67
固定指……………………………………13
孤独相……………………………………69
コドラート法……………………………158
コミュニケーション……………………176
コラゾニン………………………………69
コレステロール…………………………38
コレマンアブラバチ剤…………………150
コロニー…………………………………177
混合液……………………………………173
混作………………………………………138
昆虫ウイルス剤…………………………151
昆虫寄生性線虫…………………………118
昆虫機能…………………………………170
昆虫工場…………………………………172
昆虫成長制御剤……………52, 148, 186
昆虫病原ウイルス………………………118
昆虫病原性糸状菌剤……………………151
昆虫病原性線虫剤………………………151
昆虫ミメティクス………………………171

[さ]

サーフ剤…………………………………104
採餌蜂……………………………………175
栽植密度…………………………………143
最大無悪影響量…………………………107
細胞質基質………………………………39
細胞体……………………………………44
細胞内共生微生物………………………15
在来種…………………………178, 185
細粒剤 F…………………………………104
サイレント・スプリング………………97
サスポエマルション（SE）……………104
殺菌剤……………………………………103
雑食性……………………………………20
殺線虫剤…………………………………103
殺鼠剤……………………………………103
殺ダニ剤…………………………………103
殺虫剤……………………………………103
殺虫剤抵抗性………………22, 144, 158
殺虫剤抵抗性管理………………………114
殺虫殺菌剤………………………………103
蛹……………………………………19, 172

和文索引

産雄単為生殖……………………79
3栄養段階相互作用系……………77
産業動物………………172, 179
産雌単為生殖……15, 23, 79, 81
産雌虫……………………………62
産雌雄単為生殖………………79, 83
散布法………………………105, 111
三圃式農業……………………138
産雄単為生殖…………………15, 82
産卵雌虫…………………………62
残留基準（値）……………107, 109

[し]
翅芽………………………………19
刺害………………………………178
紫外線……………………………187
紫外線除去フィルム……………135
色素色……………………………171
軸索………………………………44
翅鉤………………………………24
翅鞘………………………………23
指数関数的増加…………………67
システムモデル………………161, 162
シスト……………………………28
自然生態系………………………154
自然選択…………………………176
シナプス…………………………46
シノモン…………………………43
脂肪……………………………37, 173
脂肪酸……………………………37
脂肪酸グリセリド………………103
脂肪体……………………………34
翅脈………………………………10
若虫………………………………19
射精管……………………………12
遮蔽………………………………131
雌雄異体…………………………80
臭化メチル………………………168
周期管……………………………14
周期性単為生殖…………………83
種子繁殖…………………………171
囲食膜……………………………14
受精嚢…………12, 24, 80, 183
受精卵……………………………182
受粉………………………………174
シミュレーションモデル………161
巡回調査…………………………156
循環系……………………………11
純繁殖率…………………………73

女王………………………………175
小顎肢……………………………9
消化系……………………………11
錠剤………………………………104
松脂合剤…………………………103
上唇………………………………10
少糖類……………………………35
上表皮……………………………32
情報化学物質……………………76
情報伝達…………………………183
触肢………………………………13
植食性……………………………21
植食性昆虫………………………60
食道………………………………11
食道下神経球……………………11
食道下神経節……………………44
食毒剤……………………………103
植物検疫…………………………163
植物検疫制度……………………163
植物検疫措置……………………169
植物検疫措置に関する国際基準…164
植物検疫統計……………………166
植物成長調節剤…………………103
植物防疫官………………………165
植物防疫所………………………165
植物防疫法……………………163, 164
植物防疫法施行規則……………165
食物網……………………………74
食用昆虫…………………………170
食料・農業・農村基本法………97
除蝗録……………………………96
除草剤……………………………103
除虫菊……………………………48
除虫菊剤…………………………103
触角………………………………9
ショ糖……………………………37
ジョンストン器官…………………9
初齢………………………………172
シルバーポリフィルム………134, 149
白ぶくれ症………………………93
人為周期間………………………88
人為変異…………………………83
神経球……………………………11
神経系……………………………11
神経細胞…………………………44
神経衣……………………………5, 11
神経節……………………………5, 11
神経伝達物質……………………47

神経分泌細胞……………………33
真社会性………………………82, 175
真社会性ハナバチ………………183
新女王蜂…………………………183
浸漬法…………………………105, 111
振動採粉…………………………180
浸透性薬剤………………………103
侵入警戒調査……………………167
真皮……………………………8, 32
真皮細胞………………………8, 32

[す]
随意的休眠………………………63
推定1日摂取量…………………108
水盤トラップ……………………157
水和剤……………………………104
すくい取り法……………………158
スクロース………………………37
スケップ…………………………178
巣礎………………………………178
スタイナーネマ・
　カーポカプサエ剤……151, 152
ステロイド………………………37
ステロイド核……………………38
ストロー状………………………91
巣箱………………………………185
スポンジ状………………………91

[せ]
生化学的信号物質………………43
生活環……………………………59
生活史……………………………59
性決定……………………………80
精子……………………………12, 24
静止電位…………………………45
生殖………………………………79
生殖系……………………………12
生殖個体…………………………183
性染色体…………………………80
精巣………………………………12
生息場所…………………………74
生態系サービス…………………170
生態学的防除……………………138
生態的地位……………………76, 185
成虫………………………………173
性フェロモン…………………55, 148
性フェロモン剤…………………150
生物的防除………………………110
生物検定…………………………111
生物産業…………………………185

和文索引

生物多様性……………………153, 179
生物的防除……………………116, 149
生物的防除資材…………………30
生物的要因………………………90
生物農薬………………119, 148, 184
精包……………………12, 27, 80
世界貿易機関……………………164
積算温度法則………………57, 64, 159
接種的放飼………………………119
接触剤……………………32, 102
摂食習性…………………………90
施肥………………………………143
セメント層…………………………8
セリシン…………………………172
セルラーゼ…………………………37
セルロース…………………………37
ゼロ放飼…………………………120
前胃…………………………………11
前胸…………………………………10
前胸腺………………………………33
前胸腺刺激ホルモン…………………33
前胸背板……………………………20
前翅…………………………………10
前伸腹節……………………………9
潜性…………………………………86
選択圧………………………………86
選択性殺虫剤……124, 148, 151, 152
前腸…………………………………11
前適応………………………………86
前跗節………………………………10

[そ]

爪間盤………………………………10
総合的生物多様性管理………98, 154
総合的害虫管理……………………144
総合的病害虫・雑草管理…………144
総合的有害生物管理
　　……97, 114, 117, 144, 156, 179
総合防除………………144, 145, 148
増殖力………………………………185
相対集中度 m^*/m…………………65
送粉昆虫……………………170, 174
相変異………………………20, 68
相利共生……………………………175
側心体………………………………33
咀嚼式口器…………………………91
咀舐式口器…………………………91
嗉嚢…………………………………11
その他の虫……………………………6

ソソソコレピるA　　　　　98

[た]

ダーウィン…………………………184
第一世代……………………………59
対抗植物………………………141, 152
胎生雌虫……………………………61
体節…………………………………5
腿節…………………………………10
体節制………………………………5
体内共生微生物……………………15
体内時計……………………………170
太陽熱土壌消毒法…………………136
大量放飼……………………………119
大量誘殺………………………56, 148
唾液…………………………………173
多核体細胞…………………………28
多食性………………………………23
ただの虫……………………………6
脱皮…………………………………33
脱分極………………………………45
多糖類………………………………35
多胚生殖……………………………79
単為生殖………………………79, 80
単眼…………………………………9
短期推定摂取量……………………109
短期暴露評価………………………109
単系統群……………………………19
単作…………………………………138
短翅型………………………………69
担針体………………………………13
ダンス言語…………………………182
担精指………………………………27
単糖類……………………………35, 176
単独性………………………………175
タンニン……………………………60
タンパク質…………………………172

[ち]

注意報………………………………162
中胸…………………………………10
中枢神経系…………………………11
中体節………………………………9
中腸…………………………………11
長期暴露評価………………………108
超個体………………………………175
調査研究……………………………168
長翅型………………………………69
貯精嚢………………………………12
地理的な遺伝的固有性……………185

沈黙の春……………………………97

[つ]

爪……………………………………10

[て]

DL 粉剤……………………………104
TCA 回路……………………………40
低級脂肪酸…………………………37
抵抗性品種………………………142, 148
低次真社会性………………………184
定時の休眠…………………………63
ディスペンサー……………………56
定点調査……………………………156
低投入型持続型農業………………97
適応放散……………………………171
電気柵………………………………136
電撃殺虫器…………………………136
電子伝達系…………………………41
転節…………………………………10
天敵………………………………116, 179
天敵温存植物……………………125, 153
天敵製剤……………………………119
天敵農薬………………119, 149, 151
電灯照明……………………………134
伝統的生物的防除法………………119
天然化合物農薬……………………103
天然資源……………………………177
田畑輪換……………………………139
デンプン…………………………37, 103

[と]

頭蓋…………………………………19
頭楯…………………………………10
胴体部………………………………13
同定診断……………………………168
童貞生殖を伴うクローン繁殖………82
導入天敵……………………………119
毒餌法………………………………105
特殊報………………………………162
特定外来生物………………………185
特定農薬……………………………122
毒物…………………………………105
吐糸…………………………………183
土着天敵………119, 123, 144, 150,
　　　　　　　　152, 153, 154
届出伝染病…………………………178
塗布剤………………………………104
塗布法………………………………105
トマトの受粉………………………179
ドライフィルム法…………………111

和文索引

ドライフロアブル（D）……………104
トランスポゾン……………………172
トリアシルグリセロール……………37
トリグリセリド………………………37
トレハロース…………………………37
適作法…………………………………96

[な]
内因性休眠……………………………63
内角皮………………………………8, 32
内勤ワーカー………………………175
内クチクラ……………………………32
内臓神経系……………………………11
内的自然増加率…………………67, 73
内突起…………………………………8
苗保護資材…………………………131
ナノパイル…………………………171

[に]
2期幼虫………………………………28
肉食性…………………………………24
二次寄主………………………………62
二次性害虫…………………………144
二次代謝産物…………………………60
20-ヒドロキシエクジソン…………34
日齢-齢期両性生命表………………74
ニッチ…………………………………76
二糖類…………………………………35
日本書紀……………………………178
日本生物防除協議会………………120
乳剤…………………………………104
ニューロン……………………………44
ニンフ…………………………………19

[ね]
ネガティブリスト制度……………110
熱水土壌消毒（法）………………136, 149
ネットトラップ……………………157
年間世代数……………………………64
粘性…………………………………107
粘着トラップ………………………157

[の]
脳………………………………………V
農業生態系…………………………154
濃厚済毒剤散布法…………………105
農薬取締法…………………………167
農薬万能主義…………………………97
農林水産省省別計画………………165, 168

[は]
バイオタイプ…………………………23
バイオテクノロジー………………170

バイオミメティクス………………171
配偶者………………………………171
背脈管…………………………………11
麦芽糖…………………………………37
ハチミツ……………………………176
蜂蜜一覧……………………………178
蜂ロウ………………………………179
発育速度………………………57, 159, 160
発育零点…………………………57, 159
パック剤……………………………104
発生消長………………………………60
発生予察……………55, 146, 155, 156, 162
発生予察情報………………………162
発生予報……………………………162
ハニーハンター……………………177
ハニーハンティング………………177
翅………………………………………8, 10
翅多型…………………………………69
ハモグリコマユバチ剤……………150
払い落し法…………………………158
バンカー植物………………………121
バンカー法……………………121, 150
半翅翅…………………………………22
繁殖期………………………………182
繁殖様式……………………………182
半数効果濃度………………………106
半数体産雌単為生殖…………………15
半数致死濃度……………………87, 106
半数致死量…………………………105
半数倍数性……………………82, 182
半数倍数性決定………………………80
伴性遺伝………………………………84
斑点米…………………………………22
バンドトラップ……………………157
半内部寄生……………………………28

[ひ]
BT剤…………………………………114
Bt作物………………………………114
DT毒素………………………………89
被害許容…………………………………
被害ノ損害……………………………98
鼻腔………………………………………19
非生物的要因…………………………90
微生物農薬……………119, 148, 149, 151
非選択性殺虫剤……………………124
ビタミン………………………………38
必須アミノ酸…………………………35
皮膚……………………………………8

皮膚条線………………………………14
皮膚腺…………………………………8
病害虫………………………………163
病害虫診断……………………………94
病害虫発生予察事業………………155
病害虫防除所………………………167
表現型………………………………175
表現型多型…………………………170
病原微生物…………………………118
表皮……………………………………8, 32
飛来防止効果…………………134, 135
微粒剤F……………………………104

[ふ]
ファイトプラズマ……………………90
フィブロイン………………………172
フェロモン……………………………44
フェロモン剤………………………103
フェロモントラップ…………56, 157
孵化促進物質…………………………28
不完全顕性……………………………87
不完全変態……………………………19, 32
不完全優性……………………………87
複眼……………………………………9
複合抵抗性…………………………114
腹部神経節……………………………44
袋掛け………………………………132
不織布………………………………132
父性ゲノム消失………………………16
跗節……………………………………10
付属肢………………………………5, 8
付属腺…………………………………12
普通物………………………………105
物理的障壁資材……………………131
物理的防御……………………………60
物理的防除……………………131, 149
ブドウ糖…………………………35, 173
不飽和脂肪酸…………………………37
フルクトース……………………35, 176
フロアブル（SC, FL）……………104
プロポリス…………………………114
分業………………………………………
分業………………………………183
分業制………………………………175
分散……………………………………64
分散型1期幼虫………………………29
分蜂……………………………177, 182
噴霧法………………………………105

和文索引

粉粒剤 …… 104
[へ]
平均棍 …… 23
平均世代期間 …… 73
柄節 …… 9
ベイト剤 …… 103
ペースト剤 …… 104
β-カロテン …… 38
ベータグルコシダーゼ …… 60
β-シトステロール …… 38
ベクター …… 172
べた掛け …… 132
変異体 …… 83
変温動物 …… 57
鞭節 …… 9
変態 …… 186
[ほ]
包括的適応度 …… 82
防蛾灯 …… 149
訪花頻度 …… 187
蜂児 …… 174
放飼増強法 …… 119
放射線 …… 137
防虫ネット（網） …… 132, 149
飽和脂肪酸 …… 37
ボーベリア・バシアーナ剤 …… 151
捕殺 …… 131
ポジティブリスト制度 …… 110
圃場衛生 …… 140
捕食寄生者 …… 117
捕食者 …… 117, 171
補助剤 …… 103
保全生態学 …… 185
保全的生物的防除法 …… 119, 123
ポリネーション（受粉） …… 179
[ま]
マイクロエマルション（ME） …… 104
マイクロカプセル（MC） …… 104
マシン油 …… 103
末梢神経系 …… 11
マラリア …… 84
マルトース …… 37
マルピーギ管 …… 11
慢性毒性 …… 106, 107
[み]
蜜源植物 …… 179
蜜巣 …… 177
密度効果 …… 68

見取り法 …… 158
ミヤコカブリダニ剤 …… 151
[む]
無翅 …… 19
虫追い …… 96
蒸しこみ法 …… 136
無翅胎生雌虫 …… 62
虫干し …… 136
無精卵 …… 175, 182, 183
無変態 …… 19, 32
[め]
明溝法 …… 131
メタ個体群 …… 73
[も]
盲嚢 …… 11
毛母細胞 …… 8
モスアイ構造 …… 171
モデル生物 …… 172
戻し交雑 …… 88
[や]
薬剤抵抗性 …… 85, 112
野生型 …… 84
野生個体群 …… 188
[ゆ]
誘引剤 …… 103
有害な動植物 …… 163
誘蛾灯 …… 133
有機リン剤 …… 174
有効積算温度定数 …… 57, 159
有翅 …… 19
有翅胎生雌虫 …… 62
優性 …… 84
有性生殖 …… 79, 183
優占種 …… 183
雄虫 …… 62
誘導異常発生 …… 144
UVカットフィルム …… 135
油剤 …… 104
油脂 …… 37
輸出検疫 …… 167
輸出入植物取締法 …… 163
輸精管 …… 12
輸入禁止植物 …… 165, 166
輸入検疫 …… 165
輸入検査 …… 165, 166
輸卵管 …… 12
[よ]
蛹化 …… 183

幼若ホルモン …… 31
幼虫 …… 19, 32, 172
養蜂 …… 176
要防除水準 …… 146
養蜂神 …… 177
養蜂振興法 …… 179
予察灯 …… 157
予防 …… 98
[ら]
卵室 …… 183
卵鞘 …… 12, 20
卵巣 …… 12
卵巣小管 …… 12
ランヴィエ絞輪 …… 44
卵門 …… 80
[り]
リサージェンス …… 144
リスク分析 …… 168
離巣 …… 183
粒剤 …… 104
緑色蛍光タンパク質 …… 172
理論最大1日摂取量 …… 108
臨界日長 …… 64
輪作 …… 138
輪作体系 …… 138
鱗粉 …… 24, 171
輪紋症状 …… 29
[れ]
齢期分化 …… 74
零細資源 …… 182
劣性 …… 86
連作障害 …… 138
[ろ]
ろう …… 37
ロウ …… 178
ロウ腺 …… 183
ロウ層 …… 8
ローテーション …… 114
ローヤルゼリー …… 179
ロジスティック式 …… 67
ロトカ-ヴォルテラ …… 70
[わ]
ワーカー …… 173
若虫 …… 19
枠法 …… 158

欧文索引

[A]

[数字, β, γ]
20-hydroxyecdysone ... 34
β-glucosidase ... 60
β-sitosterol ... 38
γ-aminobutyric acid ... 47

[A]
Abbott correction ... 111
acceptable daily intake ... 107
accessory gland ... 12
acetylcholine ... 47
acetylcholine esterase ... 47
ACh ... 47
AChE ... 47
actinopiline ... 25
acute reference dose ... 107
ADI ... 107
ADP ... 39
age-stage, two-sexlife table ... 74
Agreement on the Application of Sanitary and Phytosanitary Measures ... 164
agriculture of environmental conservation type ... 97
agroecosystem ... 154
air sac ... 12
alate ... 19
alatus vivipara ... 62
allatotoropin ... 33
Allee effect ... 68
allelochemical ... 43, 77
allomone ... 44
ametaboly ... 19, 32
antagonistic plant ... 152
antenna, pl. antennae ... 9
apodeme ... 8
apomixis ... 15, 81
appendage ... 5, 8
applied entomology ... 4
apterous ... 19
apterous vivipara ... 62
ARfD ... 107
arrhenotoky ... 15, 79, 82
artificial mutation ... 83
ATP ... 39, 173
augmentation ... 119
automixis ... 15, 81

[B]
Baculovirus ... 54
band trap ... 157
banker plants ... 121
basement membrane ... 8, 32
beating method ... 158
beneficial insects ... 6
BHC ... 96
bioassay ... 111
biodiversity ... 153
biological control ... 116, 149
biological pesticide ... 119, 148
biopesticide ... 148
biorational control ... 116
biotic pesticide ... 148
biotype ... 23
brain ... 9
buzz foraging ... 180

[C]
caecum, pl. caeca ... 11
carniolan bee ... 180
carnivorous ... 24
caste ... 20
caucasian bee ... 180
cellulase ... 37
cement layer ... 8
central nervous system ... 11
chelicera ... 13
chemical control ... 101
chitin ... 35
chitinase ... 35
cholesterol ... 38
cilium, pl. cilia ... 21
circulatory system ... 11
citrus greening disease ... 22
classical biological control ... 119
claw ... 10
clonal reproduction with androgenesis ... 84
clypeus, pl. clypei ... 10
codling moth ... 105
coevolution ... 176
compound eye ... 9
condyle ... 19
connective ... 5, 11
conservation of natural enemy ... 119
control threshold ... 146
copulation ... 80

[D]
corpus allatum ... 33
corpus cardiacum ... 33
coxa, pl. coxae ... 10
critical daylength ... 64
critical photoperiod ... 64
crop ... 11
crop rotation system ... 138
cross resistance ... 114
CT ... 146
cultural control ... 149
cuticle ... 8, 32

[D]
dark bee ... 180
DDT ... 97
density effect ... 68
dermal gland ... 8
detection survey ... 167
deuterotoky ... 79, 83
developmental rate ... 57, 159
diapause ... 62
diapause termination ... 63
digestive system ... 11
diploid thelytoky ... 15
dipping method ... 111
dispersal ... 64
dorsal vessel ... 11
dry film method ... 111

[E]
EC$_{50}$ ... 106
ecdysis ... 33
ecdysone ... 33
ecdysteroid ... 34
ecological and cultural control ... 138
economic injury level ... 98, 144, 146
EDI ... 108
EIL ... 98, 146
ejaculatory duct ... 12
elytron, pl. elytra ... 23
emergency control ... 165, 168
endocuticle ... 8, 32
entomopathogenic nematode ... 119
epicuticle ... 8, 32
epidermal cell ... 8, 32
epidermis ... 8, 32
ESTI ... 109
estimate daily intake ... 108
estimated short term intake ... 109
exocuticle ... 8, 32

欧文索引　197

exoskeleton……8	haploid-thelytoky……15	[J]
[F]	head capsule……19	Japan BioControl Association……121
facultative diapause……63	hemimetably……19, 32	Japan International Cooperation
FAO……169, 170	herbivorous……21	Agency……169
fat body……34	heterogony……83	JH……34
feminization……15	high-dose/refuge strategy……88, 114	JICA……169
femur, pl. femora……10	hindgut……11	Johnston's organ……9
fixed digit……13	hindwing……10	juvenile hormone……34
flagellum, pl. flagella……9	[His^7]-corazonin……69	[K]
Food and Agriculture Organization	Holometabola……19	kairomone……43
of the United Nations……169, 170	holometably……19, 32	K-selection……70
food web……74	homeotherm……57	[L]
foregut……11	host alternation……61	labium, pl. labia……10
forewing……10	[I]	labrum, pl. labra……10
functional dominance……88	IBM……98, 154	larva, pl. larvae……19
functional recessive……88	idiosoma……13	LC_{50}……87, 106
fundatrigenia……62	IGR……52, 148, 186	LD_{50}……105
fundatrix……61, 83	inclusive fitness……82	lethal concentration, 50%……87
[G]	indigenous natural enemy……119, 144	light trap for forecasting……157
GABA……47	injury by continuous cropping……138	LISA……97
gall……24	inner epicuticle……8	local population……72
ganglion……5	innoculative release……119	logistic equation……67
ganglion, pl. ganglia……11	insect growth regulator……52, 148	long winged morph……69
GATT……164	insectary plant……125, 153	Lotka-Volterra……70
gene drive……84	insecticide resistance……22, 144, 158	lower thermal threshold……57, 159
gene map……83	Insecticide Resistance Action	low input sustainable agriculture……97
General Agreement on Tariffs	Committee……48	[M]
and Trade……164	insecticide resistance management……114	male……62
general entomology……6	integrated biodiversity	Malpighian tubule……11
genitalia……10	management……98, 154	mandible……10
GFP……172	integrated control……144	mass trapping……148
glutaraldehyde-like structure……60	integrated pest management	mating……80
glycinoeclepin A……28	……97, 114, 117, 144, 179	maxilla, pl. maxillae……10
gnathosoma……12	integument……8	median lethal concentration……106
gonochorism……80	International Plant Protection	median lethal dose……105
Granulovirus……54	Convention……164	melon fly……165
green fluorescent protein……172	International Standard for	mesosoma, pl. mesosomata……9
guild……76	Phytosanitary Measures……164	mesothorax, pl. mesothoraces……10
gynopara……62	intrinsic rate of natural increase……67	metapopulation……73
[H]	introduced natural enemy……119	metasoma, pl. metasomata……9
h(a)emocoel……11	inundative release……119	metathorax, pl. metathoraces……10
h(a)emolymph……11	Invasive Alien Species Act……185	microbial pesticide……148
habitat……74	IPM……97, 114, 117, 144, 145, 146,	micropyle……80
half maximal effective	148, 149, 150, 152, 153, 154,	midgut……11
concentration……106	156, 179	migrant……62
haltere……23	IPPC……164, 169	migration……66
hamulus, pl. hamuli……24	IRAC……48	monoculture……138
haplodiploidy……80	italian bee……180	monophyletic group……19

movable digit······13
multiple resistance······114
mutant······83

[N]
native natural enemy······119, 144
natural ecosystem······154
natural enemy······116
Nepovirus······29
nervous system······11
net trap······157
niche······76
no observed advers effect level······107
NOAEL······107
node of Ranvier······44
Nucleopolyhedrovirus······54
nymph······19

[O]
obligatory diapause······63
ocellus, pl. ocelli······9
oesophagus, pl. oesophagi······11
oleuropein······60
ommatidium, pl. ommatidia······9
omnivorous······20
ootheca, pl. oothecae······20
open blood-vascular system······11
ordinary insects······6
outer epicuticle······8
ovariole······12
ovary······12
oviduct······12
ovipara······62

[P]
palpus······13
parahaplodiploidy······16
parasitoid······117
parthenogenesis······79
parthenogenesis induction······15
paternal genome loss······16
pathogen······118
pecky rice······22
penis······9
peripheral nervous system······11
peritreme······14
pest forecasting······146, 155
pest management······145
Pest Prevalence Reconnaissance Business······155
pesticide resistance······85

pests······6
pharynx, pl. pharynges······11
phase gregaria······69
phase polyphenism······68
phase solitalia······69
phase polyphenism······20
phcromone······44
pheromone trap······157
physical control······131, 149
Plant Protection Act······164
plant quarantine······163
plate······13
poikilotherm······57
polyembryony······79
polyphagous······23
post-entry quarantine······166
preadaptation······86
predator······117
pretarsus, pl. pretarsi······10
procuticle······8, 32
pronotum······20
propodeum······9
prothoracic gland······33
prothoracicotropic hormone······33
prothorax, pl. prothoraces······10
proventriculus, pl. proventriculi······11
pseudo-arrhenotoky······16
pseudostigmatic organ······14
PTTH······33
pupa, pl. pupae······19

[Q]
quadrat method······158
quiescence······62

[R]
relatedness······82
reproduction······79
reproductive system······12
resistant variety······148
resurgence······144
risk analysis······169
rostrum······13
r-selection······79

[S]
scale······24
scape······9
SDGs······170
secondary insect pest······144
segment······5

segmentation······5
seminal vesicle······12
seta, pl. setae······8
sex chromosome······80
sex determination······80
sex pheromone······148
sex-linked inheritance······84
sexual reproduction······79
shield······13
short winged morph······69
simulation model······161
solanoeclepin A······28
sperm······12
spermatheca, pl. spermathecae······12, 80
spermatophore······12, 27, 80
spicules······17
spiracle······12
spraying method······111
stage differentiation······74
sticky trap······157
stigmatic plate······14
striae······14
stylet······13
stylophore······13
suboesophageal ganglion, pl. suboesophageal ganglia······11
super organism······175
Sustainable Development Goals······170
sweeping method······158
sympathetic nervous system······11
synomone······43
synthetic sex pheromone······157
system model······161

[T]
tarsus, pl. tarsi······10
temperature summation law······57, 159
testis, pl. testes······12
thelytoky······15, 23, 79, 81
theoretical maximum daily intake······108
thermal constant······57, 159
tibia, pl. tibiae······10
TMDI······108
Tobravirus······29
topical application method······111
trachea, pl. tracheae······12
tracheal system······12
transgenic insect······84

trenches ·················· 131
trichogen cell ·············· 8
trochanter ················· 10
TYLCV ···················· 23

[U]
UVB ······················ 135

[V]
VAAM ···················· 173
vas deferens ··············· 12
vein ······················ 10
ventriculus, pl. ventriculi ···· 11
vespa amino acid mixture ··· 173
visual counting ············ 158
viviparous female ·········· 61

[W]
water pan trap ············· 157
wax layer ·················· 8
wing ······················ 8
wing bud ·················· 19
wing polymorphism ········ 69
WTO ····················· 164

和名索引

[ア]
アカエグリバ················99, 134
アカスジカスミカメ···············140
アカヒゲホソミドリカスミカメ······139
アクビコノハ··················99, 134
アサギマダラ·····················66
アザミウマ目···········21, 94, 166
アザミウマ類··········93, 132, 133
アシナガダニ亜目·················14
アズキゾウムシ····················38
アブラムシ·······················92
アブラムシ類······93, 94, 132, 133, 134
アフリカマイマイ·················30
アミメアリ·······················79
アメリカカンザイシロアリ·········20
アメリカザリガニ·················30
アリモドキゾウムシ······56, 167, 168
アルファルファタコゾウムシ·······130
アレナリアネコブセンチュウ·······142

[イ]
イエシロアリ·····················20
イガ···························24
イサエアヒメコバチ··············150
異翅亜目·······················21
イシノミ目·······················19
イスノキアブラムシ···············92
イセリアカイガラムシ·············116
イタリアン·····················180
イネ南方黒すじ萎縮ウイルス·······66
イボタノキ·······················60
イモゾウムシ···················168
イラガ類·······················131

[ウ]
ウスカワマイマイ·················30
ウメマツアリ·····················82
ウリハムシ·······················91
ウリミバエ············137, 165, 167
ウンカ···························94
ウンカヨコバイ類·················30

[エ]
エゾノギシギシ·················107
エンドウ·······················173

[オ]
オオアトボシゴミムシ···········126
オオタバコガ······34, 133, 134, 149, 151
オオハリセンチュウ類·············29
オオミツバチ···················181
オカモノアラガイ·················30

[ア]（続）
オキシデンタリスカブリダニ·······71
オナジマイマイ···················30
オニダニ·························25
オンシツケナガコナダニ·······92, 99
オンシツツヤコバチ···········79, 119

[カ]
カーニオラン···················180
カ亜目···························23
外顎綱···························18
カイガラムシ類··············93, 94
カイコ·······················84, 172
カイコガ·················38, 42, 80
外翅類···························19
カキクダアザミウマ···············92
核多角体病ウイルス··········54, 119
カゲロウ目·····················174
カジリムシ目·····················19
カタダニ亜目·····················14
カブラハバチ·····················91
カブリダニ科·····················27
カマアシムシ目···················19
カメムシ目······10, 21, 93, 94, 166, 174
顆粒病ウイルス············54, 119
カルディニウム···················79
カワゲラ目·····················174
カンザワハダニ··············25, 87
広東住血線虫···················30
ガンビアハマダラカ···········84, 85

[キ]
キイロショウジョウバエ·······83, 84
キクスイカミキリ·················93
キジラミ類·······················94
キタネグサレセンチュウ······16, 142
キタネコブセンチュウ···········142
キナバルヤマミツバチ···········181
ギニアグラス···················141
キボシカミキリ···················23
キャベツ·························72
キュウリ·························77
鋏角亜門························25
胸部·······················14, 40
胸板ダニ類·················14, 25
ケンタウリデュエディ·············80
キンモクセイ·····················60

[ク]
ククメリスカブリダニ···········122
クマバチ·······················179
クモガタ綱·······················25

[ク]（続）
クモ上綱·························25
クモヘリカメムシ···············139
クリタマバチ··········9, 24, 128, 142
クリノツメハダニ·················65
クリマモリオナガコバチ·········129
クルミネグサレセンチュウ·······142
クロオビミツバチ···············181
クロコミツバチ·················181
クロスズメバチ·················174
クロタラリア···················141
クロバチ·······················180
クロマルハナバチ···············185
クワナガハリセンチュウ···········29
グンバイムシ類···················93

[ケ]
ケダニ亜目·······················14
ケナガカブリダニ······76, 124, 126
ケナガコナダニ···················27

[コ]
コウチュウ目········10, 23, 166, 173
広腰亜目······················9, 24
コーカシアン···················180
コカミアリ·······················82
ゴキブリ·······················131
ゴキブリ目······················19
コドリンガ·····················165
コナガ··············42, 133, 145, 151
コナジラミ類··········93, 94, 132, 133
コナダニ亜目·····················14
コバネガ科·······················10
コミツバチ·····················181
コムシ目·························19
コムラサキ·····················171
コレマンアブラバチ·············121
コロモジラミ···················112
コナダニ科·······················27
昆虫綱······················18, 170

[サ]
細腰亜目······················9, 24
サカモリコイタダニ···············25
ササラダニ亜目···················14
サツマイモネコブセンチュウ·····142
サバクワタリバッタ···············69
サバミツバチ···················181
リビヒョウタンゾウムシ···········92
サンカメイガ················42, 96

[シ]
シストセンチュウ類··········28, 140

和名索引

シヘンチュウ類 … 30
ジャガイモシストセンチュウ … 28
ジャガイモシロシストセンチュウ … 28
ジャワネコブセンチュウ … 142
ジャンボタニシ … 31
鞘翅目 … 10
ショウジョウバエ … 80, 170
鞘吻亜目 … 21
シロアリ目 … 174
シロバナムシヨケギク … 48

[ス]
スクミリンゴガイ … 31
スズメバチ … 173
スタイナーネマ属 … 118
スワルスキーカブリダニ … 122

[セ]
セイヨウオオマルハナバチ … 184
セイヨウミツバチ … 9, 12, 175
セジロウンカ … 22, 66, 155
節足動物門 … 25
セミ亜目 … 21
線形動物門 … 16
線虫類 … 16

[ソ]
双丘亜綱 … 19
双翅目 … 9
咀顎目 … 19

[タ]
ダイコンアブラムシ … 138, 151
ダイズシストセンチュウ … 28, 142, 152
タイリクヒメハナカメムシ … 122
ダニ目 … 12, 25, 166
ダニ類 … 94
タバコカスミカメ … 122, 154
タバココナジラミ … 23
タマナギンウワバ … 151
単丘亜綱 … 19
単毛類 … 25

[チ]
チャコウラナメクジ … 30
チャドクガ … 91, 131
チャノコカクモンハマキ … 135, 148, 152
チャノヒメハダニ … 15, 26
チャノホコリダニ … 26, 150
チャノホソガ … 135
チャハマキ … 93, 148, 152
チュウゴクオナガコバチ … 128
チューリップサビダニ … 26

チョウ目 … 10, 24, 91, 138, 166, 173
直翅目 … 10
チリカブリダニ … 77, 119, 122

[ツ, テ]
ツツハナバチ … 180
デリス … 53

[ト]
トウネズミモチ … 61
トウヨウミツバチ … 181
トゥリプロンヒウム目 … 28
トゲダニ亜目 … 14
トノサマバッタ … 20, 68
トビイロウンカ … 22, 42, 66, 113, 142, 155
トビケラ目 … 174
トビムシ目 … 19
トブラウイルス … 29
トマト黄化葉巻ウイルス … 23
トマトハモグリバエ … 23, 149
ドリライムス目 … 28
トンボ目 … 174

[ナ]
内顎綱 … 18
内翅類 … 19
ナガクダフシダニ科 … 26
ナガハリセンチュウ類 … 29
ナガヒシダニ科 … 27
ナシヒメシンクイ … 151
ナシマルカイガラムシ … 112
ナミテントウ … 120
ナミハダニ … 25, 64, 126, 135
ナミハダニ亜科 … 25
ナモグリバエ … 91, 92, 193

[ニ]
ニカメイガ … 38, 96, 139
ニカメイチュウ … 97
ニジュウヤホシテントウ … 92
ニセダイコンアブラムシ … 151
ニホンミツバチ … 178, 181

[ネ]
ネギアザミウマ … 79
ネグサレセンチュウ類 … 28, 140
ネコブセンチュウ類 … 28, 140
ネズミモチ … 61
ネポウイルス … 29

[ノ]
ノシメマダラメイガ … 24
ノミ目 … 19

[ハ]
バーティシリウム・レカニ … 118
ハエ … 131
ハエ亜目 … 23
ハエ目 … 9, 23, 91, 166, 174
バキュロウイルス … 54
ハクサイダニ … 26
ハゴロモ亜目 … 21
ハスモンヨトウ … 148, 149, 152
ハダニ … 71, 99
ハダニ科 … 25
ハナバチ類 … 175
ハチ目 … 9, 24, 91, 174
バチルス・チューリンゲンシス … 114, 118
バチルス・ポピリエ … 118
バッタ目 … 10, 20, 91, 174
ハブソウ … 141
ハモグリバエ類 … 133
ハモグリミドリヒメコバチ … 150
ハリナガフシダニ科 … 26
半翅目 … 10

[ヒ]
ピーマン … 77
ヒゲナガカワトビケラ … 174
ヒマラヤオオミツバチ … 181
ヒメトビウンカ … 22, 66
ヒメナガメ … 22
ヒメハダニ科 … 26
ヒメハダニ類 … 94
ヒラズハナアザミウマ … 93
ビラハダニ亜科 … 25
ヒロズコガ科 … 24

[フ]
腹吻亜目 … 21
複毛類 … 25
フシダニ … 92
フシダニ科 … 26
フシダニ上科 … 26
フシダニ類 … 94
フタスジフトモモミバエ … 166
フツウカブリダニ … 126
ブドウネアブラムシ … 163
ブドウフィロキセラ … 163
プラタナスグンバイ … 92, 93

[ヘ]
ヘイオーツ … 141
ベキロマイセス・テヌイペス … 118

和名索引

ベダリアテントウ……………116
[ホ]
ボーベリア属……………118
ホコリダニ科……………26
ホソハリカメムシ……………139
ボルバキア……………79
[マ]
マイマイ（柄眼）目……………166
マエアカスカシノメイガ……………58
膜翅目……………9
マクロロファス・カリギノーサス……61
マダニ亜目……………14
マツノザイセンチュウ…23, 29, 136
マツノマダラカミキリ…23, 29, 136
マメクロアブラムシ……………61
マメコガネ……………23
マメコバチ……………179
マメハモグリバエ……………149
マユミ……………61
マリーゴールド……………141
マルハナバチ属……………175, 183
マンゴーツメハダニ……………25
[ミ]
ミカン……………65
ミカンキイロアザミウマ…21, 77, 93
ミカンキジラミ……………22
ミカンコミバエ……………137, 168
ミカンコミバエ種群……………166
ミカンハダニ……25, 65, 112, 162
ミチノクカブリダニ……………126
ミツバチ……………170
ミツバチ属……………175
ミドリハシリダニ科……………26
ミナミキイロアザミウマ……21, 149
ミナミネグサレセンチュウ……………142
ミヤコカブリダニ……………76, 123, 124
[ム, メ]
ムギダニ……………26
メタリジウム・アニソプリエ……………118
[モ]
モモアカアブラムシ…22, 35, 149, 151
モモシンクイガ……………151
モモヒメヨコバイ……………131
モルアオゲラ……………171
モンシロチョウ……………64, 72, 151
[ヤ]
ヤノネカイガラムシ……………161
ヤマトシロアリ……………20, 81

ヤマトタマムシ……………171
[ユ]
ユミハリセンチュウ……………142
ユミハリセンチュウ類……………29
[ヨ]
ヨーロッパアワノメイガ………60, 89
ヨーロッパトビチビアメバチ……………130
ヨコバイ類……………94
ヨトウガ……………151
ヨトウムシ類……………133
[ラ行]
ライラック……………61
ラセンウジバエ……………137
ラブディテス目……………27
リンゴハマキクロバ……………93
鱗翅目……………10
ルリチュウレンジ……………24
レンコンネモグリセンチュウ……………28
六脚類……………18
ロビンネダニ……………27
[ワ]
ワセンチュウ……………17
ワタアブラムシ……………22, 149

学名索引

[A]
Acari　12, 25
Acaridae　27
Acaridida　14
Acariformes　14, 25
Aceria tulipae　26
Achatina fulica　30
Actinedida　14
Actinotrichida　25
Acusta despecta sieboldiana　30
Adoxophyes honmai　135, 148
Amblyseius swirskii　122
Amblyseius tsugawai　126
Anactinotrichida　25
Anopheles gambiae　84
Aphidius colemani　121
Aphis fabae　61
Aphis gossypii　22, 149
Apis　175
Apis andreniformis　181
Apis cerana　181
Apis cerana japonica　181
Apis dorsata　181
Apis florea　181
Apis koschevnikovi　181
Apis laboriosa　181
Apis mellifera　9, 175
Apis mellifera carnica　180
Apis mellifera caucasica　180
Apis mellifera ligustica　180
Apis mellifera mellifera　180
Apis nigrocincta　181
Apis nuluensis　181
Arachnida　25
Arge similis　24
Arna pseudoconspersa　91
Arthropoda　25
Athalia rosae ruficornis　91
Aulacophora femoralis　91
Autographa nigrisigna　151

[B]
Bacillus popilliae　118
Bacillus thuringiensis　54, 114, 118
Bactrocera cucurbitae　137, 165
Bactrocera dorsalis　137, 168
Bathyplectes anurus　130
Beauveria　118
Bemisia tabaci　23

Bombus　175
Bombus spp.　183
Bombus terrestris　184
Bombyx mori　38, 80, 172
Bradybaena similaris　30
Brassica oleracea　72
Brevicoryne brassicae　138, 151
Brevipalpus obovatus　15, 26
Buchnera　35
Bursaphelenchus xylophilus
　23, 29, 136

[C]
Callosobruchus chinensis　38
Caloptilia theivora　135
Camisia segnis　25
Capsicum annuum　77
Cardinium　15, 79
Carposina sasakii　151
Chelicerata　25
Chilo suppressalis　38, 96, 139
Chlaenius micans　126
Chromatomyia horticola　91
Chrysanthemum
　cinerariaefolium　48
Cicadomorpha　21
Citrus unshu　65
Cletus punctiger　139
Cochliomyia hominivorax　137
Coleorrhyncha　21
Comstockaspis pernicios　112
Copidosoma floridanum　80
Coptotermes formosanus　20
Cryptopneustida　25
Cucumis sativus　77
Cydia pomonella　165
Cylas formicarius　56, 168

[D]
Derris elliptica　53
Diaphorina citri　22
Diptilomiopidae　26
Dorylaimida　28
Drosophila melanogaster　83
Dryocosmus kuriphilus
　9, 24, 128, 142

[E]
Ectognatha　19
Encarsia formosa　79, 119
Endopterygota　19

Entognatha　18
Eotetranychus sexmaculatus　71
Eriophyidae　26
Eriophyoidea　26
Eudocima tyrannus　99, 134
Euonymus hamiltonianus　61
Eurydema dominulus　22
Euscepes postfasciatus　168

[F]
Frankliniella occidentalis　21, 77, 93
Frankliniella intonsa　93
Fulgoromorpha　21

[G]
Gamasida　14
Globodera pallida　28
Globodera rostochiensis　28
Grapholita molesta　151

[H]
Harmonia axyridis　120
Helicoverpa armigera
　24, 134, 149
Henosepilachna vigintioctopunctata
　92
Heterodera glycines　28, 152
Heteroptera　21
Hexapoda　18
Hirschmanniella diversa　28
Holothyrida　14
Homona magnanima　93, 148
Hypera postica　130

[I]
Icerya purchasi　116
Illiberis pruni　93
Incisitermes minor　20
Insecta　170
Ixodida　14

[L]
Laodelphax striatella　22, 66
Lehmannia valentiana　30
Leptocorisa chinensis　139
Ligustrum japonicum　61
Ligustrum lucidum　61
Ligustrum obtusifolium　60
Lingidorus spp.　29
Lipaphis erysimi　151
Liriomyza sativae　24, 149
Liriomyza trifolii　92, 149
Locusta migratoria　20, 68

Longidorus martini ·················29
Lyonetia clerkella ·················151
[M]
Macrolophus caliginosus ·············61
Mamestra brassicae ·················151
Meloidogyne spp. ·················28
Metarrhizium anisopliae ············118
Micropterigidae ·················10
Monochamus alternatus ····23, 29, 136
Myzus persicae ··········22, 35, 149
[N]
Nalepellidae ·················26
Nematoda ·················16
nematoda transmitted
　polyhedral virus ·················29
Neoseiulus californicus ·········76, 123
Neoseiulus cucumeris ·············122
Neoseiulus womersleyi ·········76, 124
Nesidiocoris tenuis ·················122
Nilaparvata lugens
　···········22, 42, 66, 113, 142, 155
[O]
Oligonychus castaneae ·············65
Oligonychus coffeae ·············25
Opilioacarida ·················14
Oraesia excavata ···········99, 134
Oribatida ·················14
Oribatula sakamorii ·············25
Orius strigicollis ·················122
Osmanthus fragrans
　var. *aurantiacus* ·················60
Ostrinia nubilalis ···········60, 89
[P]
Paecilomyces tenuipes ·············118
Palpita nigropunctalis ·············58
Panonychus citri ·······25, 65, 112, 162
Parantica sita ·················66
Parasitiformes ···········14, 25
Pediculus humanus ·················119
Penthaleidae ·················26
Penthaleus erythrocephalus ············26
Penthaleus major ·················26
Phytoecia rufiventris ·················93
Phytoseiidae ·················27
Phytoseiulus persimilis ·······77, 119
Pieris rapae crucivora ····64, 72, 151
Plodia interpunctella ·················24
Plutella xylostella ···········42, 145

Polyphagotarsonemus latus ······26, 150
Pomacea canaliculata ·············31
Popillia japonica ·················23
Pratylenchus penetrans ·············16
Pratylenchus spp. ·················28
Pristomyrmex punctatus ·············79
Procambarus clarkia ·················30
Psacothea hilaris ·················23
[R]
Reticulitermes speratus ·········20, 81
Rhabditida ·················27
Rhizoglyphus robini ·················27
Rodolia cardinalis ·················116
[S]
Scepticus griseus ·················92
Schistocerca gregaria ·············69
Scirpophaga incertulas ·········42, 96
Sogatella furcifera ·······22, 66, 155
southern rice black-streaked
　dwarf virus ·················66
Spodoptera litura ·················148
Steinernema ·················118
Stenotus rubrovittatus ·············140
Sternorrhyncha ·················21
Stigmaeidae ·················27
Succinea lauta ·················30
Syringa vulgaris ·················61
[T]
Tarsonemidae ·················26
Tenuipalpidae ·················26
Tetranychidae ·················25
Tetranychus kanzawai ·········25, 87
Tetranychus urticae ·······25, 64, 135
Thrips palmi ·············21, 149
Thrips tabaci ·················79
Tinea translucens ·················24
Tineidae ·················24
Tobacco rattle virus group ·············30
Tomato yellow leaf curl virus ·······29
Torymus beneficus ·················129
Torymus sinensis ·················128
Trigonotylus caelestialium ·············139
Triplonchida ·················28
Typhlodromus occidentalis ············71
Typhlodromus vulgaris ·············126
Tyrophagus neiswanderi ·············99
Tyrophagus putrescentiae ············27

[U]
Unaspis yanonensis ·················161
[V]
Verticillium lecanii ·················118
Viteus vitifoliae ·················163
Vollenhovia emeryi ·················82
[W]
Wasmannia auropunctata ············82
Wolbachia ···············15, 79
[X]
Xiphinema spp. ·················29

編著者一覧

編著者
後藤哲雄　流通経済大学経済学部教授
上遠野冨士夫　元法政大学生命科学部教授

著者（執筆順）
阿部芳久　九州大学大学院比較社会文化研究院教授
園田昌司　宇都宮大学農学部教授
笠井　敦　静岡大学農学部准教授
岸本英成　農研機構果樹茶業研究部門上級研究員
宮井俊一　日本植物防疫協会技術顧問
横井幸生　農林水産省横浜植物防疫所調査研究部長
小野正人　玉川大学農学部教授

農学基礎シリーズ　応用昆虫学の基礎

2019年7月15日　　第1刷発行
2024年8月10日　　第3刷発行

　　　　編著者　　後藤哲雄
　　　　　　　　　上遠野冨士夫

発行所　一般社団法人 農山漁村文化協会
郵便番号　335－0022　埼玉県戸田市上戸田2－2－2
電話　048（233）9351（営業）　　048（233）9355（編集）
FAX　048（299）2812　　　　　　振替00120－3－144478

ISBN 978-4-540-17121-5　　　　DTP制作／條 克己
〈検印廃止〉　　　　　　　　　　印刷・製本／TOPPANクロレ㈱
ⓒ 後藤哲雄・上遠野冨士夫 他 2019
Printed in Japan　　　　　　　　定価はカバーに表示

乱丁・落丁本はお取り替えいたします

農文協図書案内

最新 農業技術事典〔NAROPEDIA〕

農業・生物系特定産業技術研究機構 編著
36,190円＋税

農業生産技術を中心に、経営、流通、政策・制度から食品・食料、資源・環境問題まで網羅し解説。カラー写真2,100枚、豊富な図表、5つの索引（総合、英和、和英、略語、図版【写真・図表】）が理解を助ける。

天敵活用大事典

農文協 編　23,000円＋税

天敵280余種を網羅し、1000点超の貴重な写真を掲載。第一線の研究者約120名が各種の生態と利用法を徹底解説。「天敵温存植物」「バンカー法」など天敵の保護・強化法、野菜・果樹11品目20地域の天敵活用事例も充実。

アザミウマ 防除ハンドブック
診断フローチャート付

柴尾 学 著　2,200円＋税

アザミウマは多くの農作物を吸汁・加害し、ウイルスも媒介する難防除害虫。本書は栽培品目ごとに加害種の簡易診断法を示し、薬剤の系統分類、色や光を利用した防除法、生物農薬、土着天敵利用など最新防除法を収録。

ウンカ 防除ハンドブック

松村正哉 著　1,800円＋税

海外から飛来するイネの大害虫ウンカ。特効薬の効果が低下するなか、その被害をどう防ぐか？ 変貌するウンカの最新生態から、抵抗性を考えた農薬選び、散布方法、農薬に頼らない方法まで解説し、今後を展望する。

ハモグリバエ 防除ハンドブック
6種を見分けるフローチャート付

徳丸 晋 著　2,000円＋税

作物名と絵描き痕からハモグリバエの種類を特定できるフローチャートを初公開。作物別のかしこい防ぎ方をわかりやすく解説し、捕獲数5倍の黄色粘着ロールの張り方、お得で効果抜群の土着天敵活用の知恵も満載。

ハダニ 防除ハンドブック
失敗しない殺ダニ剤と天敵の使い方

國本佳範 編著　2,200円＋税

体長0.5mmのハダニ類は発見が難しく、薬剤抵抗性の発達も顕著だ。薬剤散布の技術差も大きい。薬剤の選び方・回し方、葉裏までかかる散布、天敵たちによる連携プレー攻撃、最新の物理的防除で、極小の大害虫を防ぐ！

タバココナジラミ
おもしろ生態とかしこい防ぎ方

行徳 裕 著　1,700円＋税

農薬に極強のバイオタイプQ、これがウイルス病とタッグを組むことで一気に難防除害虫になりあがったタバココナジラミ。虫とウイルス両睨みの、入れない、増やさない、出さない、栽培をつながない対策で被害を回避。

チャノキイロアザミウマ
おもしろ生態とかしこい防ぎ方

多々良明夫 著　1,571円＋税

ハダニ、コナガと並ぶ難敵・チャノキイロは意外と小心。ほかの虫がそばにくると、そわそわうろうろ…焦って、やたら歩き回るようになる。雑多な虫を残す管理、農薬選びで被害を減らす新しいIPM防除の実際を提案。

コナガ
おもしろ生態とかしこい防ぎ方

田中 寛 著　1,267円＋税

キャベツ、ハクサイ、コマツナなどアブラナ科野菜の主要な害虫で、農薬が効かない薬剤抵抗性が発達しているコナガ。その生活史と弱点、抵抗性発達のしくみとその防ぎ方、さらに防除のアイデアをふんだんに紹介。

センチュウ
おもしろ生態とかしこい防ぎ方

三枝敏郎 著　1,267円＋税

よい土には有益なセンチュウが沢山いるといったセンチュウの知られざる世界から、有害センチュウの弱点、土壌消毒なしに防ぐ方法、さらにセンチュウを観察し、被害を予測する簡単な方法まで、豊富な図解で楽しく解説。

（価格は改定になることがあります）

農文協図書案内

新版 病気・害虫の出方と農薬選び
仕組みを知って上手に防除

米山伸吾・草刈眞一・柴尾 学 著　2,400円+税

防除の基本である、病気・害虫の発生生態にあわせた的確な薬剤選択・散布タイミングのとり方を、豊富な図版をもとに解説。系統別の薬剤選択ができるRACコードも各農薬に付記、ローテーション防除の一助にも。

天敵利用の基礎と実際
減農薬のための上手な使い方

根本 久・和田哲夫 編著　2,800円+税

施設の天敵「製剤」と露地の土着天敵。アプローチが異なるそれぞれの天敵利用の実際を再整理し、間違いのない活用法、減農薬につながる具体的技術を示す。躍進著しいスペイン、そして国内の先進事例を多数収録。

原色 野菜の病害虫診断事典

農文協 編

B5変形判　上製　784頁　16,000円+税

51品目345病害、29品目182害虫について1400枚余、216頁のカラー写真で圃場そのままの病徴や被害を再現。病害虫の専門家129名が病害虫ごとに、被害と診断、生態、発生条件と対策の要点を解説。図解目次や索引で引きやすさも実現。

原色 果樹の病害虫診断事典

農文協 編

B5変形判　上製　800頁　14,000円+税

17品目226病害、309害虫について約1900枚、260頁余のカラー写真で圃場そのままの病徴や被害を再現。病害虫の専門家92名が病害虫ごとに、被害と診断、生態、発生条件と対策の要点を解説。図解目次や索引で引きやすさも実現。

すぐわかる 病害虫ポケット図鑑

大阪府植物防疫協会　2,200円+税

花・庭木・野菜・果樹・水稲85品目の病害虫521種がすぐわかるポケット図鑑。典型的な病気の症状や害虫の写真704枚を掲載し、被害の特徴、生態、防ぎ方のポイントを平易に解説。農薬以外の防ぎ方、効く農薬もわかる。

DVD 病害虫防除の基本技術と実際　全4巻

農文協 企画・制作　全11時間7分

全4巻 40,000円+税　各巻 10,000円+税

DVDで学ぶ病害虫防除映像事典。テレビやパソコンの画面を見ながら、静止画+動画+わかりやすい音声解説（ナレーション）で防除のコツを指南。楽しみながら身につける病気・害虫の防ぎ方・つきあい方。

第1巻●農薬利用と各種の防除法（190分）
　これだけは知っておきたい防除のきほん、知恵と技
　（31テーマ、各2～12分）
第2巻●病気別・伝染環と防除のポイント（病気編）（170分）
　伝染環をふまえた野菜の病気の診断と防除の最新技術
　（19テーマ、各5～15分）
第3巻●害虫別・発生生態と防除のポイント（害虫編）（157分）
　発生生態をふまえた野菜の害虫の診断と防除の最新技術
　（20テーマ、各5～12分）
第4巻●天敵・自然農薬・身近な防除資材（150分）
　土着天敵活用など、効果バツグンの農家の工夫
　（26テーマ、各2～12分）

農林水産業の技術者倫理

祖田 修・太田猛彦 編著　3,048円+税

農業分野では地下水汚染、土壌への塩類集積、土壌流亡、砂漠化、水不足、大気汚染、酸性雨、オゾン層破壊などが引き起こされそれに伴う倫理問題が発生している。農林水産業の技術のあり方を「倫理」との関連で考察。

農業と環境汚染
日本と世界の土壌環境政策と技術

西尾道徳 著　4,286円+税

豊富なデータで日本の土壌管理技術・政策を総括するとともに、欧米の土壌環境政策・技術と比較しながら、土壌肥料の科学者の立場から具体的、実証的に、環境保全と食の安全が両立する農業への転換を提案する。

検証 有機農業
グローバル基準で読みとく理念と課題

西尾道徳 著　6,000円+税

日本の有機農業の考え方は歪んでいる。本書は、世界的に見た有機農業誕生から現在まで歴史、各国の有機農業規格、農産物品質・環境への影響、食料供給などの可能性を示し、日本での有機農業の課題を明らかにする。

（価格は改定になることがあります）